建筑幕墙工程培训系列丛书

既有建筑幕墙检测与维护技术

刘正权　王文欢　编著

中国建筑工业出版社

图书在版编目（CIP）数据

既有建筑幕墙检测与维护技术/刘正权，王文欢编
著. —北京：中国建筑工业出版社，2018.6
（建筑幕墙工程培训系列丛书）
ISBN 978-7-112-22182-0

Ⅰ．①既…　Ⅱ．①刘…②王…　Ⅲ．①幕墙-检
测②幕墙-维护　Ⅳ.①TU227

中国版本图书馆 CIP 数据核字（2018）第 095178 号

　　本书是既有建筑幕墙检测与维护用指导用书，内容包括绪论、建筑幕墙基础
知识、幕墙材料与配件、建筑幕墙清洗、建筑幕墙维护与保养、既有建筑幕墙检
测与评估、既有建筑幕墙安全检测新技术、既有建筑幕墙改造以及相关管理规
定等。

　　本书可作为幕墙维修与保养人员的培训教材，也可供建筑幕墙检测鉴定相关
从业人员参考，还可供建筑幕墙物业管理人员学习了解幕墙管理维保知识。

责任编辑：朱首明　李　明　赵云波
责任设计：李志立
责任校对：党　蕾

建筑幕墙工程培训系列丛书
既有建筑幕墙检测与维护技术
刘正权　王文欢　编著

*

中国建筑工业出版社出版、发行（北京海淀三里河路 9 号）
各地新华书店、建筑书店经销
霸州市顺浩图文科技发展有限公司制版
北京富生印刷厂印刷

*

开本：787×1092 毫米　1/16　印张：14¼　字数：351 千字
2018 年 7 月第一版　　2018 年 11 月第二次印刷
定价：**38.00** 元
ISBN 978-7-112-22182-0
（32074）

序

2018 年是我国改革开放四十周年。四十年来，我国各行各业发展迅速，许多行业从无到有，从小到大，从大到强。其中建筑幕墙行业就属于引进、消化、吸收、再创新的一个典型例子。

一般认为玻璃幕墙最早出现在 1917 年美国旧金山的哈里德大厦，而真正意义上的高层玻璃幕墙是 20 世纪 50 年代初建成的纽约利华大厦和联合国大厦。我国第一个采用玻璃幕墙的工程是 20 世纪 80 年代建成的北京长城饭店。由于建筑幕墙效果极具现代感、其自重轻、施工简单、工期短、维护方便且能适应旧建筑物立面更新需要等优点，在我国引进初始就得到快速发展。全国各大城市相继建造了大量的玻璃幕墙建筑，如商场、宾馆、写字楼、体育馆和机场等，取得了较好的社会经济效益，为美化城市做出了重要贡献。

目前，我国既有建筑幕墙存量和每年新建建筑幕墙面积都已位居世界首位，建筑幕墙已成为现代建筑文化、建筑个性、建筑艺术、建筑新科学的重要标志。然而，在建筑幕墙行业发展初期，由于我国并没有与之配套的标准和规范，导致现有幕墙质量参差不齐，安全隐患始终存在。就如同悬吊在我们头顶的"炸弹"，随时可能爆炸，直接威胁着我们的安全。虽然从 20 世纪 90 年代中后期开始，我国逐渐开始重视建筑幕墙的质量和安全，建设主管部门颁布了多项与之有关的管理规定，对建筑幕墙的安全与质量管理起到了一定的积极作用，但幕墙玻璃自爆、脱落和结构胶老化等问题引发的事故仍不时发生，不仅导致了一定的财产损失，严重的还造成了人员伤亡，引起了各级政府、社会和幕墙业内人士的高度关注。

《既有建筑幕墙检测与维护技术》一书，应时而生，由刘正权和王文欢两位作者共同完成，二人从事幕墙质量检测与设计施工维保多年，理论与实践经验丰富。这本书内容丰富，图文并茂，从幕墙的基础知识讲起，涉及幕墙材料与配件、幕墙清洗、幕墙维护与保养、幕墙检测与评估、幕墙安全检测新技术以及幕墙改造等内容。《既有建筑幕墙检测与维护技术》是幕墙行业一本难得的好书，它对我国幕墙行业的设计、施工、使用具有重要参考意义，特别是对既有幕墙的检测、评估和维护具有直接的指导意义。同时也希望这本书在幕墙人才培养、培训方面能发挥积极的作用。

全国政协委员
中国建筑金属结构协会会长
西安建筑科技大学副校长、教授
郝际平 博士

2018 年 1 月

前　言

《老子》曰："凿户牖以为室，当其无，有室之用，故有之以为利，无之以为用"，意思是建造房屋，墙上必须留出空洞装门窗，人才能出入，空气才能流通，房屋才能有居住的作用。《淮南子·氾论训》又曰："夫户牖者，风气之所从往来"，门窗即是通风之用，是居住之所最基本的建筑元素。随着现代材料技术的进步，门窗向着更大的尺度延伸，使得建筑立面表现更为丰富。自宣统元年设计起建的以石材金属作栋、玻璃为墙的灵沼轩算起，玻璃幕墙的概念在中国也有百年之久。现如今，幕墙已成为现代高层建筑外围护结构的典型形式，它将建筑的使用功能和装饰功能完美地结合在了一起，是建筑技术、建筑功能和建筑艺术的综合体。纵观当今世界各大城市地标性高层建筑无一不以玻璃幕墙作为其围护结构。

然而，人有生老病死，建筑亦是如此。幕墙作为建筑的表皮，风吹雨淋、霜打日晒首当其冲，也需定期诊治维护，免生恶疾。《诗经·豳风·鸱鸮》就曰："迨天之未阴雨，彻彼桑土，绸缪牖户"，古人尚知风雨来临之前，剥桑根以缠缚修缮其门窗，防患于未然。而今，为了规范和加强对既有建筑幕墙的安全管理，国家和地方政府相继出台了很多标准和管理制度，对促进幕墙行业的健康发展起到了重要的指导作用。但是，幕墙行业涉及专业学科众多，专业化程度较高，除了行业从业人员外，大多对于建筑幕墙的检查、使用、维护管理知识知之甚少，市面又缺少相关书籍。编者二人分别从事建筑幕墙质量检验和建筑幕墙工程管理与维保十余年，深感既有建筑幕墙安全检测与维保之难，但随着既有幕墙的使用年限越来越久，其服役安全与质量检测、维修维护变得日益迫切且重要，遂决定收集国内外相关既有幕墙检测和维护资料，整理加工编撰成册，供幕墙从业者参考之用。本书不求过于深入，只求图文并茂、易于理解，以期为幕墙从业者提供入门培训，或亦能成为幕墙物业管理人员的桌上之物，便深感欣慰。

衷心感谢西安建筑科技大学副校长、中国建筑金属结构协会会长郝际平教授在百忙之中审阅书稿并作序，前辈指点，字字千金，句句浸心！感谢遇到的各位前辈、师长，有你们的一路指导和支持，才有本书的得以成稿！来自行业的多名专家学者参与了本书的校阅，提出了很多宝贵意见，在此一并致谢！本书参考引用了大量的同行研究成果，已尽力一一列出，遗漏之处敬请谅解，作者只期传播知识，并无据为己有之意！最后，还要特别感谢中国建筑工业出版社编辑赵云波为本书的顺利出版所做的努力和辛勤的工作！

北京奥博泰科技有限公司副总经理王威、许海凤高级工程师参与了第六章的编写，广州安德信幕墙有限公司提供了大量的幕墙检测与维护工程案例，愿既有幕墙各方参与者共同努力，协力推动既有幕墙安全检测与维护事业的健康发展。

在建筑的历史长河中，幕墙从无到有，从简单到坚固又到舒适，从实用到功利表现，从经济节约到追求艺术美感再到被赋予丰富的文化特征，人类对建筑幕墙的不断完善也可以说体现了对自身完美的孜孜追求。作者也试图做到尽善尽美，将最乏味的内容以最精练的语言描述出来，无奈由于能力和精力所限，难免有许多词不达意和错误的地方，希望读者在使用的过程中批评指正，以期达到共同的进步。

编　者

2018 年 1 月 20 日

目　　录

一、绪论

我国建筑幕墙工业从 20 世纪 80 年代初开始起步,经过了 30 多年的不断发展和创新。据不完全统计,目前我国已建成的各式建筑幕墙(包括采光屋顶)超过 2 亿 m²,占全世界总量的 80% 以上,并且每年呈高速递增态势。然而,在建筑幕墙工业发展的初期,我国并没有与之配套的标准和规范,直到 1996 年才颁布了《建筑幕墙》JG 3035—1996 和《玻璃幕墙工程技术规范》JGJ 102—1996,2001 年颁布了《金属与石材幕墙工程技术规范》JGJ 133—2001,这就意味着,自 20 世纪 80 年代到 90 年代中期,建筑幕墙实际上是在缺少相应的标准规范的情况下完成的,可能存在着一定的质量问题和安全隐患。

近年来,随着建筑幕墙使用年限的增长,早期建造的各类幕墙工程的质量问题日渐显现,如:幕墙面板破碎脱落、结构密封胶老化、连接件锈蚀等。而即使在建筑幕墙标准和规范逐步完善的今天,由于种种原因的影响,在建筑幕墙的设计、制作、安装、检测、验收和维护的过程中,也难以避免出现上述质量问题,影响建筑幕墙的正常使用和城市公共安全。

(一) 既有建筑幕墙安全事故

我国建筑幕墙行业发展迅猛,全国各大城市均建造了大量的幕墙建筑,如商场、宾馆、写字楼、体育馆和机场等,取得了较好的社会和经济效益,为美化城市作出了一定的贡献。但是由于材料、设计、施工、使用和维护等各方面原因,服役一段时间后,玻璃幕墙相继出现了一系列问题,例如玻璃自爆和脱落、结构胶老化等问题,造成了大量的财产损失,严重的还造成了人员伤亡,引起了各级政府和社会的广泛关注。

近些年发生的一些影响较大的建筑幕墙安全事故有:

2011 年 7 月 8 日,杭州市庆春东路庆春发展大厦 21 层玻璃坠落砸伤 20 岁女子左腿,送上海市第六人民医院后因伤势严重无奈做了截肢,如图 1-1 (a) 所示。

2011 年 8 月 30 日,上海虹桥机场 T2 航站楼 20 号至 40 号登机口的区域范围内,出现 7 块钢化玻璃爆裂;2012 年 5 月 25 日,首都机场 T3 航站楼 E 区外墙一块玻璃幕墙突然脱落,坠落玻璃面积约 8m²,坠落处为非旅客区域,现场未伤及人员,也未对首都机场的正常运行造成任何影响。

2012 年 3 月 23 日,广州市北京路上的名盛广场 14 楼的玻璃从高空掉下,砸在停在路边的 11 辆小车上,幸好没有砸中行人,如图 1-1 (b) 所示。

2012 年 5 月 29 日,位于上海陆家嘴银城中路上的时代金融中心大厦 38 楼的一块玻璃幕墙玻璃碎裂,所幸并未从高空坠落,无人受伤;2011 年 5 月 18 日,该大厦 46 楼一块面积约 4m² 的玻璃幕墙突然爆裂,"玻璃雨"砸伤 50 辆车;2011 年 7 月 18 日,位于大厦 43 楼的玻璃破碎,如图 1-2 (a) 所示。

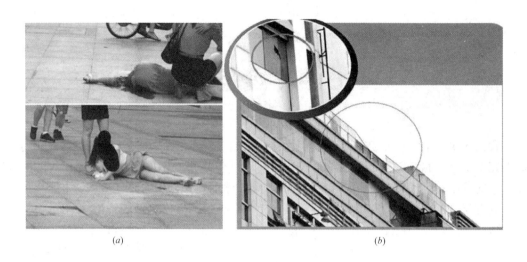

图 1-1　幕墙事故案例

(a) 杭州幕墙事故；(b) 广州幕墙事故

2012 年 7 月 24 日，广州天河太古汇 27 楼外墙的一块玻璃在台风吹袭下突然坠落，砸落在汇丰银行门口碎成一地玻璃碴，所幸没有造成人员伤亡，如图 1-2 (b) 所示。

图 1-2　幕墙事故案例

(a) 时代金融中心大厦幕墙事故；(b) 太古汇幕墙脱落事故

2014 年 12 月，北京朝阳大悦城近 $30m^2$ 的外墙材料被大风吹落，砸中行人造成 1 人死亡 1 人重伤，如图 1-3 所示。

除了上述较具影响的建筑幕墙事故外，每年全国各地都有大量的建筑幕墙事故见诸各类媒体，根据网络相关报道摘录如下：

2012 年 8 月 2 日，南京市新街口某大型商场一块幕墙玻璃突然爆裂后坠落，砸伤商场内 4 名顾客。

2012 年 7 月 4 日，长沙一银行 22 楼外墙玻璃坠落，暂未造成人员伤亡。

2012 年 6 月 26 日，杭州和丽酒店幕墙玻璃突然脱落，砸到了停在一楼地面的 4 辆

图 1-3　朝阳大悦城幕墙脱落

车。2012 年 4 月 24 日，香港君绰酒店火灾后再发意外，幕墙玻璃爆裂坠落。

2011 年 12 月 27 日，南京市紫峰大厦 6 楼东南侧一块幕墙玻璃碎裂后脱落，所幸未造成人员伤亡。

2011 年 12 月 13 日，上海香港广场幕墙玻璃高空坠落，过路男子被划伤手臂。

2011 年 8 月 7 日，南京新街口户部街"天空之都"大厦一块玻璃突然从高空坠落，砸到楼下轿车。

2011 年 8 月 3 日，受台风"凤凰"影响，上海恒隆广场二期的玻璃幕墙发生爆裂，并多次落下碎玻璃。

2011 年 7 月 29 日，上海五角场巴黎春天百货大楼南侧一块幕墙玻璃爆裂。

2011 年 7 月 27 日，宁波环球中心幕墙爆裂，21 楼高空狂下"玻璃雨"。

2011 年 7 月 27 日，上海普陀区曹杨路长城大厦 29 楼的玻璃幕墙发生自爆后坠落。

2011 年 7 月 27 日，上海龙华东路 858 号外滩商务楼 19 层玻璃幕墙爆裂。

2011 年 7 月 27 日，上海新华路 668 号申畅国际商务楼外墙玻璃剥落砸中楼下的两辆轿车。

2011 年 7 月 26 日，上海中山北路、曹杨路路口长城大厦的一块玻璃幕墙发生爆裂。

2011 年 7 月 18 日，上海铁路虹桥站一周内接连发生两起玻璃幕墙爆裂事件。

2011 年 7 月 11 日，上海虹桥交通枢纽西 1 入口，两块玻璃先后碎裂掉落。

2011 年 7 月 10 日，上海曹杨路 710 弄中关村小区 18 号 15 层玻璃幕墙爆裂，"玻璃雨"砸坏 5 辆轿车。

2011 年 7 月 2 日，杭州市和丽酒店外墙玻璃发生爆裂，碎片砸中楼下 3 辆汽车。

2011 年 5 月 18 日，上海陕西北路近延安中路处的科恩国际中心大楼外墙玻璃坠落，砸中两辆途经的机动车。

2011 年 4 月，深圳南山区南海大道与登良路交界处的百富大厦频发玻璃幕墙爆裂事故，引起大厦业主恐慌。

2010 年 10 月 22 日，南京西路恒隆广场 55 层一块幕墙玻璃碎裂。

2010 年 7 月 29 日，广州天河科技园一写字楼五楼坠落玻璃砸中一位 23 岁的姑娘，在其脑袋和身体上共留下 15 处伤口。

2010 年 7 月 20 日，上海陆家嘴国金大厦玻璃幕墙从 45 楼高空坠落。

2010 年 7 月 17 日，南宁市北大路广西建筑科学研究设计院 5 楼一块玻璃幕墙碎裂坠落。

2010 年 4 月 12 日，北京海淀区清河一百货商场玻璃从楼上掉落，将一名路过楼下的老太当场砸死。

2010 年 3 月 9 日，广州黄埔大道春都酒店 9 楼坠落玻璃砸中楼下宝马。

2010 年 3 月 1 日，广州中山五路五月花商业广场正门前下"玻璃雨"，楼下阿婆被碎片划伤。

2009 年 8 月 29 日，武汉华中第一高楼民生银行大厦 41 层，一块损坏的玻璃被大风吹爆，玻璃碴如冰雹一样从天而降，突然下起"玻璃雨"，碎玻璃随风掉落，前后持续十余分钟，两名路人受伤，一辆轿车天窗被砸碎。

2009 年 8 月 9 日，深圳龙岗区一对父子被脱落玻璃幕墙砸中，两人血流满面，儿子颅骨骨折。

2009 年 8 月 8 日，福州五四路 25 层楼处玻璃幕墙从天而降，砸中大厦门口轿车。

2009 年 4 月 9 日，广州中山大道一块玻璃幕墙从 18 楼坠落，砸中一名仅 7 个月大的男婴，额头部位伤势较重，总共有 3 处明显撕裂伤，缝了 13 针。

2008 年 9 月 22 日，重庆市渝中区长江一路铂金时代大厦楼下的保时捷 4S 店外，突然"雨"从天降，4S 店外面 7 辆保时捷全都伤痕累累，面目全非，罪魁祸首是铂金时代 27 楼玻璃幕墙，因其自行爆裂导致祸从天降。

2005 年，南宁国际会展中心竣工后的几个月内，先后有 50 多块玻璃破碎，其中一块坠落导致一位女工被砸伤。

由于玻璃爆裂和脱落事件频发，一度使人们对玻璃幕墙产生了误解，认为它是悬挂在城市上空的"定时炸弹"，玻璃幕墙的安全问题受到了极大的关注，每年的全国两会都有与会代表针对玻璃幕墙的安全提出相应的提案。北京市早在 2005 年就有多名两会代表提出《加强玻璃幕墙建筑立法》、《关于尽快开展全国玻璃幕墙安全检查的建议》等提案，但苦于没有有效的标准和规范，不能对既有幕墙玻璃面板存在的隐患进行排除，只能事故发生后根据经验作出评判。因此，建立科学、有效的既有玻璃幕墙维护与保养制度，降低幕墙事故风险发生概率，对于保障人身财产安全和建立城市宜居环境都有重要意义。

(二) 既有建筑幕墙安全现状

中国建筑装饰协会于 2005 年 3 月 14 日向建设部提交了《关于建立建筑幕墙工程定期安全性能鉴定制度的建议》(中装协〔2005〕018 号)，请求对全国建筑幕墙安全状况进行调查。当时正值全国政协十届三次会议召开期间，也有全国政协委员提出《关于尽快开展全国玻璃幕墙安全检查的建议》的提案，受到建设部的高度重视。2005 年 5 月 27 日，建设部以建质技函〔2005〕57 号文件委托中国建筑装饰协会对全国 10 个城市的既有建筑幕墙的安全状况进行抽样调查。通过对部分城市既有幕墙安全性能情况的调查，了解和掌握既有幕墙的管理和使用情况，并及时发现和处理存在质量安全隐患的工程，预防和避免质量事故的发生，为制定《加强既有建筑幕墙安全运行管理》政策提供相关依据。调查范围以既有建筑幕墙的安全性能为调查重点，听取地方建设主管部门及相关管理部门的情况汇报，调查重点是竣工运行十年以上的幕墙工程，其中包括玻璃、石材、金属幕墙工程，曾发生过安全隐患的幕墙工程及人员流动密集的车站、剧院、体育馆等建筑幕墙相对集中的商业街。

调查内容主要包括：①幕墙工程竣工资料、设计图纸、维修记录档案；②实地调查幕墙工程质量状况（幕墙的主要承力构件、连接件和连接螺栓的连接、可靠度；幕墙面板的连接及完整性）；③隐框及半隐框幕墙的结构硅酮密封胶有无脱胶、开裂、起泡、粉化现象，密封胶条有无脱落、老化等损坏现象；④施加预拉力的（玻璃）幕墙的拉杆或拉索是否松动；⑤全玻璃幕墙的玻璃肋是否存在单片玻璃；⑥幕墙开启部分启闭是否灵活，五金附件是否齐全，功能是否存在障碍或损坏；⑦经历过台风、地震、火灾后的幕墙工程质量情况。

中国建筑装饰协会幕墙工程委员会于 2005 年 8 月中旬开始组织幕墙行业内多名资深专家，抽样调查了北京、上海、天津、重庆、西安、武汉、深圳、厦门、温州、哈尔滨10 个城市的在用建筑幕墙的质量与安全情况。调查共抽取了上述 10 个城市的 96 个样本工程，幕墙类型包含玻璃幕墙、金属幕墙和石材幕墙，使用年限包含 10 年以上的占55.21%，大部分幕墙工程样本超过 1000m²。调查结果显示，多数建筑幕墙存在安全隐患。

近些年，各地也都相继组织了多轮次的既有建筑幕墙安全普查，普查结果也不容乐观，玻璃自爆、脱落，结构密封胶老化、幕墙漏水现象极为常见，对城市居住安全造成了严重的影响。

（三）建筑幕墙安全管理制度

我国从 20 世纪 90 年代中后期开始逐渐重视建筑幕墙的质量和安全，建设主管部门颁布了多项与之有关的管理规定，对既有建筑幕墙的安全与质量管理起到了一定的作用。

建设部 1997 年 7 月 8 日发布的《加强建筑幕墙工程管理的暂行规定》（建建〔1997〕167 号），其中第六章第二十条：建设项目法人对已交付使用的玻璃幕墙的安全使用和维护负有主要责任，按国家现行标准的规定，定期进行保养，至少每五年进行一次质量安全性检测。

建设部 2003 年 11 月 14 日修订的《玻璃幕墙工程技术规范》JGJ 102—2003，其中第12.2.2.1 条：在幕墙工程竣工验收后一年时，应对幕墙工程进行一次全面的检查，以后每五年应检查一次。第 12.2.2.4 条：幕墙工程使用十年后应对该工程不同部位的硅酮结构密封胶进行粘结性能的抽样检查；此后每三年宜检查一次。

上海市是我国最早开展既有建筑幕墙检查的城市。上海市装饰装修行业协会于 2002年 10 月 8 日向上海市建设和管理委员会提出了《关于开展对上海市在用玻璃幕墙安全性能检查、检测、维修的建议》，指出了上海市既有玻璃幕墙存在的质量问题，建议落实既有建筑幕墙的检查、检测、维修制度和措施。根据上海市建设交通委和上海市房屋土地资源管理局于 2004 年 11 月 29 日联合印发的《关于开展本市玻璃幕墙建筑普查工作的通知》（沪建建〔2004〕834 号）精神，上海市装饰装修行业协会建筑幕墙专业委员会在 2004 年年底开展了玻璃幕墙建筑的自查和专业巡查等普查工作，普查内容为 2004 年 12 月 31 日前竣工的玻璃、金属和石材组合幕墙，重点是 8 层以上高层和 8 层以下人流密集区域和青少年或幼儿活动公共场所。截至 2005 年 4 月底，上海市共对 2239 栋既有玻璃幕墙建筑进行了普查。

2005 年 1 月 17 日合肥市建筑业管理局发出紧急通告。通告指出：目前有不少幕墙工程竣工使用年限较长，有的已经超过 10 年，为维护公众利益和安全，防止因材质老化和使用不当可能出现的危险，防止幕墙附件坠落等质量事故的发生，根据《金属与石材幕墙工程技术规范》JGJ 133、《玻璃幕墙工程技术规范》JGJ 102 和相关文件要求，要求全市各幕墙工程使用单位对其幕墙工程进行一次全面检查，重点检查幕墙的整体外观、主要受力构件、连接构件、连接螺栓、开启窗、五金附件、密封胶和排水系统及防雷、防水、防风、防火功能等。若查有异常，使用单位必须及时委托原幕墙承包商或具有施工资质的专业幕墙公司进行处理。

2005 年 1 月 25 日召开的北京市十二届人大三次会议和市政协十届三次会议也有代表提案，如吴乐山研究员的《加强玻璃幕墙建筑立法》。2005 年 3 月 2 日全国政协十届三次会议上，刘秀晨、田麦久委员联合提出了《关于尽快开展全国玻璃幕墙安全检查的建议》的提案。

此外，各地也陆续展开了既有建筑幕墙的安全性能普查工作。2005 年 6 月 22 日，安徽省建设厅发出《关于加强建筑幕墙工程质量和安全使用管理的通知》（建管 [2005] 187 号）；2005 年 7 月 19 日，上海市建筑业管理办公室报建设部工程质量安全监督与行业发展司《上海市 1995 年前竣工的既有玻璃幕墙安全性能情况调查小结》（沪建建管 [2005] 第 089 号）；2005 年 7 月 28 日，北京市建筑设计标准化办公室给中国建筑装饰协会幕墙委员会《关于全市玻璃幕墙安全隐患征求意见的函》（北京标字 [2005] 37 号）；2005 年 11 月 1 日，为了加强既有建筑幕墙维护管理，确保安全，北京市建设委员会发布了《关于加强既有建筑幕墙维护管理的通知》（京建质 [2005] 895 号）。

2005 年 12 月，中国建筑装饰协会幕墙工程委员会向建设部提交了《全国部分城市既有幕墙安全性能情况抽样调查报告》，报告中指出目前既有建筑幕墙存在大量的质量问题与安全隐患；2006 年 5 月，中国建筑装饰协会幕墙工程委员会向建设部提交了《既有建筑幕墙安全维护管理办法》，办法中详细规定了幕墙的安全维护责任和日常使用、维护、检修规定。

上海市建设和交通委员会、上海市房屋土地资源管理局于 2006 年 8 月 16 日向各区（县）建设交通委（建设局）、房地局，各有关单位下发了《关于开展本市既有玻璃幕墙建筑专项整治工作的通知》（沪建交联 [2006] 553 号），通知决定在 2006 年 8 月～2007 年 5 月期间在本市范围内组织开展既有玻璃幕墙建筑专项整治工作。此次专项整治的重点范围是：未使用安全玻璃的既有玻璃幕墙建筑；投入使用 10 年以上的既有玻璃幕墙建筑；存在部分安全质量隐患的既有玻璃幕墙建筑。

2006 年 9 月 11 日，建设部工程质量安全监督与行业发展司向各省、自治区建设厅，直辖市建委转发了《上海市〈关于开展本市既有玻璃幕墙建筑专项整治工作的通知〉的通知》（建质质函 [2006] 109 号），请各地切实加强对既有建筑幕墙的使用安全管理，积极组织开展本地区既有建筑幕墙专项整治工作，及时排查质量安全隐患，强化对既有建筑幕墙安全维护的监督管理。

2015 年 3 月 4 日，为进一步加强玻璃幕墙安全防护工作，保护人民生命和财产安全，住房和城乡建设部、国家安监总局联合印发《关于进一步加强玻璃幕墙安全防护工作的通知》（建标〔2015〕38 号），要求切实加强玻璃幕墙安全防护监管工作，明确要求"及时鉴定玻璃幕墙安全性能。玻璃幕墙达到设计使用年限的，安全维护责任人应当委托具有相应资质的单位对玻璃幕墙进行安全性能鉴定"、"各级住房城乡建设主管部门要进一步强化对玻璃幕墙安全防护工作的监督管理，督促各方责任主体认真履行责任和义务。安全监管部门要强化玻璃幕墙安全生产事故查处工作，严格事故责任追究，督促防范措施整改到位"。

这是继住建部 2012 年组织开展全国既有玻璃幕墙安全排查工作之后针对玻璃幕墙的又一项重要要求。这也表明了玻璃幕墙的安全问题至今仍是建设主管部门监督管理的重点和难点。对于新建玻璃幕墙的安全可以通过严格的设计、选材和施工管理予以确保，而服役过程中的既有玻璃幕墙的安全问题则是始终无法解决的难点，难点之一就是目前尚缺乏特别有效的检测技术和手段。

二、建筑幕墙基础知识

（一）建筑幕墙的概念

建筑幕墙是一种将面板材料通过金属构件与建筑主体结构相连而形成的建筑外围护结构，是近代科学技术发展的产物，同时也是现代主义高层建筑时代的显著特征。在国外一般称之为"building curtain wall"、"building curtain walling"、"building façade"、"building envelope"、"building cladding"等。在国内外的标准、规范和著作中对建筑幕墙的定义有着很多不同的表述。

1. 《Building Envelope Design Using Metal and Glass Curtain Wall System》by R. L. Quirouette, 1982

加拿大国家研究委员会建筑研究分会的 R. L. Quirouette 在其讲义 "*Building Envelope Design Using Metal and Glass Curtain Wall System*"（1982 年）中提到"建筑幕墙系统是一种悬挂在建筑主体结构上的轻质外墙形式，具有多种外部面板形式，特点在于是由玻璃或金属嵌板镶嵌在垂直和水平分格内。这些幕墙系统提供一个完整的建筑外表面或半完整的内表面。幕墙被设计为可容许结构偏差、控制风雨作用和空气泄漏、减小太阳辐射的影响并提供长期的可维护性"。

2. 《Principles of Curtain Walling》by Kawneer White, 1999

《*Principles of Curtain Walling*》（Kawneer White，1999）中给出的幕墙的定义为"幕墙是一种垂直的建筑围护结构，该类结构除了承担自身重量和周围环境直接作用其上的荷载外不承受其他外荷载。幕墙设计的目的并不是用于保持建筑结构完整性，因此静荷载、活荷载并不通过幕墙传递到基础结构上"。

3. 《Curtain Walling-Product Standard》（EN 13830：2015）

欧洲建筑幕墙产品标准《Curtain Walling-Product Standard》（EN 13830：2015）中的定义是"幕墙包含被连接在一起并被锚固到建筑物支承结构上的垂直构件和水平构件组成框架结构、固定和/或开启嵌板组成，能够提供外墙或内墙所需功能，但是对建筑结构的承载能力和稳定性没有任何贡献。幕墙被设计为一个自支撑结构，并可将静荷载、冲击荷载、环境荷载（风、雪等）和地震荷载传递到建筑主体结构"。

4. 我国建筑幕墙标准和规范

我国国家标准《建筑幕墙》GB/T 21086—2007 中对于建筑幕墙的定义是"由面板与

支承结构体系（支承装置与支承结构）组成的、可相对主体结构有一定位移能力或自身有一定变形能力、不承担主体结构所受作用的建筑外围护墙"。《玻璃幕墙工程技术规范》JGJ 102—2003 称幕墙是"由支承结构体系与面板组成的、可相对主体结构有一定位移能力、不分担主体结构所受作用的建筑外围护结构或装饰性结构"。《金属与石材幕墙工程技术规范》JGJ 133—2001 称幕墙为"由金属框架与板材组成的、不承担主体结构荷载与作用的建筑外围护结构"。

从上述建筑幕墙的各种定义中可以看出，建筑幕墙具有以下三个主要的特征：

（1）由支承体系和面板材料组成；

（2）与建筑主体结构采用可动连接，可相对于建筑主体结构有一定的位移能力；

（3）是一种建筑外围护结构或装饰性结构，是一种完整的结构体系，只承受直接施加于其上的作用和荷载，并传递到建筑主体结构上，但不分担主体结构所受作用和荷载。

与传统的外墙形式相比，建筑幕墙具有更加丰富的外观艺术效果和建筑立面形式，与传统砖墙和钢筋混凝土结构相比自重小，适用于高层和超高层建筑。建筑幕墙将建筑外围护结构的采光、防风、遮雨、保温、隔热、御寒、防噪声、防空气渗透等使用功能与装饰功能有机地融合，是建筑技术、建筑功能和建筑艺术的综合体，是建筑的表皮和外衣（图2-1），在国内外现代建筑上得到了广泛的应用。

图 2-1　建筑幕墙——建筑的表皮（外衣）

（二）建筑幕墙的发展历史

人类开始建筑的历史迄今至少上万年，远在 6000 年前的古埃及文明，就有神庙、金字塔之建筑，只是当时的建筑素材多以石材为主，懂得精雕技艺的埃及人却能把石材雕出华丽、细腻的外表。但结构与精致外表一体的建筑概念，却经历数千年的演化才演变成结构与外表分开处理，各自使用不同的材料构成以达到建筑美学与经济耐用的实用目的，这种观念主导了近百年来的建筑发展，而建筑幕墙正是这个观念下的产物。

1. 幕墙的起源（1750s）

"建筑幕墙（Curtain Wall）"这个概念起源于 16 世纪中叶，当时是用来描述一种厚重的要塞建筑（图 2-2），这些建筑连在一起形成一个防御线用来保护被其包围的中世纪村庄。最终，这条词汇从起到战场防御功能的建筑要塞逐渐转变为一个建筑物的外立面或建筑对于外界环境的"防御线"，也就是现在建筑幕墙的含义。

2. 第一栋金属幕墙——Walnut 街剧院（1830 年）

在 19 世纪初期，新一轮的建筑革新运动逐渐开始，这一时期见证了各种新型建筑材料在建筑外墙上的应用，铸铁、铁、钢和玻璃等材料在桥梁、温室和铁路车站上的逐渐应用开辟了一个新的空间概念，拱廊变得更宽、外墙变得透明。1830 年，在美国宾夕法尼亚州 Pottsville 城有一个叫 John Haviland 的木匠，首次将铸铁板镶嵌在一栋两层高的建筑物上（图 2-3），他将铸铁镶嵌板漆染成石头的颜色，从外观上看，几乎可以以假乱真。John Haviland 可视为金属幕墙发展的鼻祖。而大约在同一时期，以铸铁作为建筑物的外表装饰物，也陆续在美国圣路易斯及新奥尔良等地出现，这些建筑象征着开始使用铸铁作为建筑物外墙装饰的新纪元，并影响了美国建筑界长达 50 年之久。

图 2-2　中世纪"幕墙"

图 2-3　美国费城的 Walnut 街剧院

3. 玻璃的大规模应用——英国皇家植物园（1840 年）

建筑师德斯缪斯·伯顿（Decimus Burton）于 1844～1848 年在英国皇家植物园内建造的名为棕榈屋（Palm House）的温室（图 2-4）为玻璃在早期建筑物围护结构上大面积应用的重要开端之一。在这个温室建筑中，玻璃被划分成小块镶嵌于铸铁制成的穹顶支承框架之间，形成一个通体透明的玻璃宫殿，至今仍为英国皇家植物园内最著名的景点之一。

4. 近现代功能主义玻璃幕墙的雏形——英国世博会水晶宫（1851 年）

1851 年 5 月 1 日，第一届世界博览会在英国伦敦的海德公园顺利开幕，其主展馆为英国园艺设计师约瑟夫·帕克斯顿（Joseph Paxton）模仿植物玉莲叶脉的结构，创意设计的一座以钢铁和玻璃为主要元素的"水晶宫"（Crystal Palace，图 2-5）。整个建筑物由钢架支撑，屋顶、墙面等部分采用大块玻璃组装而成。"水晶宫"的成功不仅成就了世博会，也奠定了近现代功能主义建筑的雏形。1854 年，"水晶宫"迁至英国锡德汉姆，用于举办美术展览、音乐会等，并于 1936 年毁于大火之中。

图 2-4　英国皇家植物园棕榈屋

图 2-5　伦敦世博会水晶宫

5. 高层玻璃幕墙的开端——Reliance 大楼（1890 年）

1890 年，Daniel Burnham 和 John Wellborn Root 设计的 Reliance 大楼（图 2-6）采用了大面积玻璃面板和陶土色的瓷砖作为其外立面装饰材料，大楼高 15 层，于 1894 年竣工，该大楼预示了 20 世纪将是高层建筑采用玻璃幕墙的一个重要时代。

6. 美国近代建筑幕墙史上第一栋玻璃幕墙建筑——哈里德大厦（1917 年）

1917 年，在美国旧金山市由 Willis Polk 设计的一栋 6 层的建筑物哈里德大厦（Hallidie，图 2-7），其外立面采用金属与玻璃的组合，大多数美国建筑史学者认为其为美国近代建筑幕墙史上第一栋玻璃幕墙建筑。该建筑迄今仍在使用，并成了旧金山市具有重要历史价值的建筑物地标之一。

图 2-6　Reliance 大楼

图 2-7　哈里德大厦

7. 第一栋全玻幕墙——包豪斯校舍实验工厂（1926 年）

20 世纪 20～30 年代，随着建筑材料和建筑科学技术的不断发展，特别是 19 世纪末叶以来出现的新材料、新技术得到完善充实并逐步推广应用，形成了 20 世纪一种最重要的建筑思潮和流派，即后来所谓的"现代主义建筑"。这一时期出现了三位现代主义大师——沃尔特·格罗皮乌斯（Walter Gropius，1883～1969 年）、勒·柯布西耶（Le Cor-

busier，1887～1965 年）和密斯·凡·德·罗（Mies van der Rohe，1886～1969 年）。其中，瓦尔特·格罗皮乌斯著名的代表作品是包豪斯校舍实验工厂（Bauhaus，1926 年，图 2-8），这座四层厂房的二、三、四层有三面是全玻璃幕墙，玻璃墙面与实墙面形成虚与实，透明与不透明，轻薄与厚重等不同的视觉效果和建筑形象，成为后来多层和高层建筑采用全玻璃幕墙的先声。

8. 铝合金在高层幕墙中的首次应用——美国纽约帝国大厦（1929 年）

自从 1886 年铝金属精炼法发明后，铝大量生产及价格下跌，从开始只是用于建筑物饰品逐渐成了建筑幕墙的主要材料。1929 年纽约知名建筑师 Shreve、Lamb 和 Harmon 率先将 6000 片铝板用于帝国大厦（图 2-9）的幕墙，帝国大厦仅用四方的金属框架结构便支撑起一座 102 层的摩天大楼，它的出现既得益于建筑设计观念挣脱了古典装饰的羁绊，又得益于新的建筑材料被科学地运用。从此用铝材料做建筑幕墙的结构设计逐渐风行，经过几十年的发展和进步，便形成了目前铝合金在现代建筑幕墙的应用规模。

图 2-8　包豪斯校舍实验工厂

图 2-9　美国纽约帝国大厦

9. 双层幕墙的发展——德国 Steiff 工厂（1900s）

第一栋采用双层幕墙的建筑是位于德国 Giengen 的 Steiff 工厂（图 2-10），该建筑由该工厂所有者的儿子 Richard Steiff 设计，并于 1903 年建造完成。考虑到对阳光的需求和寒冷天气以及强风的影响，Richard Steiff 设计的这座三层建筑采用 T 形截面的焊接钢结构作为支承框架，在框架上每一支柱固定两层夹板，玻璃安装在夹板之间，中间留有 25cm 的空间，形成一种双层玻璃幕墙。1904 年和 1908 年又有两栋相似的双层幕墙系统相继建成，但是在其结构中用木材取代了钢材，这三栋建筑目前还都在使用中。

1903 年，Otto Wagner 赢得了奥地利维也纳的邮政储蓄银行大厦的设计权，该建筑从 1904 年到 1912 年分两个阶段建设，在大厅的主要部分采用了双层天窗，由钢结构、玻璃和铝材组合的双层天窗占了该建筑的五分之三（图 2-11）。在 20 世纪 20 年代，双层幕墙得到了较大程度的发展。在这期间，莫斯科建造了两栋具有代表性的双层幕墙建筑，Moisei Ginzburg 设计的 Narkomfin 大楼（1928 年）和 Le Corbusier 设计的 Centrosoyus。一年后，Le Corbusier 于法国巴黎设计了两栋采用双层幕墙的建筑物 Cite de Retuge

（1929 年）和 Immeuble Clarte（1930 年），但最终在实际建造中均没有采用。

图 2-10　德国 Giengen 的 Steiff 工厂　　　　图 2-11　维也纳邮政储蓄银行

10. 第一个全玻高层幕墙——美国纽约利华大厦 (1950s)

自 20 世纪 50 年代之后，现代主义建筑的玻璃幕墙蓬勃发展，使得玻璃幕墙建筑在 20 世纪中后期一度成为现代主义建筑的代名词。其实早在 1921 年，密斯·凡·德·罗在一个高层建筑设计竞标方案中就向人们首次展示了全新的高层建筑构想：将高层建筑的一切装裱全部剥去，只留下最基本的框架结构，外面覆盖纯净透明的玻璃幕墙。而第一个真正采用全玻璃幕墙的高层建筑是 1952 年 Skidmore，Owings & Merrill 事务所（SOM）设计的纽约利华大厦（Lever Building，图 2-12），其外形酷似一个"玻璃盒子"，开创了全玻璃幕墙的高层建筑先例，首次实现了密斯 30 年前提出的玻璃摩天楼的梦想。

11. 单元式幕墙发展——美国 Aloca 大厦 (1970s)

这一时期，国外高层建筑采用幕墙结构的迅速增多，世界范围内建造了许多经典的高层幕墙建筑，如：1952 年美国宾夕法尼亚州匹兹堡市建成的美国铝业公司大厦（Alcoa Building）（图 2-13），它是早期单元式幕墙的最早雏形。

图 2-12　美国纽约利华大厦　　　　　图 2-13　美国 Aloca 大厦

在 20 世纪 70 年代以后，为解决工地建筑工人短缺、施工质量不易控制等问题，"单元式幕墙"（Unitized Curtain Wall）系统于 70 年代中期在美国开始出现，并逐渐得到流行，成为该时代超高层建筑幕墙的主流。其特点是把建筑幕墙组合规格化，做成适合安装的幕墙单元，然后直接把单元固定于建筑主体结构系统上，构成整个幕墙系统。

12. 点支式玻璃幕墙发展——美国 Aloca 大厦（1950s）

点支式玻璃幕墙最早可以追溯到德国于 20 世纪 50 年代所建的两个采用高抗拉强度的玻璃和经过特别设计的爪件连接而成的幕墙建筑。20 世纪 60～70 年代，英国的玻璃厂家皮尔金顿（Pilkington）首先开发了两种建筑玻璃点式连接法——补丁式装配体系（Patch Fitting System）和平式装配体系（Plain Fitting System），1986 年又发展了球铰连接装配体系，这些体系就是普遍使用的固定式（活动式）浮头（沉头）连接件。期间，由诺曼·福斯特（Norman Foster）设计的 Willis Faber & Dumas Headquarters（建于 1971～1975年，图 2-14）就采用了补丁式连接的玻璃幕墙；1986 年，法国建筑师安德里·范西贝（Adrien Fainsilber）在纪念法国大革命 200 周年的十大建筑物之一——拉·维莱特科学与工业城（Cite des Sciences et de L'industrie, la Villette）（图 2-15）的立面图设计中，大胆应用了点支式玻璃幕墙技术，每两行玻璃交接处有一水平索桁架作为玻璃面板的水平支承，两端固定于主体框架上。

图 2-14　Willis Faber & Dumas Headquarters　　图 2-15　法国拉·维莱特科学与工业城

点支式玻璃幕墙建筑结构形式随着现代建筑师追求"高通透、大视野"的建筑艺术表现形式在我国也得到了迅猛的发展，是目前应用最为广泛的幕墙系统之一。

13. 新一代建筑幕墙

随着人们对居住环境需求的不断提高，各种新型的建筑材料、设计理念和生产施工工艺在建筑幕墙的生产加工过程中得到了广泛的应用，从而使得幕墙系统得到了持续的完善和发展，并不断创新。这一时期出现的许多新型幕墙系统更强调人与自然的交互作用，能源的利用更加趋于合理化。

各种"通风式幕墙"（Ventilated Curtain Wall）（图 2-16）、"主动式幕墙"（Active Curtain Wall）、"光电幕墙"（Photoelectricity Curtain Wall）（图 2-17）、"光伏幕墙"（BI-PV Curtain Wall）（图 2-18）及"生态幕墙"（Zoology Curtain Wall）系统等得到了发展

和应用。"通风式双层幕墙"（Ventilated Double-Skin Façades）结合先进的遮阳系统在很大程度上提高了建筑的隔热和保温效果，大大提高了室内环境的舒适度；各种主动式交互幕墙系统逐渐被开发并得到试验性的应用，这些幕墙系统能最大限度地利用太阳能，把建筑幕墙吸收的太阳能有效地储存、转化为热能，降低了建筑的能耗；光电幕墙可以把太阳能转化为电能，从而可以进行转化利用；生态幕墙是生态建筑的外围护结构，它以"可持续发展"为战略，以使用高新技术为先导，以生物气候缓冲层为重点，节约资源，减少污染，是健康、舒适的生态建筑外围护结构。

| 图 2-16　通风式双层幕墙 | 图 2-17　光电幕墙 | 图 2-18　光伏幕墙 |

随着科技的不断发展，特别是新技术、新工艺、新材料的创新和开发利用，未来的建筑幕墙将具有节能环保、可靠耐用、健康舒适及智能化等特点。

（三）建筑幕墙的分类

随着新材料和新技术的不断出现，现代建筑幕墙的种类繁多、形式多样，可以从建筑幕墙的主要支承结构形式、密闭状态和面板材料三个方面对其进行分类。

1. 按支承结构形式分类

根据建筑幕墙的主要支承结构形式，幕墙可分为构件式、单元式、点支式、全玻和双层幕墙五大类。

1）构件式幕墙（stick curtain wall）
构件式幕墙是指在主体结构上安装立柱、横梁和各种面板的建筑幕墙形式，所有支承结构材料都是以散件运到施工现场，在施工现场依次安装完成，是目前市场上生产规模最大，也是技术最成熟的一种传统幕墙。
构件式幕墙的安装过程如图 2-19 所示。
构件式幕墙主要包括明框幕墙、隐框幕墙和半隐框幕墙三种。
（1）明框幕墙（exposed framing curtain wall）
金属框架的构件显露于面板外表面的框支承玻璃幕墙，如图 2-20 所示。明框玻璃幕

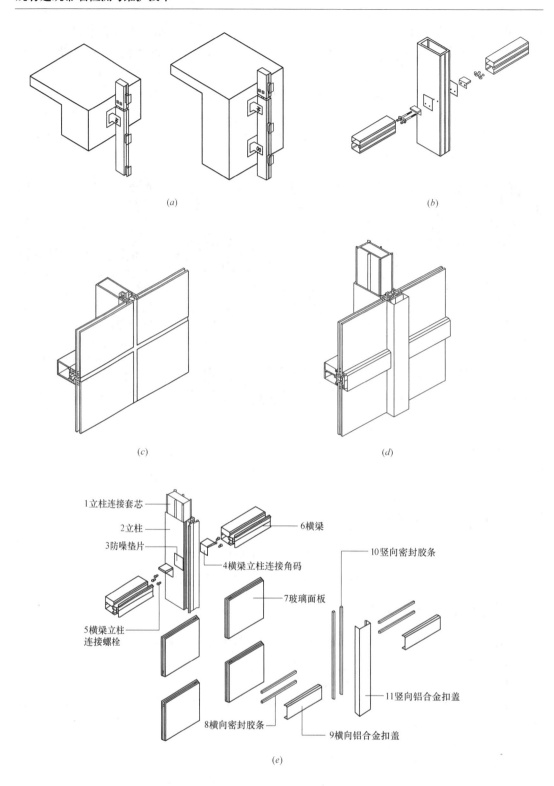

图 2-19　构件式玻璃幕墙安装工序

（a）安装立柱；（b）安装横梁；（c）安装面板；（d）安装铝合金扣板；（e）整体安装流程

墙是最为传统的幕墙形式，相对于其他构件式幕墙，容易满足施工技术水平要求，应用也最广泛，性能也较为可靠。

图 2-20   明框玻璃幕墙及节点示意图

（2）隐框幕墙（hidden framing curtain wall）

隐框玻璃幕墙是将玻璃面板用硅酮结构密封胶粘结在铝框上，铝框隐藏在玻璃的后面，从室外只能看到玻璃面板和面板间的胶缝，而看不到背后的支承铝框结构，如图2-21所示。隐框幕墙外观简洁，无其他装饰构件，并能形成大面积镜面，而由硅酮密封胶所形成的隐框则隐隐闪现，使得建筑物更具有现代气派。

图 2-21   隐框玻璃幕墙及节点示意图

（3）半隐框幕墙（semi-exposed framing curtain wall）

半隐框幕墙是金属框架竖向或横向构件显露在外表面的玻璃幕墙，如图 2-22 所示。立柱外露，横梁隐蔽的称为竖明横隐幕墙；横梁外露，立柱隐蔽的称为竖隐横明幕墙。半隐框幕墙安装简便，易于调整，容易适应施工现场情况变化；与隐框幕墙相比，增加幕墙结构的稳定性，避免了单一由结构胶长期受力的模式；增加了建筑物的层次，能够在视觉上弥补建筑外形的不足，提高幕墙的艺术效果。

2）单元式幕墙（unitized curtain wall）

单元式幕墙是由各种面板材料与支承框架在工厂制成完整的幕墙结构基本单位，以幕墙单元形式在现场完成安装施工的建筑幕墙形式，如图 2-23 所示，有明框、隐框等多种形式。单元式幕墙的连接形式主要有插接型、对接型和连接型三种。此外，半单元式幕墙（semi-unitized curtain wall）和小单元式幕墙（small unit curtain wall）也可看作单元式幕墙。

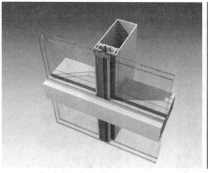

图 2-22　半隐框玻璃幕墙及节点示意图

图 2-23　单元式幕墙

3）点支式幕墙（point supported curtain wall）

点支式幕墙是由点支承装置将玻璃面板与支承结构连接组成的一种幕墙形式，如图 2-24 所示，支承结构形式的多样性在很大程度上也扩大了建筑内部的空间感并且能够产生较好的艺术效果。同时，支承结构的简单化也给点支式玻璃幕墙带来更加突出的视觉效果，且使得建筑物具有良好的采光效果。

图 2-24　点支式玻璃幕墙

支承结构是点支式玻璃幕墙的重要组成部分，它把玻璃面板承受的风荷载、温度差作用、自身重量和地震荷载传递给建筑主体结构，因此必须有足够的刚度和强度。点支式玻璃幕墙的支承结构主要有钢结构支承体系，包括钢管、刚架、桁架、网架、预应力张拉索杆支承体系和玻璃肋支承体系等，如图 2-25 所示。

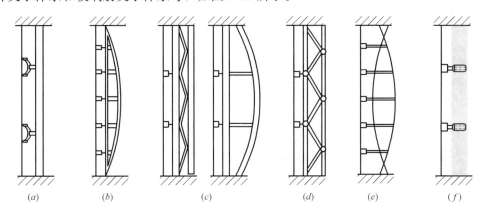

图 2-25　点支式玻璃幕墙支承体系

（a）钢管；（b）钢架；（c）桁架；（d）网架；（e）预应力张拉索杆；（f）玻璃肋

点支式玻璃幕墙的各种金属驳接爪、转接件、拉杆及支撑杆也为幕墙的立面效果增添了不同的色彩（图 2-26）。

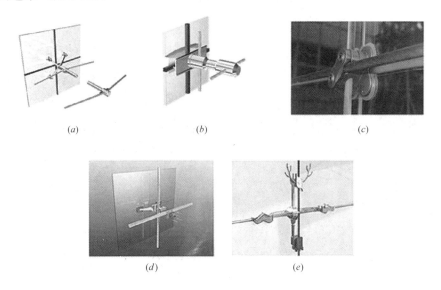

图 2-26　点支式玻璃幕墙驳接爪

（a）驳接爪式；（b）矩形夹板式；（c）梅花夹式；（d）夹板式；（e）艺术型夹具

4）全玻幕墙（full glass curtain wall）

全玻幕墙是一种全透明、全视野的玻璃幕墙，利用玻璃的透明性，追求建筑物内外空间的流通和融合，使人们可以透过玻璃清楚地看到玻璃的整个结构系统，使结构系统由单纯的支承作用转向表现其可见性，从而表现出建筑装饰的艺术感、层次感和立体感，如图

2-27所示。全玻幕墙具有重量轻、选材简单、加工工厂化、施工快捷、维护维修方便、易于清洗等特点。其对于丰富建筑造型立面效果的功效是其他材料无可比拟的，是现代科技在建筑装饰上的体现。

图 2-27　全玻幕墙

全玻幕墙有落地式和吊挂式两种支承形式（图 2-28），玻璃面板背面辅以玻璃肋支承。落地式全玻幕墙的玻璃安装在下部的镶嵌槽内，上部镶嵌槽槽底与玻璃之间留有伸缩的空隙。当层高较高时，由于玻璃较高、长细比较大，如玻璃安装在下部的镶嵌槽内，玻璃自重会使玻璃变形，导致玻璃破坏，需采用吊挂式。即大片玻璃与玻璃框架在上部设置专用夹具，将玻璃吊挂起来，下部镶嵌槽槽底与玻璃之间留有伸缩的空隙。

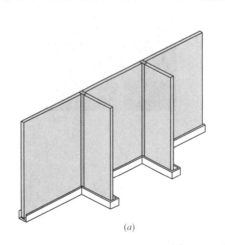
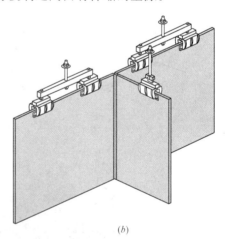

(*a*) (*b*)

图 2-28　全玻幕墙安装形式
（*a*）落地式；（*b*）吊挂式

5）双层幕墙（double skin facade）

双层幕墙是指由外层幕墙、空气腔（热通道）和内层幕墙（或门、窗）构成，且在热通道内能形成空气有序流动的建筑幕墙，如图 2-29 所示。双层幕墙节能效果明显，可大幅度降低噪声，更适合于寒冷地区和风动环境。

根据幕墙通风类型，双层幕墙可分为：

- 自然通风式双层幕墙（natural ventilation double skin facade）；

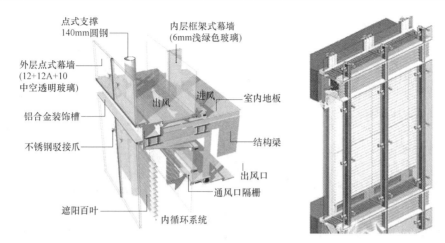

图 2-29　双层幕墙结构示意图

- 机械通风式双层幕墙（mechanical ventilation double skin facade）；
- 混合通风式双层幕墙（hybrid ventilation double skin facade）。

根据空气腔的几何类型，双面幕墙可分为：

- 窗盒式双层幕墙（box window double skin facade）；
- 井箱式双层幕墙（shaft box double skin facade）；
- 走廊式双层幕墙（corridor type double skin facade）；
- 整体式双层幕墙（multi-storey double skin facade）。

根据空气腔的通风模式（图 2-30），双层幕墙可分为：

- 外循环双层幕墙（outdoor air double skin facade）；
- 内循环双层幕墙（indoor air double skin facade）；
- 供气式双层幕墙（air supply double skin facade）；
- 排气式双层幕墙（air exhaust double skin facade）；
- 缓冲区双层幕墙（buffer zone double skin facade）。

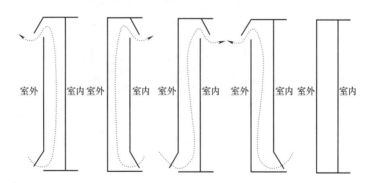

图 2-30　双层幕墙通风模式

（1）内循环双层玻璃幕墙

通常在冬季较为寒冷的地区使用，其外层玻璃幕墙一般为全封闭，内层玻璃幕墙下部设有通风口，热通道与室内吊顶内暖通系统抽风管相通，室内空气通过通风口进入热通道，通过强制性流动循环，使内侧幕墙表面温度达到或接近室内温度，从而在靠近玻璃幕墙附近区域形成良好的工作环境，如图 2-31 所示。

图 2-31　内循环双层玻璃幕墙

（2）外循环双层玻璃幕墙

外循环双层玻璃幕墙是在外层玻璃幕墙上下两端设有进风和排风装置，与热通道相连，如图 2-32 所示。冬天由于阳光的照射，热通道内像一个温室，可以提高内侧幕墙的外表面温度，减少建筑物采暖运行费用，夏天热通道内温度升高，这时打开热通道上下两端的进排风口，在热通道内由于"烟囱"效应产生气流，气流运动带走通道内的热量，降低内侧幕墙外表面温度，减少空调负荷，节省能源。

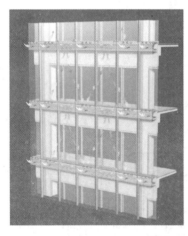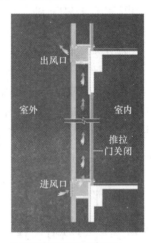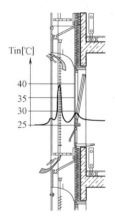

图 2-32　外循环双层玻璃幕墙

夏天通过电动控制系统开启进出风口的电动百叶，利用通道内的烟囱效应产生的压力差使通道内的空气快速流通，带走室外太阳的辐射热量，同时可以利用内层窗外侧的遮阳有效地阻挡太阳光的直射，共同形成一道阻止室外热量传入室内的屏蔽墙；冬天通过电动控制系统关闭进出风口的电动百叶，利用温室效应，使通道内的空气通过吸收室外太阳辐射热量，温度升高，形成一道阻止室外冷空气传入室内的屏蔽墙，提高室内温度（图 2-33）。

2. 按密闭状态分类

按照密闭状态，建筑幕墙可分为封闭式建筑幕墙（sealed curtain wall）和开放式建筑

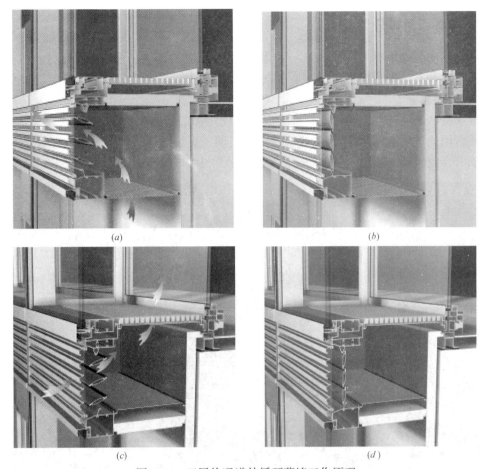

图 2-33　双层热通道外循环幕墙工作原理

（a）出风口打开（夏天）；（b）出风口关闭（冬天）；（c）进风口打开（夏天）；（d）进风口关闭（冬天）

幕墙（open joint curtain wall）两类。

封闭式建筑幕墙是指要求具有阻止空气渗透和雨水渗漏功能的建筑幕墙，一般的建筑幕墙大多是封闭式建筑幕墙。

开放式建筑幕墙是指不要求具有阻止空气渗透或雨水渗漏功能的建筑幕墙，包括遮挡式和开缝式两种，如图 2-34 所示。

图 2-34　开放式建筑幕墙

3. 按面板材料分类

建筑幕墙的面板材料多种多样，不仅包括常用的建筑玻璃、金属板和石材，还包括一些人造板材和其他复合板材、膜材等，以及上述面板材料的组合形式。

1）玻璃幕墙

玻璃幕墙的通透性、现代性使得其成为现代化都市的典型特征，如图 2-35 所示。玻璃幕墙常用的玻璃有钢化/半钢化玻璃、中空玻璃、夹层玻璃、镀膜玻璃、贴膜玻璃、涂层玻璃、真空玻璃、热镜中空玻璃、内置遮阳百叶中空玻璃等。

图 2-35 玻璃幕墙

2）金属幕墙

金属幕墙常用的金属板有单层铝板、铝塑复合板、蜂窝铝板、彩色涂层钢板、搪瓷涂层钢板、锌合金板、不锈钢板、铜合金板和钛合金板等，建筑立面色彩表现丰富，如图 2-36 所示。

图 2-36 金属幕墙

3) 石材幕墙

石材幕墙常用的石材是花岗石，也可选用大理石、石灰石、石英砂砂岩等，最常用的石材安装方式是干挂石材，它是利用金属挂件将石材面板吊挂在与主体结构连接的金属骨架上，石材幕墙常用于庄重的建筑场合，例如银行、医院、法院等，如图 2-37 所示。

图 2-37　石材幕墙

石材幕墙的干挂方式主要有嵌入式、钢销式、短槽式、通槽式、勾托式、平挂式、穿透式、蝶形背卡式、背栓式等，如图 2-38 所示。在当今施工中应用得最多的是挂勾式和背栓式。挂勾式干挂石材是利用不锈钢挂件（或铝合金挂件）插入开好的石材边槽中，用环氧树脂胶粘结在槽内，用螺栓固定挂勾在安装好的金属骨架上；背栓式是采用专用的柱锥式锚栓，在石材的背面上钻孔（必须采用专用锥式钻头和钻机）并保证准确的钻孔深度和尺寸，锚栓被无膨胀力地装入圆锥形孔内紧固，然后挂于安装好的骨架上。

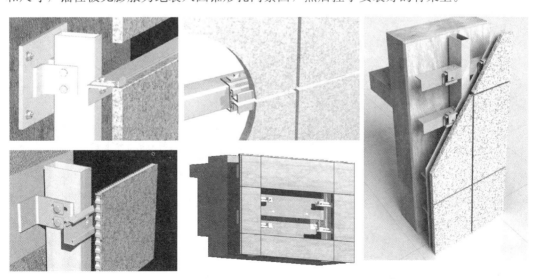

图 2-38　石材幕墙的主要干挂方式

4）人造板幕墙

人造板幕墙常用的人造板材有瓷板、陶板（图 2-39）、微晶玻璃等。

图 2-39　陶板幕墙

三、幕墙材料与配件

（一）玻璃

玻璃是现代门窗幕墙的主要使用材料，不仅仅作为幕墙面板，有时候玻璃还用于支撑结构，比如点支式幕墙的玻璃肋等。早在公元前6000～前5000年，古埃及人就加工出了非常精湛、漂亮的玻璃珠宝。其他文明也随着玻璃艺术的培育得以发展，最为显著的是罗马人，他们对这种材料的使用几乎可以和20世纪的技术相媲美。然而，直到20世纪，玻璃和建筑才在教堂的设计中首次融为一体。

工业革命期间，熔炉和机械化水平的提升使得生产大尺寸、价格适中的玻璃得以实现。伦敦海德公园内的水晶宫（Crystal Palace，图3-1）是第一个展现铸铁和玻璃在建筑上大量应用的地方，总共安装了90万平方英尺的玻璃，它改变了传统建筑的不透明性，使得原本只能用文字描述的建筑通透性成为了可能。冶金和炼钢技术的发展为玻璃在建筑上的应用提供了大跨度的空间结构，玻璃工业也随之迅速发展。玻璃从一种奢侈品迅速演变为一种现代建筑不可或缺的材料。

图3-1 伦敦海德公园内的水晶宫

工业革命给玻璃的生产带来了一个转折点，主要的革新发生在17世纪末的法国，那时平板玻璃铸造工艺刚开始可以生产出尺寸更大、更厚的平板玻璃。将熔化的玻璃通过卷筒滚制成片状，玻璃硬化后再放进退火炉内，从炉中取出后再进行打磨和抛光处理，玻璃制造效率得到大幅度提升，这也为玻璃在建筑中的大量应用提供了一种可能（图3-2）。

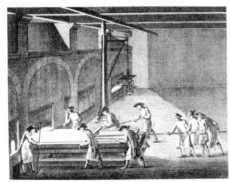

图 3-2　传统玻璃生产工艺

　　在19世纪见证了玻璃产品在尺寸和体积上增加的基础上，20世纪的技术革新使得生产的玻璃具有更好的光学特性以及低廉的价格。20世纪初开发的玻璃生产工艺、20世纪前10年Fourcault在提拉玻璃生产技术上的革新以及20世纪50年代皮尔金顿的浮法玻璃生产技术都是一些比较重大的技术突破。浮法玻璃生产技术（熔化的玻璃浮在容器中熔化的锡液上）可以生产出表面平整、厚度均匀，以及极少出现视觉扭曲的平板玻璃。如今，浮法玻璃已应用到各类商业建筑上。

　　玻璃属于脆性材料，当受到外力冲击时容易破碎，碎片飞散或冲击体穿透，对人体造成严重伤害。为加强建筑安全玻璃的生产、流通、使用和安装管理，保障人身和财产安全，规范建筑安全玻璃应用，提高建筑工程质量，依据《中华人民共和国建筑法》、《中华人民共和国产品质量法》，国家发展和改革委员会、建设部、国家质量监督检验检疫总局及国家工商行政管理总局联合制定了《建筑安全玻璃管理规定》（发改运行〔2003〕2116号文）。该规定中明确规定安全玻璃是指符合现行国家标准的钢化玻璃、夹层玻璃及由钢化玻璃或夹层玻璃组合加工而成的其他玻璃制品，如安全中空玻璃等。该规定要求国内所有从事建筑安全玻璃生产、进口、销售和建筑物建设、设计、安装、施工、监理的单位，应执行本规定要求。地市级以上（含地市级）城市自本规定实施之日起的新建、扩建、改造、装修及维修工程等构筑物，应按本规定要求使用安全玻璃，并且建设、施工单位采购用于建筑物的安全玻璃必须具有强制性认证标志且提供证书复印件。

　　建筑幕墙常用的玻璃品种有普通玻璃、钢化玻璃、夹层玻璃、防火玻璃、防盗玻璃、镀膜玻璃、中空玻璃等，它们使得门窗幕墙具有不同的特性，如通透、安全、节能。

1. 普通玻璃

　　随着人们安全及节能意识的不断提高，普通玻璃在建筑幕墙的应用已受到了很大限制。根据《建筑安全玻璃管理规定》、《玻璃幕墙工程技术规范》JGJ 102、《玻璃幕墙工程质量检验标准》JGJ/T 139、《建筑玻璃应用技术规程》JGJ 113以及建筑节能设计标准等规定，玻璃幕墙必须采用钢化玻璃、夹层玻璃（普通夹层、钢化夹层、半钢化夹层等）或由其组成的安全中空玻璃（钢化中空、钢化夹层中空等）和节能型中空玻璃，而普通玻璃只能用于全玻璃幕墙或符合限定要求的门窗部位。这里的普通玻璃指的是未经钢化或半钢化、夹层、中空、贴膜或镀膜等后续加工或处理过的玻璃产品。普通玻璃的分类如表 3-1 所示。

普通玻璃的分类 表 3-1

分类方式	种　　类	相关标准
按成型工艺	浮法玻璃、普通平板玻璃、压花玻璃、超白浮法玻璃	《平板玻璃》GB 11614、《压花玻璃》JC/T 511
按着色情况	无色玻璃、着色玻璃	《平板玻璃》GB 11614
按表面处理	磨光玻璃、喷砂玻璃、磨砂玻璃	—

浮法玻璃：指熔融玻璃液从熔窑流出进入锡槽，在浮游状态下制得的玻璃。与熔融金属液面接触的玻璃表面成为光滑平整的表面，非接触面也在玻璃表面张力和自重的作用下形成光滑平整的平面，如图 3-3（a）所示。

超白浮法玻璃：是一种超透明低铁玻璃，也称低铁玻璃、高透明玻璃，透光率可达 91.5% 以上，具有晶莹剔透、高档典雅的特性，如图 3-3（b）所示。

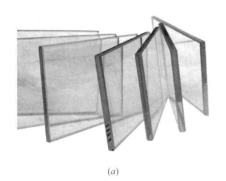 

(a) (b)

图 3-3　浮法玻璃和超白浮法玻璃
(a) 浮法玻璃；(b) 超白浮法玻璃

普通平板玻璃：指垂直引上法和平拉法生产的平板玻璃。垂直引上法是指玻璃液直接从自由液面用垂直引上机向上拉引成玻璃带；平拉法是指玻璃液从成型池的自由液面连续地向上拉引，当玻璃带上升到一定高度时，借转向辊转为水平方向，随即进入退火窑。浮法玻璃和普通平板玻璃可以是无色的，也可以是着色的。由于浮法玻璃的表面平整、光洁，厚度均匀，几乎不产生光学畸变，具有机械磨光玻璃的质量，因此浮法玻璃已基本取代了垂直引上法和平拉法生产的平板玻璃和磨光玻璃。

压花玻璃：指用压延法生产的表面带有花纹图案的平板玻璃，如图 3-4（a）所示。熔融玻璃液经刻有花纹的压延辊碾压而形成带有花纹的玻璃板，通常为单面压花。由于花纹凹凸不平的表面，实际上是各种透镜和棱镜的组合，能把光线折射、反射和漫射到不同的方向，因此无法成像。安装压花玻璃，可使室内光线充足，而室外的人却看不见室内，起到了保护隐私的作用。由于压花玻璃的颜色多种多样且花形众多，能满足各种场合需要，主要用于各类建筑物的底层门窗采光，现代办公写字楼宇的室内隔墙装饰、高级住宅、现代购物中心、宾馆、休闲娱乐场所的楼梯、楼层视觉效果装饰以及洗浴设施、灯具的深加工等方面，也有利用压花玻璃原片复合后作为建筑幕墙玻璃的，如图 3-4（b）所示。

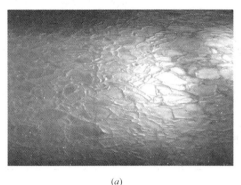 

（a） （b）

图 3-4 压花玻璃和压花玻璃幕墙（压花原片）

（a）压花玻璃；（b）压花玻璃幕墙

着色玻璃（吸热玻璃）：指在普通钠—钙硅酸盐玻璃中引入有着色作用的氧化物，如氧化铁、氧化锑、氧化镍、氧化钴及硒等，使玻璃着色，同时具有较高的吸热性能的玻璃，如图 3-5（a）所示。通过引入极微量的金属氧化物使玻璃着色，能使玻璃吸收大量的红外线辐射能。着色玻璃颜色有灰色、茶色、蓝色、绿色、古铜色、粉红色、金色、棕色等，颜色和厚度不同，使得玻璃对太阳辐射热的吸收程度也不同。在实际工程应用时，可根据不同地区日照条件选择使用不同颜色的吸热玻璃，如图 3-5（b）所示。

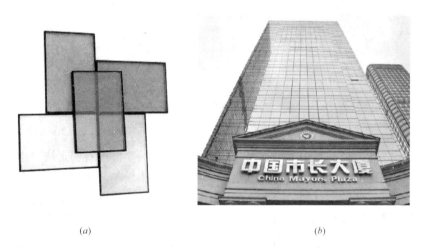

（a） （b）

图 3-5 着色玻璃和着色玻璃幕墙

（a）着色玻璃；（b）着色玻璃幕墙

磨光玻璃：经过研磨抛光而具有平整、光滑表面的平板玻璃。通常用硅砂作研磨材料，用红粉（氧化铁）或氧化铈作抛光材料。由于研磨过程中破坏了平板玻璃原有的抛光表面，其抗风压强度较普通平板玻璃低。

磨砂玻璃：将玻璃的一面用硅砂或金刚砂等磨料或磨具研磨成均匀的、粗糙的表面，能使透入光线漫射，均匀柔和。

喷砂玻璃：用喷砂法加工成的漫射玻璃或毛玻璃。利用压缩空气将细砂喷射到玻璃表面，使玻璃呈现粗糙表面，具有光漫射作用。如在玻璃上垫以刻有花纹图案的纸型作为保护层，可使喷砂后的玻璃保留透明或不透明的图案，也称喷花玻璃。磨砂玻璃和喷砂玻璃多用于建筑物中如办公室、浴室、厕所等要求遮蔽影像部位的门、窗及间隔墙等，同时具有艺术装饰效果。

在建筑幕墙中，以上玻璃作为原片一般通过深加工与其他玻璃复合后使用。

2. 钢化玻璃与半钢化玻璃

1) 产品特点

钢化玻璃的发展最初可以追溯到 17 世纪中期，有一位叫鲁珀特的莱茵国王子，曾经做过一个有趣的实验，他把一滴熔融的玻璃液放在冰冷的水里，结果制成了一种极其坚硬的玻璃。这种高强度的颗粒状玻璃就像水滴，拖有长而弯曲的尾巴，称为"鲁珀特之泪（Prince Rupert's Drop）"，如图 3-6（a）所示。可是当小粒的尾巴受到弯曲而折断时，令人奇怪的是整个小粒因此突然剧烈崩溃，甚至成了细粉。鲁珀特之泪碎裂的原理叫作"裂纹扩展"，源于其内部不均衡的压力：当熔化的玻璃滴入冰水中时，玻璃表面迅速冷却形成外壳，而壳下的玻璃还仍然是液态。等到核部的玻璃也冷却凝结体积变小时，液态的玻璃自然而然地拉着已经是固态的外壳收缩，导致靠近表面的玻璃受到很大的压应力，同时核心位置也被拉扯向四周，受到拉应力，如图 3-6（b）所示。当外部遭到破坏时，这些残余应力迅速释放出来，使得裂纹瞬间传遍全体、支离破碎，据高速摄影技术观测，其裂纹的传递速度可达 1450～1900m/s。

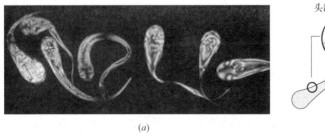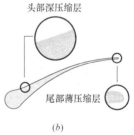

头部深压缩层

尾部薄压缩层

（a）　　　　　　　　　（b）

图 3-6　鲁珀特之泪

（a）鲁珀特之泪；（b）鲁珀特之泪应力特征

上述做法很像金属的淬火，而这种玻璃的淬火并没有使玻璃的成分发生任何变化，所以又叫它物理淬火（physical tempered），因此钢化玻璃称为 tempered glass，也叫淬火玻璃。玻璃钢化的第一个专利于 1874 年由法国人获得，钢化方法是将玻璃加热到接近软化温度后，立即投入至温度相对低的液体槽中，使表面应力提高。这种方法即是早期液体钢化方法。德国的 Frederick Siemens 于 1875 年获得一项专利，美国马萨诸塞州的 Geovge E. Rogens 于 1876 年将钢化方法应用于玻璃酒杯和灯柱的生产。

20 世纪 30 年代，法国的圣戈班公司、美国的特立普勒克斯公司，以及英国的皮尔金顿公司都开始生产供给汽车作挡风用的大面积平板钢化玻璃。日本在 20 世纪 30 年代也相继进行了钢化玻璃工业生产。从此世界开始了大规模生产钢化玻璃的时代。

20 世纪 70 年代以后，英国的 Triplex 公司用液体介质钢化厚度为 0.75~1.5mm 的玻璃获得成功，结束了物理钢化不能钢化薄玻璃的历史，这是钢化玻璃技术的一个重大突破。

中国的钢化玻璃历史最初始于 1955 年，由上海耀华玻璃厂开始试制，1958 年秦皇岛市钢化玻璃厂试产成功。1965 年秦皇岛耀华玻璃厂开始生产军工用钢化玻璃，20 世纪 70 年代洛阳玻璃厂首家引进了比利时钢化设备。同期沈阳玻璃厂化学钢化玻璃投入生产。

20 世纪 70 年代开始，钢化玻璃技术在世界范围内得到了全面的推广和普及，钢化玻璃在汽车、建筑、航空、电子等领域开始使用，尤其在建筑和汽车方面发展最快。

钢化玻璃指经热处理工艺之后的玻璃。其特点是在玻璃表面形成压应力层，机械强度和耐热冲击强度得到提高，并具有特殊的碎片状态。钢化玻璃按生产方法分为物理钢化玻璃和化学钢化玻璃，图 3-7 所示是两种钢化玻璃生产设备。

 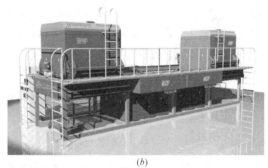

（a）   （b）

图 3-7　玻璃钢化设备
（a）物理钢化炉；（b）化学钢化炉

物理钢化玻璃是将浮法玻璃加热至软化温度附近（约 700℃）后用空气均匀地快速冷却，使玻璃表面具有均匀的压应力。在急速冷却过程中，玻璃外部因迅速冷却而固化，而玻璃内部冷却较慢，当玻璃内部材质冷却收缩时使玻璃表面产生压应力，玻璃内部产生张应力，从而使玻璃机械强度成倍增加，并具有良好的热稳定性。当外力超过它内部封闭的张力时，这种张力就会失去平衡而粉碎，成为无数的细粒状。

化学钢化玻璃是将玻璃浸入一个温度低于玻璃退火温度的熔化盐池，利用低温离子交换工艺技术处理玻璃表面而获得的。物理钢化玻璃和化学钢化玻璃的区别如表 3-2 所示。

物理钢化玻璃和化学钢化玻璃的区别　　　　　　　　　　　　表 3-2

类型	工艺	特征	应用
物理钢化玻璃	加热—冷却	• 受冲击时不容易破碎，玻璃破碎后成较小钝角颗粒碎片，属于安全玻璃。 • 与同等厚度的浮法玻璃相比，抗弯曲和耐冲击强度高 3~5 倍。 • 热稳定性比浮法玻璃好，可耐温度之急剧变化。 • 无法进行切割加工	广泛应用于对机械强度和安全性要求较高的场所，如玻璃门、建筑幕墙等

类型	工艺	特 征	应 用
化学钢化玻璃	加热—浸盐	• 强度高,应力均匀,无应力斑。 • 没有自爆,可以切割和周边的研磨(不推荐)。 • 对玻璃厚度、平面形状和立体形状没有要求。 • 几乎没有造成玻璃变形,基本保持原有光学性能。 • 薄/超薄玻璃钢化技术。 • 没有碎片特征,不属于安全玻璃	多用于电子屏幕

物理钢化玻璃和化学钢化玻璃的应力分布特征如图 3-8 所示,与物理钢化玻璃不同的是,玻璃经过化学钢化处理后,大量的盐离子压迫玻璃表面增加它的抗力,因为内层离子未交换,只有玻璃表面离子参与交换,所以在玻璃表面形成压应力层。

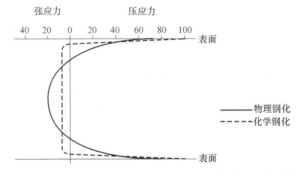

图 3-8　物理钢化玻璃和化学钢化玻璃的应力分布特征示意图

物理钢化玻璃和化学钢化玻璃与普通玻璃破碎后的碎片特征如图 3-9 所示,化学钢化玻璃没有明显的碎片特征。

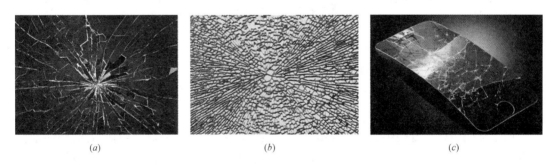

图 3-9　普通平板玻璃、物理钢化玻璃和化学钢化玻璃的碎片特征
(a) 普通平板玻璃;(b) 物理钢化玻璃;(c) 化学钢化玻璃

钢化玻璃因具有较强的耐温度突变能力和一定的安全性,被使用于建筑物的一些部位。如果再进行后续的加工成为钢化夹层玻璃或钢化中空玻璃,则其使用范围更为广泛。而建筑物的屋面、顶棚、天窗、地板、高层建筑物的栏杆、无框阳台不宜单独使用钢化玻璃,因为钢化玻璃破碎后,无法保持原有形状,碎片易结块坠落,可能会对行人造成伤害。

半钢化玻璃的生产工艺与钢化玻璃相似,只是在急冷过程中的风压低于钢化玻璃的工艺要求。半钢化玻璃内的表面应力在 24～69MPa 之间，低于钢化玻璃的表面应力。所以，半钢化玻璃的强度和抗热冲击性能都略低于钢化玻璃，但相比普通玻璃要提高 1～2 倍。与钢化玻璃相比，半钢化玻璃的最大优点是玻璃的平整性好、光畸变少，而且，由于应力较低，不会产生自爆现象。国内外标准中对于钢化玻璃和半钢化玻璃的表面应力值要求如表 3-3 所示。

钢化玻璃和半钢化玻璃标准规定的表面应力值（MPa）　　　　　表 3-3

	标准	钢化玻璃	半钢化玻璃
美国	ASTM C1279	≥69	24～69
中国	GB 15763.2—2005	≥90	—
	GB/T 17841—2008	—	24～60
	JG/T 455—2014	≥90 $\sigma_{max}-\sigma_{min}\leqslant15$	—

　　半钢化玻璃在建筑中适用于幕墙和外窗，可以制成半钢化镀膜玻璃，其影像畸变优于钢化玻璃。半钢化玻璃破碎后，碎片类似普通玻璃，呈现贯通的裂纹，不会在玻璃中心部形成封闭状态的小碎片，如图 3-10 所示。按照《建筑安全玻璃管理规定》，单片半钢化玻璃（热增强玻璃）不属于安全玻璃，因其一旦破碎，会形成大的碎片和放射状裂纹，虽然多数碎片没有锋利的尖角，但仍然会伤人，不能用于天窗和有可能发生人体撞击的场合，但是有关这一点行业内专家也有不同的意见。

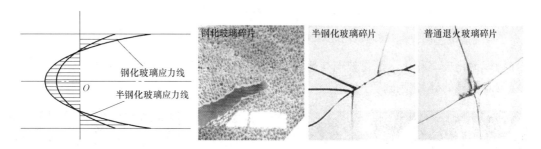

图 3-10　钢化玻璃和半钢化玻璃应力分布的区别示意图和碎片状态

2）钢化玻璃常见缺陷

（1）钢化玻璃自爆

由于玻璃中存在着微小的硫化镍结石等杂质，在热处理后一部分结石随着时间的推移会发生晶态变化，体积增大，在玻璃内部引发微裂纹，从而可能导致钢化玻璃自爆。

判断钢化玻璃是否自爆的简单规则：①是否有明显的起爆点；②观察裂纹是否具有蝴蝶斑特征（图 3-11）；③观察是否存在结石黑点（图 3-12），具备以上特征则基本可以判定为钢化玻璃自爆。若起爆点在边缘时要考虑可能是框结构、五金件对玻璃的破坏；若起爆点部位形成空洞，即使起爆点可能未脱落，但在蝴蝶斑中间有明显的玻璃白色细粉状脱落或明显冲击坑，则考虑可能是撞击破坏。

减少自爆的方法有三种：

① 使用含较少硫化镍结石的原片，即使用优质原片；

图 3-11 蝴蝶斑特征   图 3-12 结石黑点

② 避免玻璃钢化应力过大；

③ 对钢化玻璃进行二次热处理，通常称为引爆或均质处理。

（2）钢化玻璃的应力斑

在偏振光或部分偏振光入射的情况下，以一定的距离和角度观察钢化玻璃时，在玻璃表面常常会看到一些斑纹，这些斑纹在玻璃板面上不同区域的颜色和明暗度的图案变化似有规律，这种斑纹即我们通常所说的"应力斑"，如图 3-13 所示。应力斑的产生与目前建筑钢化玻璃的生产工艺有直接的关系。通常情况下，建筑钢化玻璃大多是用以空气为冷却介质制造的物理钢化玻璃。这种工艺是将玻璃加热到一定温度，然后用高速风快速冷却玻璃，在玻璃表面就会形成永久"冻结"压缩应力，从而提高了玻璃的抗冲击和耐温度急变性能。由于加热和冷却过程不均匀，在玻璃板面上产生了不同的应力分布，在偏振光照射下就出现了应力斑这种特有的光学现象。钢化玻璃应力斑借助偏光镜可以观察得更清楚。

图 3-13 偏光镜下的钢化玻璃应力斑

在实际应用中，对于建筑物的不同朝向部位，尤其是在背光或者阳光无法直接照射的一侧，照射到钢化玻璃表面的光线主要是阳光通过云层、地面或对面建筑物表面的反射或建筑物本身表面的多次反射后的反射光，这种光线主要是部分偏振光。在这种光线条件下就十分容易看到应力斑纹。由于自然光中各段光谱波长不一样，在钢化玻璃中的传播速度和折射角度也不一样，对于一些钢化度过高的玻璃或较厚玻璃的某些部位如边缘等处，常常会看到彩色应力斑纹；如果使用偏振光眼镜或以与玻璃的垂直方向成较大的角度去观察钢化玻璃，则钢化玻璃的应力斑会更加明显。对于以风为冷却介质的物理钢化玻璃，通过适当的工艺控制和设备改造，可以减轻这种现象，但不能完全消除。

3. 低辐射（Low-E）镀膜玻璃

1）产品特点

低辐射镀膜玻璃（low emissivity coated glass，Low-E glass）：又称低辐射玻璃，是一种对波长范围 4.5～25μm 的远红外线有较高反射比的镀膜玻璃。低辐射镀膜玻璃是在玻璃表面镀上一层金属或金属化合物膜，颜色多为浅、淡色，可见光透射比较高，同时因其在远红外具有很高的反射比，可以有效降低室内热量（远红外线）向外的辐射，从而降低能耗，对建筑物节能起到显著作用。

介绍 Low-E 玻璃的特性之前，有必要将透过玻璃的传热机理简单介绍一下。热流通过玻璃有三种方式：传导、对流和辐射。传导是指热量直接穿过固体、液体或气体；对流是指通过液体或气体的运动而传递热量，比如蜡烛火焰上方升起的热空气；辐射是热量通过空间的运动，它不依靠空气传导或空气的运动，就像我们可以感受到火焰散发出的热。当物体存在温差时，就会以上述三种方式发生热传递。

对于单片玻璃而言，透过玻璃的太阳辐射，包括反射、吸收和透射，除了反射和直接透射外，玻璃还能吸收一部分热量后产生二次辐射（图 3-14）。

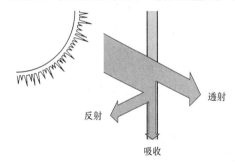

图 3-14　透过玻璃的太阳辐射

辐射传热包含两种不同的类型：

（1）长波辐射传热：指室内物体间或室外环境温度间的辐射传热。这些温度发出的电磁波波长范围在 3～50μm。

（2）短波辐射传热：指太阳辐射（温度为 6000K），波长范围为 0.3～2.5μm。这个范围包括紫外线、可见光和太阳红外辐射。

材料辐射能量的能力被称为辐射率（emissivity），所有物体正常情况下都会以长波远红外的形式释放或辐射热量。远红外能量的波长会随着物体表面温度的不同而不同。对于玻璃而言，热辐射也是一种重要的传热途径。因此，降低玻璃的热辐射可以大大提高保温性能。

标准透明玻璃在光谱中长波红外部分的辐射率为 0.84，也就是说在室温下，它将会释放 84% 的能量。同时也意味着对入射到玻璃上的长波辐射，84% 将被吸收，只有 16% 会被反射或透射。相比而言，Low-E 膜的辐射率可低至 0.04，这就意味着在室温下只会释放 4% 的能量，96% 的长波红外辐射都会被反射回去。理想的玻璃光谱如图 3-15 所示。

通常在低温物体之间由于温度差引起的热量传递主要集中在远红外波段上，普通玻璃、吸热玻璃、阳光控制镀膜玻璃对远红外热辐射的反射率很小，吸收率很高，吸收的热量将会使玻璃自身的温度提高，这样就导致热量再次向温度低的一侧传递。而 Low-E 玻璃可以将温度高的一侧传递过来的 80% 以上的远红外热辐射反射回去，从而避免了由于自身温度提高而产生的二次热传递，如图 3-16 所示。

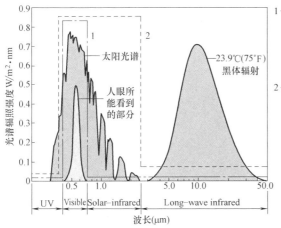

1 — 理想的Low-E玻璃光谱曲线，透过可见光，反射太阳红外辐射。长波红外辐射可以被反射回室内，适用于大多数气候区的商业建筑。

2 — 理想的高太阳得热Low-E玻璃光谱曲线。透过可见光和太阳红外辐射，长波红外辐射可以被反射回室内，适用于寒冷气候区居住建筑用窗。

图 3-15　理想的玻璃光谱图

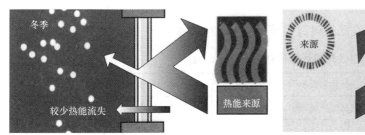
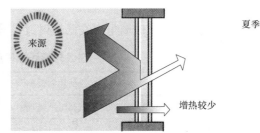

图 3-16　Low-E 镀膜玻璃的作用

欧美国家早在 20 世纪 70 年代就开始使用低辐射镀膜玻璃，如今使用量迅猛增长，多个国家的建筑法规中规定窗玻璃必须使用低辐射玻璃。我国在 20 世纪 90 年代中期开始进口低辐射玻璃。1997 年，深圳南玻集团从美国引进了能够生产低辐射玻璃的特大型真空磁控溅射镀膜玻璃生产线，研究生产低辐射玻璃。之后数十家企业通过引进生产设备及技术生产低辐射玻璃。随着国家节能政策的深入，低辐射玻璃的应用将越来越广泛。

2）生产工艺

目前，我国镀膜玻璃生产工艺有在线镀膜和离线镀膜两种，如图 3-17 所示。

在线镀膜是指镀膜工艺过程在浮法玻璃制造过程中（锡槽后部）进行，主要采用固体粉末喷涂法或化学气相沉积法（CVD 法）将膜层原料喷射到高温的玻璃表面上，产生多层金属氧化物层。随着玻璃的冷却，膜层成为玻璃的一部分，因此，膜层具有很高的化学稳定性，坚硬耐用，可以单片使用，长期储存。此方法可以生产阳光控制镀膜玻璃、低辐射镀膜玻璃。

离线镀膜是指镀膜工艺过程在浮法玻璃生产之后进行，主要有真空阴极磁控溅射法。基本原理是在真空室中将工作气体电离，产生的正离子在磁场作用下轰击溅射材料（靶材）而产生溅射，溅射离子的中性原子与反应气体发生反应生成氧化物、氮化物等在玻璃基片上沉积成膜。离线阳光控制镀膜玻璃膜为 Sn、Cr、Ti、不锈钢等的氧化物、氮化物，膜结构可以根据需求设计，膜层厚度的不同使玻璃呈现丰富的色彩，颜色品种多，可见光透射比可以控制在 60% 左右，可见光反射比控制在小于 30%，产品具有一定的需求量。

但阳光控制镀膜玻璃对远红外热辐射没有明显的反射作用，单片或合成中空使用时，其传热系数 U 值与普通玻璃相近。而离线低辐射镀膜玻璃则对远红外辐射有显著的反射作用，其合成中空使用时，传热系数很低。

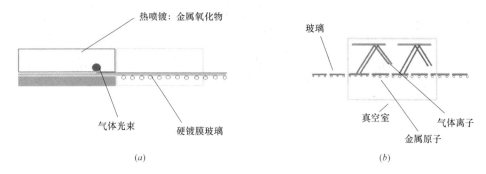

图 3-17　镀膜玻璃生产工艺

（a）化学气相沉积法（CVD 法）；（b）真空阴极磁控溅射法

在线低辐射镀膜玻璃与离线低辐射镀膜玻璃的对比见表 3-4。

在线与离线低辐射镀膜玻璃对比　　　　　　　　　　　　　　表 3-4

项　　目	在线低辐射玻璃	离线低辐射玻璃
镀膜时机	浮法玻璃生产过程中	浮法玻璃生产结束后
膜层与玻璃结合方式	涉及化学反应	仅为物理过程
膜层结构	金属氧化物	氧化物、氮化物介质膜＋金属功能膜（多为银）＋氧化物、氮化物介质膜
膜层硬度	硬	软
膜层化学稳定性	稳定	不稳定,易氧化
膜层颜色	鲜艳、色彩深重	绚丽、色彩浅淡
辐射率	较高	低
节能效果	较好	好
贮存、运输、使用	同普通玻璃	特殊防护、制作成中空玻璃使用,且玻璃边部需去膜

一般的 Low-E 玻璃只含有一层纯银层（功能层），即所谓的单银 Low-E 玻璃。双银玻璃的膜层总数达到 9 层以上，其中含有两层纯银层；三银 Low-E 玻璃一共含有 13 层以上的膜层，其中包含三层纯银层。与单银 Low-E 玻璃相比，虽然双、三银 Low-E 玻璃的加工工艺要求更高，但是其节能性要优于单银 Low-E 玻璃。单银、双银、三银 Low-E 玻璃透光率对比如图 3-18 所示，而在同等透光率的前提下，双银、三银 Low-E 具有更低的遮阳系数 SC 和传热系数 U，双银、三银 Low-E 玻璃比单银 Low-E 玻璃能够阻挡更多的太阳辐射热能。

根据国家标准，离线低辐射镀膜玻璃应低于 0.15，在线低辐射镀膜玻璃应低于 0.25。一般情况下，双银低辐射镀膜玻璃辐射率为 0.03～0.04，三银低辐射镀膜玻璃辐射率小于 0.03。典型 Low-E 玻璃热工性能如表 3-5 所示。

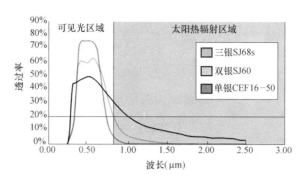

图 3-18 单银、双银、三银 Low-E 玻璃透光率对比

典型 Low-E 玻璃热工性能　　　　　　　　　　　　表 3-5

玻璃名称	配置	透光率	遮阳系数(SC)	传热系数(K)
单片镀膜	6mm	50%	0.70	6.0
白玻中空	6mm	81%	0.87	2.8
镀膜中空	6mm+12A+6mm	60%	0.72	2.7
单银 Low-E 中空	6mmLow-E+12A+6mm	62%	0.51	1.8
双银 Low-E 中空	6mmLow-E+12A+6mm	62%	0.40	1.7
三银 Low-E 中空	6mmLow-E+12A+6mm	63%	0.32	1.5

此外，根据需要，Low-E 玻璃可以设计为高透型 Low-E 玻璃和遮阳型 Low-E 玻璃。

高透型 Low-E 玻璃的特点：

（1）较高的可见光透过率：外观效果为通透性好，室内自然采光效果好；

（2）较高的太阳能透过率：透过玻璃的太阳热辐射多，玻璃的遮阳系数 $SC \geqslant 0.5$；

（3）极高的远红外线反射率：较低的传热系数值，保温性能优良。

遮阳型 Low-E 玻璃的特点：

（1）适中的可见光透过率：营造合适的室内采光效果，对室外视线具有一定的遮蔽性；

（2）较低的太阳能透过率：玻璃的遮阳系数 $SC < 0.5$，限制太阳热辐射进入室内；

（3）极高的远红外线反射率：传热系数值低，限制夏季室外的背景热辐射进入室内。

3）不同膜面位置对于玻璃热工性能的影响

以图 3-19 所示的中空 Low-E 玻璃的结构和膜面位置为例，通过以下计算推导过程分

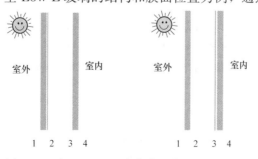

图 3-19 中空 Low-E 玻璃膜面位置（2、3 面）

析不同膜面位置对于玻璃热工性能的影响。

中空玻璃的总热阻：

$$R = \frac{1}{U} = \frac{1}{h_e} + \frac{1}{h_i} + \frac{1}{h_t} \tag{3-1}$$

式中　　　　$\frac{1}{h_e}$、$\frac{1}{h_i}$——中空玻璃内外表面换热阻，对于膜面处于不同位置（2、3面）无影响，外界条件一样的情况下是一个固定值。

$\frac{1}{h_t}$——中空玻璃结构的热阻，$\frac{1}{h_t} = \sum\limits_{}^{N} \frac{1}{h_s} + \sum\limits_{}^{M} d_m r_m$，即为中空玻璃空气层热阻和两层玻璃热阻（固定不变）之和，其中 $h_s = h_r + h_g$，即空气层两侧玻璃的辐射换热系数加上中空层对流换热系数，而 h_r、h_g 分别为：

$h_r = 4\sigma\left(\frac{1}{\varepsilon_1} + \frac{1}{\varepsilon_2} - 1\right)^{-1} \times T_m^3$——与玻璃内表面辐射率 ε_1、ε_2 有关；

$h_g = N_u\dfrac{\lambda}{d}$——与填充气体导热系数 λ、中空层厚度 d 有关，与膜面位置无关。

从以上推导可以看出，膜面位置变化对于中空玻璃总热阻或传热系数并无影响，但对于遮阳系数有影响，当位于室外侧玻璃内侧（2面）时，遮阳系数要低于位于室内侧玻璃内侧（3面）。不同膜面位置对于中空玻璃热工性能的影响如表 3-6 和图 3-20 所示。

不同膜面位置对于中空玻璃热工性能的影响　　　　　　　　　　　　表 3-6

室外＋空气层＋室内	U	SC	Tvis	Te
6mmLow-E＋12A＋6mm 白玻	1.79	0.60	0.74	0.47
6mm 白玻＋12A＋6mmLow-E	1.79	0.67	0.74	0.47

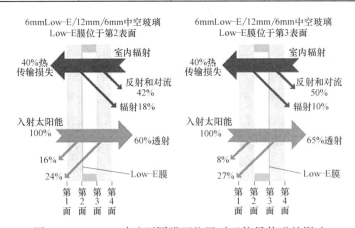

图 3-20　Low-E 玻璃不同膜面位置对于能量传递的影响

4）Low-E 玻璃鉴别

（1）影像法

用火柴或光亮物放在中空玻璃前，观察玻璃里面呈现的四个火焰物像，若是 Low-E 玻璃则有一个影像的颜色不同于其他三个影像，若四个影像的颜色相同则可确定未装

Low-E 玻璃，只是普通中空玻璃。这种方法是利用即使是无色的高透型 Low-E 玻璃也会有一点轻微的反射色的原理进行判别的，仅适用于白玻中空玻璃与无色 Low-E 中空玻璃之间的简单判别。

如图 3-21 所示，用一个打火机，靠近玻璃看火焰，一个火焰会有三个影子。在有 Low-E 膜的那面，第三个火焰影子发淡蓝，其他的都发红。而普通玻璃的三个火焰都发红，第三个火焰颜色只是很淡，在光线明亮时还看不到。

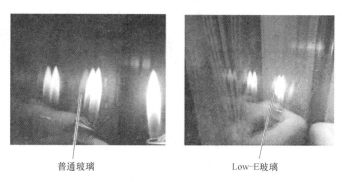

普通玻璃　　　　　　　　　　　　Low-E玻璃

图 3-21　影像法鉴别 Low-E 玻璃

（2）膜面检测仪器

检测时，将仪器贴近中空玻璃，如膜面位于 3 面时，检测仪黄色指示灯亮；当膜面位于 2 面时，检测仪红色指示灯亮；没有使用低辐射玻璃时，检测仪绿色指示灯亮，如图 3-22所示。

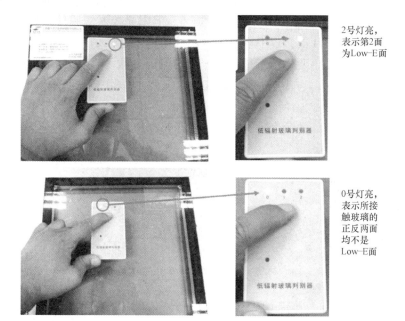

2号灯亮，
表示第2面
为Low-E面

0号灯亮，
表示所接
触玻璃的
正反两面
均不是
Low-E面

图 3-22　Low-E 玻璃鉴别仪

（3）离线 Low-E 玻璃除边

对于离线 Low-E 玻璃，在合成中空时，会将玻璃四周的镀膜除去以免与密封胶发生反应，这时候可以看到明显的镀膜除边界线，如图 3-23 所示。

4. 阳光控制镀膜玻璃

阳光控制镀膜玻璃（solar control coated glass）是对波长范围 350 ～ 1800nm 的太阳光具有一定控制作用的镀膜玻璃，又称热反射镀膜玻璃，是在玻璃表面镀上一层金属或金属化合物膜，以改变不同波长光对玻璃的透射率、反射率和吸收率，以达到预定的光学、美学和节能

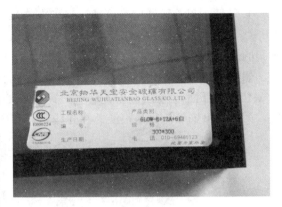

图 3-23　离线 Low-E 玻璃除边

效果。阳光控制镀膜膜层稳定性好，耐弱酸碱腐蚀，色彩较鲜艳，可见光透射比低，房间采光较差，同时其可见光反射比较高，易形成光污染。适用于低纬度炎热地区，可以通过减少太阳光直接入射室内从而降低空调能耗，起到一定的节能作用。

阳光控制镀膜玻璃的生产工艺与 Low-E 玻璃的生产工艺相同，只是膜结构不同。在线阳光控制镀膜玻璃因膜结构较单一，可见光透射比低而反射比高，影响采光且易造成光污染，国内多数地方出台法规限制使用高反射比镀膜玻璃，力图减少光污染，因此对这种阳光控制镀膜玻璃的需求量很少。

离线阳光控制镀膜玻璃膜为 Sn、Cr、Ti、不锈钢等的氧化物、氮化物，膜结构可以根据需求设计，膜层厚度的不同使玻璃呈现丰富的色彩，颜色品种多，可见光透射比可以控制在 60% 左右，可见光反射比控制在小于 30%。但阳光控制镀膜玻璃对远红外热辐射没有明显的反射作用，单片或合成中空使用时，其传热系数 U 值与普通玻璃相近。

阳光控制镀膜玻璃的主要作用就是降低玻璃的遮阳系数 SC，限制太阳辐射的直接透过，在夏季光照强的地区，与普通透明玻璃相比，其隔热作用十分明显，可有效衰减进入室内的太阳热辐射，如图 3-24 所示。但在无阳光的环境中，如夜晚或阴雨天气，其隔热作用与白玻璃无异。从节能的角度来看它不适用于寒冷地区，因为这些地区需要阳光进入

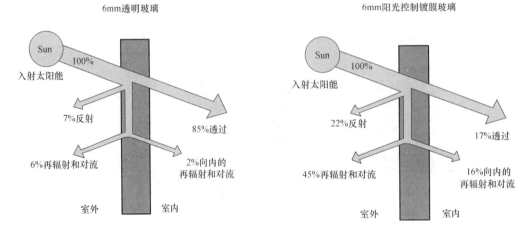

图 3-24　阳光控制镀膜玻璃与普通玻璃热量传递

室内采暖。北方寒冷地区采用这种玻璃的唯一目的就是追求装饰效果。

与着色玻璃加入单纯色剂基本只显一种颜色相比，镀膜玻璃由于分子排列和运动都是有规则、有规律的，所以镀膜的几种分子排列就形成几种不同界面，也就是形成几种不同角度朝向。由于每种界面的分子不同，使吸收、反射的太阳光谱不同。所以不同角度，我们看见不同界面的颜色就不同，且由于阳光控制镀膜玻璃具有自暗处向明处单向透视的作用，而不影响向室外观察的效果，同时还具有从明处向暗处（如从室外向室内）观察时的半镜面作用，即可以映出周围景致，增加了装饰效果。着色玻璃属于吸热玻璃，能吸收大量红外线辐射能并保持较高的可见光透过率，对太阳能的吸收系数大于其反射系数。吸热玻璃的颜色和厚度不同，对太阳辐射热的吸收程度也不同，吸收太阳可见光，减弱太阳光的强度，起到反眩作用。普通玻璃、阳光控制镀膜玻璃和着色玻璃对于太阳辐射热传递的区别如图 3-25 所示。

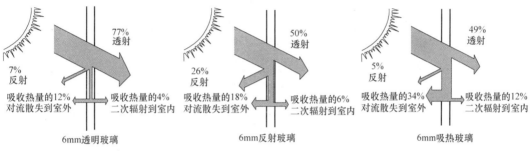

图 3-25　普通玻璃、阳光控制镀膜玻璃和着色玻璃热传递的区别

5. 夹层玻璃

1）产品特点

夹层玻璃是玻璃与玻璃和玻璃与塑料、金属或非金属等材料，用中间层分隔并通过处理使其粘结为一体的复合材料的统称。常见和大多使用的是玻璃与玻璃，用中间层分隔并通过处理使其粘结为一体的夹层玻璃，如图 3-26 所示。玻璃材料可以选用浮法玻璃、平板玻璃、压花玻璃、抛光夹丝玻璃、夹丝压花玻璃等，并可以对其进行镀膜、热增强、钢化和喷砂或酸腐蚀表面处理等加工处理。可使用的塑料材料有聚碳酸酯、聚氨酯和聚丙烯酸酯等。通常使用的中间层材料有 PVB、EVA、SGP 及其他湿法灌浆材料。构成夹层玻

图 3-26　夹层玻璃

43

璃的玻璃、塑料和中间层各自的特性赋予夹层玻璃不同的性能，夹层玻璃在安全、保安防护、隔声、防火、防紫外线、隔热和隔声等方面性能优异。由于中间层的存在，使普通夹层玻璃相对于普通玻璃的缓冲能力增强，从而提高其强度。

夹层玻璃的种类很多，表 3-7 按产品的生产方法、用途、外形以及性能的不同对夹层玻璃进行了分类。

夹层玻璃的分类 表 3-7

分类方法	产品分类	产品细类
按产品的生产方法	胶片法夹层玻璃	高压釜胶片法夹层玻璃
		一步法夹层玻璃
	灌浆法夹层玻璃	—
按产品的用途	汽车用夹层玻璃	—
	建筑用夹层玻璃	—
	铁道车辆用夹层玻璃	—
	船舶用夹层玻璃	—
	航空用夹层玻璃	—
按应用功能	钢化夹层玻璃	—
	遮阳夹层玻璃	—
	电热夹层玻璃	—
	装有无线电天线的夹层玻璃	—
按安全程度	高抗穿透性夹层玻璃（HPR 夹层玻璃）	—
	普通夹层玻璃	—
按产品的外形	平夹层玻璃	—
	弯夹层玻璃	单曲面夹层玻璃
		双曲面夹层玻璃
		深弯夹层玻璃
		浅弯夹层玻璃
按产品的性能	防弹玻璃	—
	防盗夹层玻璃	—
	防火夹层玻璃	—
	电加温夹层玻璃	—
	装饰性夹层玻璃	—
	光致变夹层玻璃	—
	电磁屏蔽玻璃	—

2）使用建议

由于中间层的存在，夹层玻璃相对于普通玻璃的缓冲能力增强，从而强度提高。当夹层玻璃能够满足霰弹袋冲击性能分级试验要求时称为安全夹层玻璃。也就是说，合格的夹层安全玻璃，破坏后能够满足相应的安全性能的要求。其他如防火夹层玻璃、隔声夹层玻璃、隔热防紫外夹层玻璃，不但需要满足安全方面的性能要求，同时也需要满足在其特殊功能方面的要求。

为了降低建筑用玻璃制品受到冲击时对人体的划伤、扎伤及飞溅等造成的伤害，以下关键场所建议使用建筑用安全夹层玻璃：

（1）门及门周围的区域，尤其是易被误认为是门的一些玻璃墙和玻璃隔断（图3-27）；

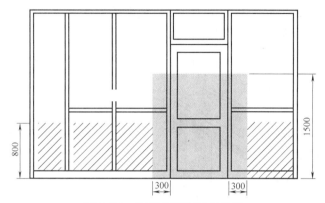

图3-27 关键场所及安全建议

（2）距地面较近的玻璃区（如落地窗等）；

（3）浴室、人行通道及建筑中人体容易撞击的其他场所；

（4）设计要求和工程技术规范中对人体安全级别有要求的任何场所。

人体撞击建筑中的玻璃制品并受到伤害主要是由于没有足够的安全防护造成的。为了尽量减少建筑用玻璃制品在冲击时对人体造成的划伤、割伤等，在建筑中使用玻璃制品时应尽可能地采取下列措施：

（1）选择安全玻璃制品时，应充分考虑玻璃的种类、结构、厚度、尺寸，尤其是合理选择安全玻璃制品霰弹袋冲击试验的冲击历程和冲击高度级别等；

（2）对关键场所的安全玻璃制品采取必要的防护；

（3）关键场所的安全玻璃制品应有容易识别的标识。

此外，玻璃作为建筑材料，因其具有通透美观和可破碎的特性，近年来被越来越多地用于地板、楼梯、观光栈道等，满足人们对建筑美学的要求和追求个性、体验刺激的想法。国内外很多著名景区和建筑上应用的玻璃栈道普遍采用的是双层钢化夹胶玻璃，如图3-28所示。

(a)　　　　　　　　　　　　　　　　(b)

图3-28 玻璃栈道和观景台

（a）张家界天门山玻璃栈道；（b）法国阿尔卑斯山夏蒙尼 Step Into the Void 观景台

6. 中空玻璃

1）产品特点

中空玻璃是指两片或多片玻璃以有效支撑均匀隔开并周边粘结密封，使玻璃层间形成有干燥气体空间的制品，如图 3-29 所示。中空玻璃按生产制造工艺可以分为金属间隔条式中空玻璃、复合胶条式中空玻璃和热熔胶式中空玻璃。

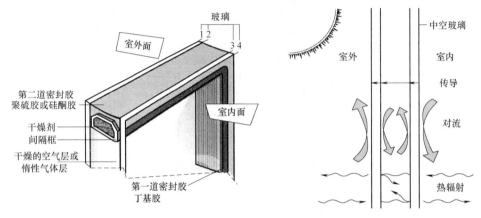

图 3-29　中空玻璃结构

玻璃的保温性能相对较差，而面板间带有空气腔的中空玻璃能够显著提高保温性能。相对于其他玻璃，单层透明玻璃允许透过最多的太阳能和可见光。相对于单层玻璃，中空玻璃可降低传热损失 50％以上（由 U 值反映）。尽管 U 值显著降低，但是透明中空玻璃的可见光透射比（VT）和太阳得热系数（$SHGC$）依然相对较高，如图 3-30 所示。

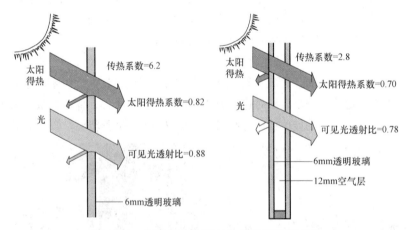

图 3-30　典型单片玻璃与中空玻璃性能对比

中空玻璃具有良好的密封性能、隔热性能、隔声性能和防结露结霜性能，被广泛应用于建筑物门窗或幕墙，尤其是低辐射镀膜玻璃构成的中空玻璃或者由非镀膜玻璃构成但空腔内使用惰性气体的中空玻璃，其节能效果非常显著，越来越受到人们的关注。

2）间隔条

中空玻璃面板之间必须使用间隔条以保持适当的间距。除了保持玻璃面板之间的间距功能之外，间隔条还需满足以下功能：

（1）承受由热膨胀和压差产生的压力；

（2）阻挡水或水蒸气进入空气腔，防止中空玻璃起雾；

（3）防止中空玻璃中的低导热系数气体的泄漏，起到密封作用；

（4）阻隔热传递，降低室内侧玻璃边部结露的概率。

早期，通常是将玻璃与玻璃之间焊接在一起形成中空玻璃，这种中空玻璃不会发生漏气，但是加工困难且价格昂贵，而且一般来说空腔间距较窄，也不是最优值。如今，中空玻璃（IGUs）的标准解决方案是使用金属间隔条和密封材料。常见的间隔条是铝间隔条，中间填充干燥剂，以吸收玻璃间残留的湿气。间隔条通过密封胶与两片玻璃粘结在一起，在提供结构支撑的同时也作为一道防潮屏障。中空玻璃有两种密封方式：单道密封和双道密封，如图 3-31 所示。

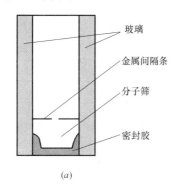 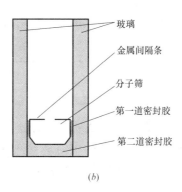

图 3-31　中空玻璃密封方式

（a）单道密封；（b）双道密封

在单道密封系统中，一般是采用丁基胶将间隔条与玻璃粘结在一起，并防止水汽进入，单道密封中空玻璃在我国已逐步被淘汰。这种密封方式一般不适用于填充低导热系数气体的中空玻璃。在双道密封系统中，第一道密封通常采用丁基热熔密封胶，它对水分的扩散率很低，它将间隔条与玻璃连接在一起阻止水汽进入和气体泄漏，可大大延长中空玻璃的使用寿命，第二道密封采用聚硫胶、硅酮胶或聚氨酯，以实现玻璃板和间隔条之间良好粘结，保持结构完整，其中结构型硅酮胶还需承担结构荷载。当镀膜中空玻璃采用双道密封系统时，必须首先将镀膜玻璃边部的膜除去（除边）才能提供更好的边部密封。据统计 95％以上中空玻璃的失效是由于第二道密封粘结失效而引起。

铝是热的良导体，在大部分采用铝间隔条的中空玻璃系统中，由于铝的热传导性好，中空玻璃边部通过铝框的传导产生热损失，使玻璃边部温度降低而形成"冷边"，中空玻璃易在冷边处出现结霜、结露。降低传热损失的一种方法就是使用低导热系数的金属来代替铝间隔条，或者是改变间隔条的截面形状。另外一种方法是采用更好的绝热材料来代替金属。一个很好的例子就是使用绝热硅酮泡沫间隔条，并注入干燥剂，以及在边部使用高强粘合剂使其和玻璃粘结在一起。第二道密封材料支撑硅酮泡沫间隔条。聚乙烯间隔条和玻璃纤维间隔条也开始逐渐代替金属间隔条，在中空玻璃中逐渐得到应用。在北美，暖边间隔条主要有不锈钢 U 形隔条（Intercept）、舒适胶条（Swiggle）、超级间隔条（Super

Spacer)、强化塑料和铝合成的槽型条、玻璃纤维隔条等，如图 3-32 所示。

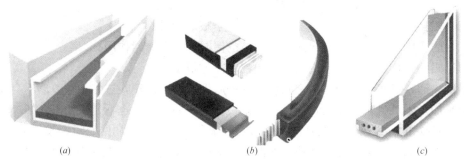

图 3-32 常见中空玻璃暖边间隔条

(a) 不锈钢；(b) 复合；(c) 超级间隔条

不同材质中空玻璃间隔条的导热系数如表 3-8 所示。

<table>
<tr><td colspan="5">不同材质中空玻璃间隔条的导热系数　　　　　　　　　　　　　表 3-8</td></tr>
<tr><td>类型</td><td>铝</td><td>不锈钢</td><td>复合胶条</td><td>超级间隔条</td></tr>
<tr><td>导热系数［W/(m・K)］</td><td>171.6</td><td>14.3</td><td>0.672</td><td>0.168</td></tr>
</table>

使用暖边间隔条一个更明显的好处就是可以提高玻璃边部的内表面温度，这是最容易结露的部位，暖边间隔条的中空玻璃热侧边部温度要比采用铝间隔条的中空玻璃高 3～5℃左右，温度的提升将降低室内结露的概率，如图 3-33 所示。

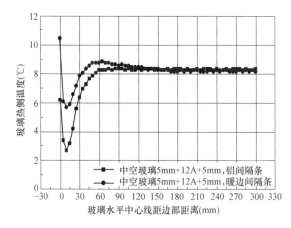

图 3-33 暖边间隔条与铝间隔条中空玻璃热侧温度的区别（室外－20℃/室内 20℃）

3) 填充气体

改善中空玻璃保温性能的另外一项措施是降低空腔的热传导。起初，在玻璃密封之前会向空腔中注入空气或干燥的氮气。在密封的中空玻璃中，两层玻璃面板间的气流将在空腔中沿着内片玻璃将热量带到玻璃的上部，然后在外片玻璃的底部形成一个低温气团。在空腔中注入导热率更低、黏滞系数更大或者流动缓慢的气体将会减小空腔内的对流，降低中空玻璃通过气体的导热和总体传热。

玻璃厂家一般在中空玻璃的内部填充氩气或氪气，这对于热工性能的提高也是可预测的。这两种气体都是惰性气体，无毒、无色、无味且化学性质稳定。填充氪气后的保温性能优于填充氩气，但氪气的生产较为昂贵。当空腔的宽度比正常要求窄时，氪气就比较合适。考虑到热工性能和成本之间的博弈，也经常使用氩气和氪气的混合气体。

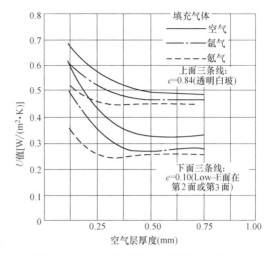

图 3-34 中空玻璃传热系数是空腔宽度和辐射率的函数

中空玻璃的实际 U 值与中空玻璃的规格、空腔宽度有很大的关系（图 3-34）。通过计算，普通中空玻璃空腔宽度 16mm 时最佳；在充入气体的时候，空腔宽度会要求相对减少，充氩气时 12mm 最好，充入氪气时 9～10mm 是最合适的，如表 3-9 所示。充入氩气可以让中空玻璃的传热 U 值降低约 20%，对 Low-E 中空玻璃，氩气还具有保护 Low-E 膜层的作用。在个别特别寒冷的地区，例如：俄罗斯，中空玻璃建议充入氪气，充入氪气可以将 U 值降低约 35%。

充气中空玻璃最佳中空层厚度　　　　表 3-9

性能	空气	氩气	氪气	氙气
分子量(kg/mol)	29	40	84	131
热传导率[10^{-4}W/(m·K)]	242	163	87	51
无对流的最佳间隔层宽度(mm)	16～18	12	10	8

氩气和氪气存在于自然界大气层中，但是要保持长期的热工性能也是一个问题。研究表明，一个设计和加工优良的中空玻璃，每年小于 0.5% 的泄漏，或者说在 20 年内总共泄漏 10%，对于中空玻璃的 U 值改变极其微小。将气体保持在中空玻璃内很大程度上取决于加工质量和材料本身，更重要的是玻璃的密封质量。两层中空玻璃常见结构的传热系数见表 3-10。

两层中空玻璃常见结构的传热系数 [W/(m²·K)]　　　　表 3-10

玻璃	垂直辐射率	尺寸(mm)	空气	氩气	氪气	SF6
普通玻璃	0.84	4＋6＋4	3.3	3.0	2.8	3.0
		4＋9＋4	3.0	2.8	2.6	3.1
		4＋12＋4	2.9	2.7	2.6	3.1
		4＋16＋4	2.7	2.6	2.5	3.1
		4＋20＋4	2.7	2.6	2.6	3.1
		5＋6＋5	3.2	3.0	2.7	3.0
		5＋9＋5	3.0	2.8	2.5	3.0
		5＋12＋5	2.8	2.6	2.5	3.0
		5＋16＋5	2.7	2.6	2.5	3.1
		5＋20＋5	2.7	2.6	2.5	3.1

玻璃	垂直辐射率	尺寸(mm)	空气	氩气	氪气	SF6
单片 Low-E 镀膜玻璃	≤0.4	4+6+4	2.9	2.6	2.2	2.6
		4+9+4	2.6	2.3	2.0	2.7
		4+12+4	2.4	2.1	2.0	2.7
		4+16+4	2.2	2.0	1.9	2.7
		4+20+4	2.2	2.0	2.0	2.7
		5+6+5	2.9	2.5	2.1	2.6
		5+9+5	2.5	2.3	1.9	2.6
		5+12+5	2.3	2.1	1.9	2.6
		5+16+5	2.2	2.0	1.9	2.7
		5+20+5	2.2	2.0	1.9	2.7
单片 Low-E 镀膜玻璃	≤0.2	4+6+4	2.7	2.3	1.9	2.3
		4+9+4	2.3	2.0	1.6	2.4
		4+12+4	1.8	1.7	1.5	2.4
		4+16+4	1.8	1.6	1.5	2.4
		4+20+4	1.8	1.7	1.6	2.5
		5+6+5	2.7	2.3	1.8	2.3
		5+9+5	2.3	1.9	1.5	2.4
		5+12+5	2.0	1.7	1.5	2.4
		5+16+5	1.8	1.6	1.5	2.4
		5+20+5	1.8	1.6	1.5	2.5
单片 Low-E 镀膜玻璃	≤0.1	4+6+4	2.6	2.2	1.7	2.1
		4+9+4	2.1	1.7	1.3	2.3
		4+12+4	1.8	1.5	1.3	2.3
		4+16+4	1.6	1.3	1.2	2.3
		4+20+4	1.6	1.4	1.3	2.3
		5+6+5	2.5	2.1	1.5	2.1
		5+9+5	2.1	1.7	1.2	2.2
		5+12+5	1.8	1.5	1.2	2.1
		5+16+5	1.6	1.3	1.2	2.3
		5+20+5	1.7	1.3	1.2	2.3
单片 Low-E 镀膜玻璃	≤0.05	4+6+4	2.5	2.1	1.5	2.0
		4+9+4	2.0	1.6	1.3	2.1
		4+12+4	1.7	1.3	1.1	2.2
		4+16+4	1.4	1.2	1.1	2.2
		4+20+4	1.5	1.2	1.2	2.2
		5+6+5	2.5	2.0	1.4	2.0

玻璃	垂直辐射率	尺寸(mm)	空气	氩气	氪气	SF6
单片 Low-E 镀膜玻璃	≤0.05	5＋9＋5	2.0	1.6	1.1	2.1
		5＋12＋5	1.7	1.3	1.0	2.1
		5＋16＋5	1.4	1.2	1.1	2.2
		5＋20＋5	1.4	1.2	1.1	2.2

由该表可以看出，镀膜玻璃的辐射率值对中空玻璃的保温性能影响较大，辐射率值越小，中空玻璃的保温性能越好；辐射率相同时，气体的种类不同，中空玻璃的保温性能不同，充入氩气或氪气能较显著地提高玻璃的保温性能，而充入六氟化硫的主要作用是提高中空玻璃的隔声效果。辐射率相同时，间隔层的厚度（也就是气体充入量）对中空玻璃的保温性能有一定的影响，间隔层厚度增加，保温性能较好，但当间隔层达到 16mm 以后，U 值不再减少，因为此时，间隔层中气体的对流增加，影响了保温性能。

4）中空玻璃常见问题

在玻璃幕墙的应用过程中，中空玻璃除了破碎以外，出现的最主要问题就是由于结构密封胶密封失效出现结露甚至进水，由于水在中空玻璃里面对整个中空玻璃单元件的影响，很可能导致整个门窗幕墙工程出现危险隐患甚至危及生命安全。另外，由于含矿物油普通硅酮胶对丁基胶的破坏导致中空玻璃渗油而使中空玻璃使用寿命丧失。中空玻璃常见的失效表现形式如图 3-35～图 3-38 所示。

图 3-35 中空玻璃内部结露进水

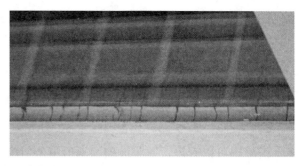

图 3-36　中空玻璃内部膜层发霉

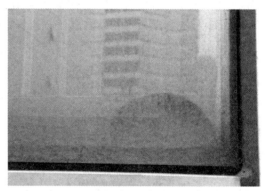

图 3-37　中空玻璃边部密封胶污染

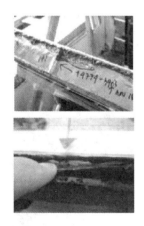

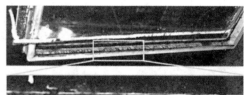

图 3-38　中空玻璃密封胶失效

7. 其他玻璃

1）热镜中空玻璃

热镜中空玻璃始于 1970 年，由美国韶华科技公司（Southwall Technologies，Inc）研制开发，是由两层玻璃与一张特殊的热镜薄膜组合而成，并由双层特种间隔条分隔成双腔中空的结构，如图 3-39 所示。双腔中空结构可以有效改善玻璃系统的隔热保温性能，但普通中空玻璃却会因此大大增加部件的厚度和重量，同时对建筑结构和载荷提出一系列新的要求。使用热镜薄膜可以在基本不增加厚度和重量的情况下增加隔热层数量，使原来普通中空玻璃难以达到的隔热保温性能成为可能。当使用三腔结构时，其中空结构的厚度仅比普通中空玻璃稍有增加，却可以达到实际使用玻璃系统的最高隔热保温效果。

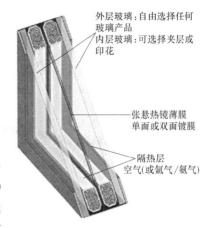

图 3-39 热镜中空玻璃

2）真空玻璃

真空玻璃是利用保温瓶原理，将两片平板玻璃四周密封，中间用微小物支撑形成 0.15mm 的间隙，将间隙抽真空达到 0.1Pa 形成的玻璃结构，如图 3-40 所示。为了达到最佳功能，其中一片玻璃往往使用低辐射 Low-E 玻璃。由于内部真空，气体的传导和对流几乎不存在，Low-E 膜层又将 85％ 以上的红外辐射反射回去，因此真空玻璃将传导、对流、辐射都基本阻断，具有了超级的保温绝热功能。真空玻璃通过采用钢化、夹层和中空复合等玻璃深加工技术以达到安全真空玻璃。

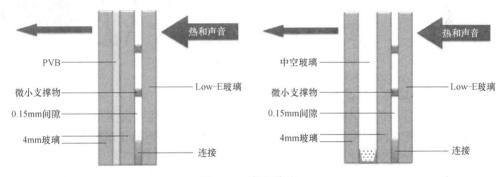

图 3-40 真空玻璃

3）填充型中空玻璃

填充型中空玻璃中间层可以填充气凝胶、采用蜂窝结构和毛细管玻璃面板以实现所需的节能性能要求，其中一些材料已经在欧洲的被动式建筑中得到应用。目前，研究较热的是气凝胶材料。气凝胶是一种硅基泡沫材料，由 4％ 的硅和 96％ 的空气组成。细微气泡中充有空气（或其他气体），进而在阻止热对流的同时还可以透过光线。气泡的尺寸小于空气/气体分子的平均间距，因此气凝胶的导热系数要低于纯空气/填充气体的导热系数。由于多层气泡壁的存在，长波热辐射被吸收和再次反射。组成薄气泡壁的微粒缓慢地漫射透过的光线，产生一种类似于天空的浅蓝色烟雾。由气凝胶和玻璃加工而成的窗户的 U 值理论上可低至 0.28W/(m^2·K)。欧洲厂家已生产出微珠气凝胶的中空玻璃窗（图3-41），尽管窗户具有较好的保温效果，但是由于漫射的存在而视野较差。将来，气凝胶有可能在大尺寸窗户系统、天窗或玻璃砖中得到广泛应用。

4）光致变色玻璃

光致变色（Photochromic）玻璃是一种在太阳或其他光线照射时，颜色会随光线增强而变暗的玻璃，一般在温度升高时（如在阳光照射下）呈乳白色，温度降低时，又重新透明，变色温度的精确度能达到 ±1℃，如图 3-42 所示。

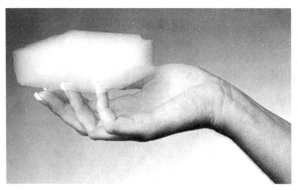

图 3-41　气凝胶填充中空玻璃

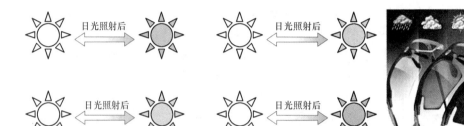

图 3-42　光致变色玻璃

5）热致变色玻璃

热致变色（Thermochromic）可以根据温度来改变透明性。目前正在研发的热致变色材料是在玻璃或塑料间使用凝胶剂夹层，它能够从低温时的透明状态转变为高温时的白色漫反射状态。当致变发生时，玻璃将丧失视野功能，如图 3-43 所示。这类窗户实际上是当空调负荷过高时阻断太阳辐射。控制被动太阳能加热装置的过热是十分有用的。玻璃的温度是太阳辐射强度和室内外温度的函数，热致变色能够调节进入储热设备的太阳能总量。因为其不透明状态不会像窗户那样影响视野，所以热致变色尤其适合天窗。

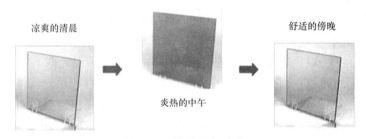

图 3-43　热致变色玻璃

6）电致变色玻璃

电致变色（Electrochromic）镀层由夹在两个透明导体间的氧化镍或氧化钨金属涂层组成。当在两个导体间加上电压后，一个分布电场就会被建立。电场会驱使镀膜层上的各种有色离子（大部分为锂离子或氢离子）作反向移动，穿过离子导体（电解质）并进入到电致变色涂层，如图 3-44 所示。其效果就是使得玻璃从透明状态转换成普鲁士蓝，同时也不会降低视野效果，外观上类似于光致变色太阳镜。波音 787 客机已经使用可调电致变色玻璃舷窗和电致变色玻璃窗，如图 3-45 所示。

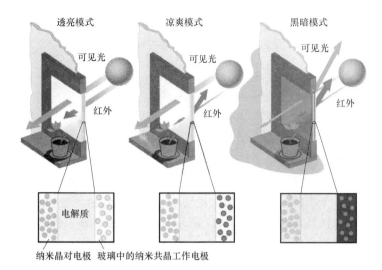

图 3-44　电致变色玻璃

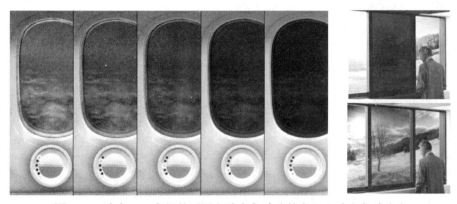

图 3-45　波音 787 客机的可调电致变色玻璃舷窗和电致变色玻璃窗

7）气致变色玻璃

气致变色（Gasochromic）玻璃能够产生类似于电致变色玻璃的效果，但是为了给玻璃上色，稀薄的氢（低于 3％的燃烧极限）被引入到中空玻璃的空气腔中。暴露在氧气中，玻璃将回归原来的透明状态（图 3-46）。主动式光学组件是一个不到 $1\mu m$ 厚的多孔柱

图 3-46　气致变色玻璃

状氧化钨薄膜，这就消除了透明电极和离子导电层的必要性。薄膜厚度和氢气浓度的变化也会影响颜色的深度和比率。

(二) 金属板

1. 铝板

铝板幕墙采用优质高强度铝合金板材，其常用厚度为2~4mm，型号为3003，状态为H24，其构造主要由面板、加强筋和角码组成。角码可直接由面板折弯、冲压成型，也可在面板的小边上铆装角码成型。加强筋与板面后的电焊螺钉（螺钉是直接焊在板面背面的）连接，使之成为一个牢固的整体，极大地增强了铝板幕墙的强度与刚性，保证了长期使用中的平整度及抗风抗震能力，如图3-47所示。如果需要隔声、保温，可在铝板内侧安装高效的隔声、保温材料。

面板

加强筋

螺栓

根据要求可加
装隔热矿岩棉

挂耳

图3-47　铝板幕墙节点

铝板幕墙表面一般经过铬化等前处理后，再采用氟碳喷涂处理。氟碳涂料面漆和清漆的聚偏氟乙烯树脂，一般分为二涂、三涂或四涂。氟碳涂层具有卓越的抗腐蚀性和耐候性，能抗酸雨、盐雾和各种空气污染物，耐冷热性能极好，能抵御强烈紫外线的照射，能长期保持不褪色、不粉化，使用寿命长。

铝板幕墙具有以下特点：

（1）刚性好、重量轻、强度高，耐腐蚀性能好；

（2）工艺性好。采用先加工后喷漆工艺，铝板可加工成平面、弧形和球面等各种复杂几何形状；

（3）不易沾污，便于清洁保养。氟涂料膜的非黏着性，使表面很难附着污染物，更具有良好的自洁性；

（4）安装施工方便快捷。铝板在工厂成型，施工现场不需裁切，只需简单固定；

（5）可回收再利用，有利环保。铝板可100%回收，回收价值更高。

铝板幕墙质感独特，色泽丰富、持久，而且外观形状可以多样化，并能与玻璃幕墙、石材幕墙完美地结合。其完美外观，优良品质，使其倍受业主青睐，其自重轻，仅为大理石的五分之一，是玻璃幕墙的三分之一，大幅度减少了建筑结构和基础的负荷，而且维护成本低，性价比高。

铝板幕墙常见的主要问题有：

（1）由于龙骨水平、垂直超差，立面不平、板面安装超差，孔眼错位等原因导致的板面不平整、不竖直、接缝宽窄、高低不一致；

（2）面板接缝密封胶位移能力不足、密封胶宽度设计考虑不周全，在面板热胀冷缩和楼层动荷载引起的位移作用下，密封胶撕裂，如图 3-48（a）所示；

（3）密封胶选择不合理，出现表面龟裂、粉化、硬化等老化现象，造成开裂渗水和粘结失效；

（4）铝板安装之时 PE 保护膜未清理，密封胶只是粘附在 PE 保护膜上，随着面板接缝不断拉伸压缩就会出现密封胶与基材脱粘的现象，如图 3-48（b）所示；

（5）铝板表面污染，有凹痕等，如图 3-48（c）所示。

(a)　　　　　　　　　　(b)　　　　　　　　　(c)

图 3-48　铝板幕墙密封胶失效

(a) 开裂；(b) 脱胶；(c) 凹痕

为避免铝板幕墙使用出现问题，应注意以下方面：

（1）进行科学的力学计算，对埋件、连接系统、龙骨系统、面板及紧固件进行仔细校核，确保安全性；

（2）面板固定方式对安装板块起到平稳性作用，每个板块固定点受力不一致会造成面板变形影响外饰效果，所以面板必须采用定距压紧固定方式，确保幕墙表面平稳；

（3）浮动式连接可确保幕墙的整体性恢复能力，不会使幕墙造成变形，避免幕墙表面鼓凸或凹陷状况发生；

（4）板背面是否合理设置了加强筋，以增加板面的强度和刚度，加强筋的布置距离以及加强筋本身的强度和刚度，必须均满足要求，以保证幕墙的使用功能及安全性；

（5）防水密封方式是否合理，防水密封方式很多，结构防水，内部防水，打胶密封，选择适合的密封方式，保证幕墙的功能及外饰效果；

（6）选用符合国家标准和工程实际需要的材料和配件。

2. 铝蜂窝板

铝蜂窝板主要选用优质的 3003H24 合金铝板或 5052AH14 高锰合金铝板为基材，面板涂以厚度为 0.8～1.5mm 的氟碳滚涂或耐色光烤漆，芯材采用六角形 3003 型铝蜂窝芯，铝箔厚度 0.04～0.06mm，边长 5～6mm，由硬度达到 H19 的铝合金构成，作为粘附在夹层结构中的芯板，在切向上承受压力，结构如图 3-49 所示。采用滚压成型技术完成正、背表皮的成型，全自动机器设备折边，正、背表皮在安装边紧紧咬合。整个加工过程全部在现代化工厂完成，采用热压成型技术，因铝皮和蜂窝间的高热传导值，内外铝皮的热胀冷缩同步；蜂窝铝皮上有小孔，使板内气体可以自由流动。采用双组分聚氨酯高温固化胶，用全自动蜂窝板复合生产设备通过加压高温复合而成。这些相互牵制的密集蜂窝犹如许多小工字梁，可分散承担来自面板方向的压力，使板受力均匀，保证了面板在较大面积时仍能保持很高的平整度。

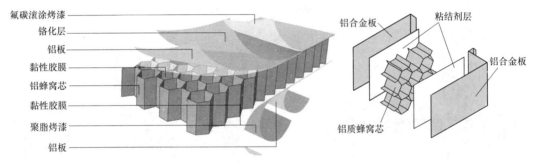

图 3-49　铝蜂窝板结构

由于蜂窝材料具有抗高风压、减振、隔声、保温、阻燃和比强度高等优良性能，国外 1960 年已在民用各领域使用，而且发展很快，我国最近几年蜂窝技术才在民用工业的各领域应用。铝蜂窝板幕墙以其质轻、强度高、刚度大等诸多优点，已被广泛应用于高层建筑外墙装饰。总厚度为 15mm，面板底板均为 1.0mm 厚的铝蜂窝板只有 6kg/m² 。具有相同刚度的蜂窝板重量仅为铝单板的 1/5，钢板的 1/10，相互连接的铝蜂窝芯就如无数个工字钢，芯层分布固定在整个板面内，使板块更加稳定，其抗风压性能大大超于铝塑板和铝单板，并具有不易变形、平面度好的特点，即使蜂窝板的分格尺寸很大，也能达到极高的平面度，如图 3-50 所示。

3. 铝塑复合板

铝塑复合板（又称铝塑板）作为一种新型装饰材料，自 20 世纪 80 年代末从德国引进到中国，便以其经济性、可选色彩的多样性、便捷的施工方法、优良的加工性能、绝佳的防火性及高贵的品质，迅速受到人们的青睐。在国外，铝塑板称之为铝复合板（Aluminum Composite Panels）或铝复合材料（Aluminum Composite Materials）或 Alucobond，其实 Alucobond 是铝塑板企业申请的一个注册商标，并不是铝塑板的代名词。国外生产铝塑板的企业并不是很多，但生产规模都很大。著名的有总部设在瑞士的 Alusuisse 公司、美国的雷诺兹金属公司、日本三菱公司、韩国大明等。

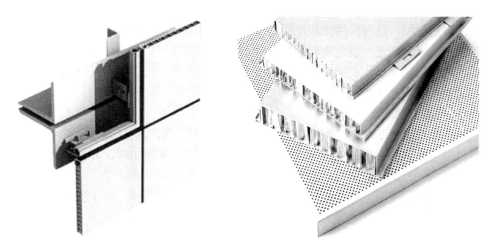

图 3-50　铝蜂窝板幕墙节点

铝塑复合板是由多层材料复合而成，上下层为高纯度铝合金板，中间为无毒低密度聚乙烯（PE）芯板，是一种三明治结构，其正面还粘贴一层保护膜，如图 3-51 所示。用于室外的铝塑板正面涂覆氟碳树脂（PVDF）涂层，用于室内的铝塑板正面可采用非氟碳树脂涂层。用于建筑幕墙的铝塑复合板上、下铝板的最小厚度不小于 0.50mm，总厚度应不小于 4mm，铝材材质应符合《一般工业用铝及铝合金板、带材　第 1 部分：一般要求》GB/T 3880.1 的要求，一般要采用 3000、5000 等系列的铝合金板材，应采用氟碳树脂涂层。

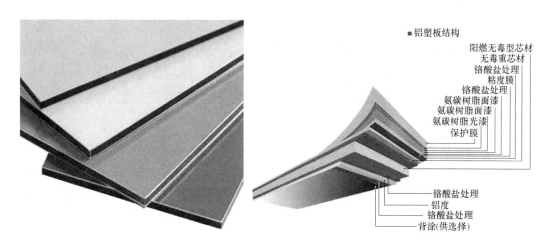

图 3-51　铝塑板结构

铝塑板幕墙产品作为铝板幕墙产品的一种，与单层铝板幕墙和蜂窝铝板幕墙相比，具有易加工性能、经济实用、品质优良等一系列优点，是铝板幕墙产品中应用最广、产量最大的品种。正是铝塑板幕墙的这一系列优点，促使了铝塑板幕墙在我国短短的十几年里有了巨大的发展。

铝塑板幕墙易发生的质量问题有以下几个方面。

1）铝塑板变色、脱色

铝塑板产生变色、脱色，主要是由于板材选用不当造成的。铝塑板分为室内用板和室外用板，两种板材的表面涂层不同，决定了其适用的场合不同。室内所用的板材，其表面一般喷涂树脂涂层，这种涂层适应不了室外恶劣的自然环境，如果用在室外，自然会加速其老化过程，引起变色、脱色现象。室外铝塑板的表面涂层一般选用抗老化、抗紫外线能力较强的氟碳树脂涂层。如果以室内用的板材冒充抗老化、抗腐蚀的优质氟碳板材，长时间使用则会出现严重的变色、脱色现象。

2）铝塑板表面变形、起鼓

造成铝塑板表面变形、起鼓的原因是多方面的。在以前的粘贴施工工艺中，推荐使用的基层材料主要是高密度板、木工板之类，这类材料在室外使用时，其使用寿命是很脆弱的，经过风吹、日晒、雨淋后，必然会产生变形，基层材料都变形了，那么作为面层的铝塑板同样也会发生变形。即使后来采用角钢、方钢龙骨干挂连接，如果铝塑板背部加强筋设置不当（没有加强筋、加强筋布置距离不当或加强筋自身强度和刚度不足等），面板的强度和刚度得不到保证，也会出现表面变形和起鼓现象，如图3-52所示。此外，铝塑板折边处缺少补强措施，厚度变薄，强度降低，也会出现类似问题。

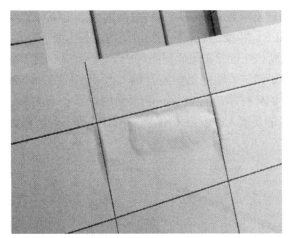

图3-52 铝塑板表面的变形、起鼓

3）铝塑板脱落

铝塑板开胶、脱落主要是由于密封胶选用不当造成的。作为室外铝塑板幕墙工程的理想胶粘剂，硅酮胶有着得天独厚的优越条件。如果使用其他密封胶，用在气候变化无常的室外，便出现板材开胶、脱胶的现象。另外，由于龙骨锈蚀、连接件老化失效等也会造成铝塑板的脱落，如图3-53所示。

4. 钛锌板

钛锌板材料的应用已有一个多世纪的历史，在欧洲的大城市使用比较普遍，不少建筑都采用钛锌板作为屋面材料，如图3-54所示。长期使用能保持金属光泽，寿命长，无需涂层保护。屋面、墙面用钛锌板是由高纯度金属锌（99.995%）与少量钛和铜熔炼而成，钛的含量是0.06%～0.20%，可以改善合金的抗蠕变性，铜的含量是0.08%～1.00%，用以增加合金的硬度。锌是一种卓越、耐久的金属材料，它具有天然的抗腐蚀性，可在表面形成致密的钝化保护层。屋面/墙面用钛锌板的厚度在0.5～1.0mm，重量为3.5～

图 3-53　铝塑板脱落

$7.5kg/m^2$，如 0.82mm 厚的钛锌板屋面板重量仅为 $5.7kg/m^2$，是一种质量极轻的屋面材料，对屋面结构基本没有任何影响。

图 3-54　钛锌板幕墙

5. 铜及铜复合板

几个世纪以来，铜板已经被证明是一种高稳定、低维护的屋面和幕墙材料，铜是一种环保、使用安全、易于加工并且极抗腐蚀的材料。由于其高抗腐蚀、易于加工的特性和它独特、自然的外观效果，使得铜板非常适合作为屋面和幕墙材料。铜板在屋面和幕墙方面的应用可追溯到中世纪的中欧，最古老而完整的铜屋顶是建于 1280 年的海尔德申姆哥特式教堂（Hildersheim Cathedral）。随着手工作坊被工业化的连续滚轧生产方式取代，铜在建筑工业中的应用已经远远超越了过往几个世纪的总和。国内铜幕墙的应用近几年刚刚兴起，但势头正旺，如武汉琴台大剧院铜幕墙、中国农业银行数据中心铜幕墙、首都博物馆青铜幕墙等，如图 3-55 所示。

铜塑复合板结构上采用铜-塑-铝/铜的复合，比单铜板节约铜材，铜表面还可以经着色处理成铜绿色、古铜色等特殊颜色，装饰效果更为华丽、高雅，铜塑板具有很强的杀菌性和优异的耐腐蚀性，且表面平整易于加工成型，使用寿命长。

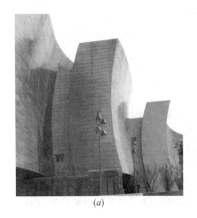

(a)   (b)

图 3-55   铜板幕墙

(a) 武汉琴台大剧院铜幕墙；(b) 首都博物馆青铜幕墙

（三）天然石材

天然石材系指在自然岩石中开采所得的石材，它是人类历史上应用最早的建筑材料之一。由于大部分天然石材具有强度高、耐久性好、蕴藏量丰富、易于开采加工等特点，因此它为各个时期的人们所青睐，常被作为墙体、地面、屋顶、建筑构件、雕塑等材料来使用。欧洲许多以石材为主要建筑材料的优秀建筑经受了千百年来的风吹雨淋，至今依然屹立于世，我们最为熟悉的古埃及金字塔、方尖碑、古希腊雅典卫城等都是石头建筑的代表作，如图 3-56 所示。

图 3-56   石材在欧洲传统建筑中的应用

石材在建筑中最初主要作为结构及装饰材料出现，发展到今天，石材作为结构材料几乎已经绝迹，一般仅作为建筑内外表皮装饰材料使用。由于石材的天然特性，它经常能给人带来深厚、凝重的文化感、历史感。

石材幕墙用天然石材有天然花岗石建筑板材、天然大理石建筑板材和天然凝灰石（砂岩）建筑板材等。我国标准《金属与石材幕墙工程技术规范》JGJ 133—2001 对花岗岩石材幕墙作出了规定"宜使用火成岩"，未涉及非花岗岩类石材（如砂岩、大理岩、石灰岩、凝灰岩等）。然而，非花岗岩石材幕墙在欧洲广泛应用，北美的超高层建筑中采用石灰岩、大理岩板材的也相当多，不少建筑使用高度超过了 200m。

近年来，我国一些工程中，建筑师要求采用非花岗岩类石材以满足建筑艺术的要求也逐渐增多，例如：深圳文化中心（凝灰岩）、东莞市行政大厦（黄褐砂岩）、中国银行北京总行（黄灰色大理岩）、广州广东发展大厦（绿色砂岩）、北京金融街建筑群（米黄色砂岩）、金殿大厦（米黄色洞石）等，如图 3-57 所示。

图 3-57　深圳文化中心、中国银行北京总行、金殿大厦

石材的分类主要是通过其地质组成来划分，从地质学的角度来看，地壳土层中的岩石分为以下三类：

（1）火成岩：又称岩浆岩，是指岩浆冷却后（地壳里喷出的岩浆，或者被融化的现存岩石）成型的一种岩石。现在已经发现 700 多种岩浆岩，大部分是在地壳里面的岩石。常见的岩浆岩有花岗岩、安山岩及玄武岩等。

（2）沉积岩：又称水成岩，是在地表不太深的地方，将其他岩石的风化产物和一些火山喷发物，经过水流或冰川的搬运、沉积、成岩作用形成的岩石。沉积岩主要包括有石灰岩、砂岩、页岩等。

（3）变质岩：是由地壳中先形成的岩浆岩或沉积岩，在环境条件改变的影响下，矿物成分、化学成分以及结构构造发生变化而形成的。它的岩性特征，既受原岩的控制，具有一定的继承性，又因经受了不同的变质作用，在矿物成分和结构构造上又具有新生性（如含有变质矿物和定向构造等）。大理石、板页岩和石英岩是变质岩中的三种常见的变质岩。

三大岩石之间的转化过程如图 3-58 所

图 3-58　三大岩石之间的转化过程

示。石材幕墙常用的花岗石、大理石、凝灰石板材分属三大类岩石，花岗石属于火成岩，大理石属于变质岩，凝灰石属于沉积岩（图 3-59）。

1. 花岗石

花岗石是一种由火山爆发的熔岩在受到相当的压力的熔融状态下隆起至地壳表层，岩浆不喷出地面，而在地底下慢慢冷却凝固后形成的构造岩，是一种深成酸性火成岩，属于岩浆岩（火成岩）。

图 3-59　火成岩、变质岩和沉积岩

花岗石以石英、长石和云母为主要成分，其中长石含量为 40％～60％，石英含量为 20％～40％，其颜色决定于所含成分的种类和数量。花岗石为全结晶结构的岩石，优质花岗石晶粒细而均匀、构造紧密、石英含量多、长石光泽明亮。花岗石结构致密、质地坚硬，耐酸碱、耐气候性好，耐磨、耐压，几乎可用于室内外各种条件下，如图 3-60 所示。

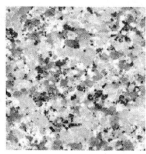

图 3-60　花岗石

花岗岩的物理特点主要表现如下：

（1）多孔性/渗透性：花岗岩的物理渗透性几乎可以忽略不计，在 0.2％～4％之间。

（2）热稳定性：花岗岩具有高强度的耐热稳定性，它不会因为外界温度的改变而发生变化，花岗岩因其密度很高而不会因温度及空气成分的改变而发生变化。

（3）抗腐蚀性：花岗岩具有很强的抗腐蚀性，因此很广泛地被运用在储备化学腐蚀品上。

（4）颜色：花岗岩的颜色及材质都是高度一致的，其表观一般为均匀颗粒状以及发光云母颗粒。除少数品种外，大部分花岗石的表观效果较为单一，与大理石相比缺少特殊的花纹，主要靠整体色彩及质感显示效果。

（5）硬度：花岗石是最硬的建筑材料，也由于它的超强硬度而使它具有很好的耐磨性。

但由于含有石英，高温下会膨胀碎裂，另外氧化铁含量高，表面易锈蚀。幕墙石材宜选用火成岩类石材，花岗石板材弯曲强度不应小于 8.0MPa，石材幕墙用花岗石板材厚度不应小于 25mm，火烧板厚度应增加 3mm，吸水率应小于 0.8％。

2. 大理石

大理石（Marble）原指产于云南省大理的白色带有黑色花纹的石灰岩，剖面可以形成一幅天然的水墨山水画，古代常选取具有成型花纹的大理石来制作画屏或镶嵌画。后来大理石这个名称逐渐发展成称呼一切有各种颜色花纹的，用来做建筑装饰材料的石灰岩。

大理石又称云石，是地壳中原有的岩石经过地壳内高温高压作用形成的变质岩，地壳内力促使岩石的结构、构造和矿物成分发生改变形成的新的岩石类型。

大理石主要由方解石、石灰石、蛇纹石和白云石组成，其主要成分以碳酸钙为主，约占50%以上，其他还有碳酸镁、氧化钙、氧化锰及二氧化硅等。大理石颜色很多，通常有明显的花纹，矿物颗粒很多，如图3-61所示。

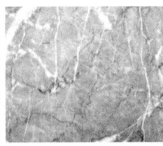

图3-61 大理石

大理石的物理特点主要如下：

（1）尺寸稳定性：岩石经长期天然时效，组织结构均匀，线胀系数极小，内应力完全消失，不变形。

（2）硬度高：刚性好，硬度高，耐磨性强，温度变形小。

（3）使用寿命长：不易粘微尘，维护、保养方便简单，使用寿命长。

大理石和花岗石虽然同为岩石，但因组成成分不同，因而在材性上有很大的区别，如表3-11所示。

大理石和花岗石的主要区别　　　　　表3-11

石材	岩石	岩性	主要组成	密度 （g/cm³）	抗压强度 （MPa）	抗弯强度 （MPa）	吸水率 （%）
花岗石	火成岩	硬性	氧化硅	2.5~2.6	68~108	5.8~15.7	0.07~0.3
大理石	变质岩	中性	碳酸钙	2.6~2.7	117~245	8.3~14.7	0.06~0.45

大理石在建筑中一般多用于室内墙、地面，用于室内地面时需经常抛光保养以保持光洁度，应用于室外墙面则需加大石板厚度或采用现代工艺的防水、防腐保护处理。因为，大理石一般都含有杂质，而且碳酸钙在大气中受二氧化碳、碳化物、水汽的作用，也容易风化和溶蚀，而使表面很快失去光泽。当空气潮湿并附有二氧化硫时，大理石表面会发生化学反应生成石膏，呈现风化现象，如图3-62所示。

3. 砂岩

砂岩（sandstone）是一种沉积岩，由砂粒经过水流冲蚀沉淀于河床上，经长时间的堆积、地壳运动而成。砂岩是一种亚光石材，不会产生强烈的反射光，视觉柔和、亲切。与大理石及花岗石相比砂岩的放射性几乎为零，对人体无伤害，适合于大面积应用。砂岩在耐用性上也可以比拟大理石、花岗石，它不易风化、变色，是人类使用最为广泛的石

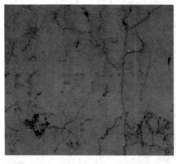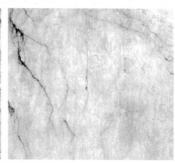

图 3-62　大理石风化

材，其高贵典雅的气质、天然环保的特性成就了建筑史上的朵朵奇葩。数百年前用砂岩装饰而成的卢浮宫、英伦皇宫、美国国会大厦、哈佛大学、巴黎圣母院等至今仍风韵犹存，尊为建筑经典。砂岩及砂岩幕墙如图 3-63 所示。

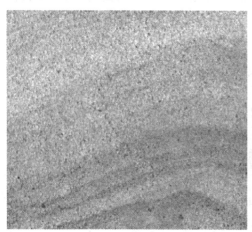

图 3-63　砂岩及砂岩幕墙

　　砂岩是一种无光污染、无辐射的优质天然石材，对人体无放射性伤害。它防潮、防滑、吸声、吸光、无味、无辐射、不褪色、冬暖夏凉、温馨典雅；与木材相比，不开裂、不变形、不腐烂、不褪色。产品安装简单化，产品能够与木作装修有机连接，背景造型的空间发挥更完善，克服了石材传统安装的繁琐和减少了安装成本。

　　但由于国家及行业相关规范标准中没有对砂岩这种疏松的石材应用到幕墙上的有效指导，因此在幕墙实施过程中，还在采用传统的石材幕墙构造方式来完成砂岩幕墙，这就带来了很多问题，体现在了设计、选材、加工、安装、使用维护等各个方面，如图 3-64 所示。

4. 板岩

　　板岩（slate）是具有板状构造，基本没有重结晶的岩石，是一种变质岩，由黏土质、粉砂质沉积岩或中酸性凝灰质岩石、沉凝灰岩经轻微变质作用形成，原岩为泥质、粉质或中性凝灰岩，沿板理方向可以剥成薄片。板岩的颜色随其所含有的杂质不同而变化。

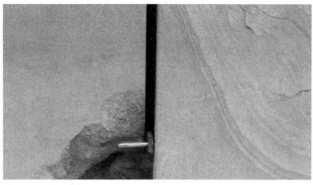

图 3-64　砂岩幕墙面板破损

天然板岩拥有一种特殊的层片状纹理，纹理清晰、质地细腻致密，沿着片理不仅易于劈分，而且劈分后的石材表面显示出自然的凸凹状纹理，可制作成片状用于墙面、地面装饰，如图 3-65 所示。在一些盛产板岩的山区，板岩还常被用作石片屋瓦。板岩的硬度和耐磨度介于花岗石与大理石之间，具有吸水率低、耐酸、不易风化等特点。

图 3-65　板岩及板岩墙面

5. 凝灰石

凝灰石（travertine）属沉积岩（水成岩），由于表面常有许多孔隙而俗称"洞石"。它是钙质碳酸盐在富含石灰的河流、湖泊或池塘里快速沉淀而形成的，由于沉淀速度快，钙质碳酸盐中的一些有机物和气体不能及时释放，长久固化后便产生了孔隙，形成了美丽的纹理。

凝灰石在成形过程中产生的孔隙和明显的基床特征形成了美丽的纹理，但也使得其在大气中暴露时会产生内部的裂缝和分层，降低其强度，如果得以很好的处理，其物理性能与大理石类似。凝灰石的孔隙特征使石材的强度降低，暴露在大气中时内部易产生裂缝和分层。实际应用中常采用表面涂覆有机硅防水剂的方法来进行防水加固处理，在作为幕墙板材时应特别注意石板的连接细节，防止石材裂缝的产生。凝灰石虽然强度受孔隙的影响，但其硬度较高，完全可以作为地面材料使用，为防止灰土进入孔隙内，一般应在表面涂覆合成树脂。天津美术馆幕墙采用了凝灰石板材，立面装饰效果优异，如图 3-66 所示。

图 3-66　凝灰石及凝灰石幕墙（天津美术馆）

6. 玛瑙石

建筑中常使用的玛瑙石是缟玛瑙（onyx），是玛瑙石的一种。缟玛瑙拥有不同颜色的色层，常用作浮雕及高档室内设计材料。缟玛瑙用于室内时，一定厚度经过高度抛光后可呈半透明状态。玛瑙石与玻璃组成复合材料可作为幕墙板材应用，图 3-67 为日本大阪 LVMH 总部大楼幕墙，设计师将 4mm 的玛瑙石薄片复合在两片玻璃中形成特殊夹层玻璃，由于更薄、透光效果更好，强度也能得到保证，起到了极为炫丽的效果。

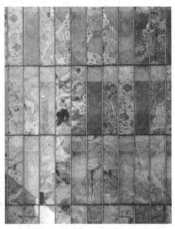

图 3-67　玛瑙石及玛瑙石幕墙（大阪 LVMH 总部大楼）

7. 火山石

火山石（basalt、lava）俗称浮石、多孔玄武岩，是火山爆发后由熔融的岩浆与气泡以及一些碎屑经冷凝、成岩、压实等多种作用形成的多孔形石材，因其常能浮于水面俗称"浮石"。火山石中含有钠、镁、铝、硅、钙、钛等几十种矿物质和微量元素，常用于过滤、研磨、建筑、园林造景、无土栽培等领域。维也纳 MUMOK 艺术中心采用了大量的火山石石材作为幕墙装饰面板，艺术表现极为丰富，如图 3-68 所示。

图 3-68　火山石及火山石幕墙（维也纳 MUMOK 艺术中心）

8. 石材蜂窝板

对于有些高层建筑外墙不适合采用天然石材，又想具有石材立面效果的，可以采用石材蜂窝板。石材蜂窝板一般采用 3～5mm 石材、10～25mm 铝蜂窝板，经过专用胶粘剂粘结复合而成，如图 3-69 所示。石材蜂窝板构造简单、造价低，其成品具有耐压、保温、隔热、防水、防震等性能好，施工效率高等显著优点，具有较大的应用推广价值。其重量是普通石材的 1/5，又保持天然石材的装饰效果，可用于内外幕墙工程。对于外装幕墙，推荐石材铝蜂窝板的石材厚度为 4～5mm，铝蜂窝板厚度不低于 25mm。

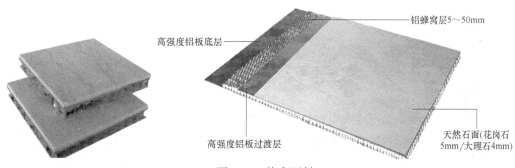

图 3-69　蜂窝石材

石材蜂窝板重量轻，节省了运输成本，降低了对建筑主体的载重限制；石材与铝蜂窝板复合后，其抗弯、抗折、抗剪切的强度明显得到提高，大大降低了运输、安装、使用过程中的破损率；在安装过程中，无论重量、易破碎（强度等）或分色拼接都大大提高了安装效率和安全，同时也降低了安装成本；用铝蜂窝板与石材做成的复合板，因其用等边六边形做成中空铝蜂芯而拥有隔声、防潮、隔热、防寒的性能；因石材复合材较薄较轻，对于较贵的石材品种，做成复合板后都不同程度地比原板的成品板价格成本低廉。

当然，石材复合板还存在一定的技术难题：

（1）两种材料的热膨胀系数不一，在温差变化较大的室外环境（不宜采用）中容易引起薄板鼓包及裂缝，这要求中间的胶结层能够适应这种变形差；

（2）相对于普通石板幕墙的两个水分挥发面，复合石板吸收水分后挥发面减少，更易形成水斑；

（3）复合板边缘不宜外露，需要作打胶密封处理。

由于重量较轻，石材复合板外墙面系统的构造与蜂窝铝板、铝塑板外墙更为类似，常采用挂耳、背栓式滑挂件甚至胶粘结的构造方式，这种板材也更适宜于室内环境。

9. 透光石材

加工成薄片的石材配合灯光使用可以产生有纹理的透光效果。这种透光的板材除具有石材复合板固有的优点外，另一个显著的优点是用于室外条件时一般将玻璃面置于面临室外的一面，石材的花纹清晰可见，同时又可以避免天然石材特别是大理石在室外恶劣环境中的污染腐蚀，更加易于清理维护，提高外墙的耐候性及耐久性，如图 3-70 所示。

图 3-70　透光石材幕墙

（四）人造板材

1. 微晶玻璃

微晶玻璃又称微晶玉石或陶瓷玻璃，是一种由适当玻璃颗粒经烧结与晶化成的微晶体和玻璃的混合体，是综合玻璃、石材、陶瓷技术发展起来的一种新型建材。因其可用矿石、工业尾矿、冶金矿渣、粉煤灰、煤矸石等作为主要生产原料，且生产过程中无污染，产品本身无放射性污染，故又被称为环保产品或绿色材料。

微晶玻璃集中了玻璃、陶瓷及天然石材的三重优点，优于天然石材和陶瓷，可用于建筑幕墙及室内高档装饰，如图 3-71 所示。普通玻璃内部的原子排列是没有规则的，这也是玻璃易碎的原因之一。而微晶玻璃像陶瓷一样，由晶体组成，也就是说，它的原子排列是有规律的。所以，微晶玻璃比陶瓷的亮度高，比玻璃的韧性强。

建筑用微晶玻璃装饰面板材与天然大理石、花岗岩性能如表 3-12 所示。

微晶玻璃、天然大理石、花岗岩性能比较　　　　　　　　　　表 3-12

材料		微晶玻璃	大理石	花岗岩
机械性能	抗弯强度（MPa）	40～50	5.7～15	8～15
	抗压强度（MPa）	341.3	67～100	100～200
	抗冲击强度（Pa）	2452	2059	1961
	弹性模量（$\times 10^4$ MPa）	5	2.7～8.2	4.2～6.0

续表

材料		微晶玻璃	大理石	花岗岩
	密度(g/cm^3)	2.7	2.7	2.7
化学性能	耐酸性($1\%H_2SO_4$)	0.08	10.0	0.10
	耐碱性($1\%NaOH$)	0.05	0.30	0.10
	耐海水性(mg/cm^2)	0.08	0.19	0.17
	吸水率(%)	0	0.3	0.35
热学性能	膨胀系数($10^{-7}/30\sim380℃$)	62	80~260	80~150
	热导率(W/m·K)	1.6	2.2~2.3	2.1~2.4
	比热[Cal/(kg·℃)]	0.19	0.18	0.19

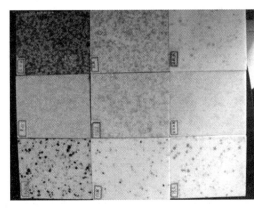

图 3-71　微晶玻璃及微晶玻璃幕墙

建筑微晶玻璃在材料尺寸稳定性（热胀系数等的影响）、耐磨性（硬度影响）、抗冻性、光泽度的持久性（耐酸耐碱影响）、强度（抗弯、抗冲击）等方面，均优于天然的大理石及花岗岩。微晶玻璃与玻璃具有相同的成分，与硅酮结构胶和耐候胶相容性较好。

微晶玻璃装饰板具有玻璃和陶瓷的双重特性，而且在外表上的质感更倾向于陶瓷。微晶玻璃比陶瓷的亮度高，比玻璃的韧性强。大理石、花岗石等天然石材表面粗糙，容易藏污纳垢，微晶玻璃就没有这种问题。而且与天然石材相比，微晶玻璃装饰板还具有强度均匀、工艺简单、成本较低等优点。

2. 陶瓷薄板

建筑幕墙用瓷板指的是建筑幕墙上使用的、平均吸水率小于或等于0.5%的陶瓷饰面砖，一般要求单板面积不大于$1.5m^2$，厚度不小于10mm，多采用背栓干挂的安装方式，如图 3-72 所示。

与花岗岩、大理石板材相比，瓷板以其板材致密度高、自重轻、抗折强度高、抗冲击性能好（表 3-13），以及产品丰富、装饰性能强等突出表现逐渐进入到人们的视野中，在某些领域已经开始逐渐代替部分传统的石材幕墙与玻璃幕墙，应用于政府机关大楼、机场、地铁等建筑的内外墙装饰。

陶瓷薄板幕墙的安装流程如图 3-73 所示。

图 3-72　陶瓷薄板及瓷板幕墙

瓷板与花岗岩、大理石板材的区别　表 3-13

指标	瓷板	花岗岩	大理石
自重	轻(13mm 厚),30kg	重(25mm 厚),70kg	很重(35mm 厚),98kg
耐酸、碱性	A 级	B 级	B 到 D 级
花色种类	可根据要求设计	花色受自然成因限制	花色受自然成因限制
色差	色差小	有明显色差	色差较大
颜色稳定性	很好	较好	易退色
吸水率	≤0.5	≤0.6	≤4
自洁性	较好	一般	较差
抗弯强度范围	35～48MPa	10～20MPa	8～15MPa
硬度(莫氏)	6～7	5～7	3～4
质量稳定性	稳定	不稳定	很不稳定

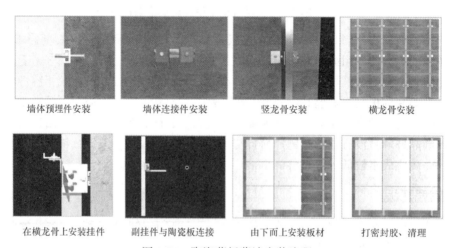

墙体预埋件安装　　墙体连接件安装　　竖龙骨安装　　横龙骨安装

在横龙骨上安装挂件　　副挂件与陶瓷板连接　　由下而上安装板材　　打密封胶、清理

图 3-73　陶瓷薄板幕墙安装流程

3. 千思板

　　千思板是一种建筑幕墙用高压热固化木纤维板，是由普通型或阻燃型高压热固化木纤维（HPL）芯板与一或两个装饰面层在高温高压条件下固化粘结形成的板材。"千思板"是千思板国际有限公司（Trespa International B. V.）在中国注册的商标。

千思板牌板材内芯为黑色、白色、棕色，表面的色调、式样、纹路的表现力相当丰富，故可用作具有相应强度要求和外观要求的室外建材，如图 3-74 所示。千思板具有优异的耐冲击性、耐水、耐湿性、耐药性、耐热性、耐磨性，而且其耐气候性也很优异。太阳光照射也不会引起变色、褪色。此外，产品难于沾上污垢，易清洗，维修保养方便。

图 3-74　千思板及千思板幕墙

4. 陶土板

陶土板是以天然陶土为主要原料，添加少量石英、浮石、长石及色料等其他成分，经过高压挤出成型、低温干燥及 1200℃ 的高温烧制而成，具有绿色环保、无辐射、色泽温和、不会带来光污染等特点。经过烧制的陶板因热胀冷缩会产生尺寸上的差异。陶土板常规厚度为 15～40mm 不等，常规长度为 300、600、900、1200、1500、1800mm，常规宽度为 200、250、300、450、500、550、600mm。陶板可以根据不同的安装需要进行任意切割，以满足建筑风格的需要。

陶土板幕墙最初起源于德国著名的屋顶瓦制造商 Von Mueller Dachprodukte GmbH & Co. KG，他们的工程师 Thomas Herzog 教授于 1980 年设想将屋顶瓦应用到墙面，最终根据陶瓦的挂接方式，发明了用于外墙的干挂体系和幕墙陶土板。为了把这套系统推向市场，Von Mueller 在格尔利茨（Goerlitz）成立了一个专门生产陶土板的工厂——阿格通（ArGeTon）。1985 年第一个陶土板项目在德国慕尼黑落成。在随后的几年中，阿格通公司逐渐完善陶土板挂接方式，由最初的木结构最终完善到现在的两大幕墙结构系统（有横龙骨系统和无横龙骨系统），如图 3-75 所示。2005 年 Von Mueller 公司和 Wienerberger Gruppe 结成了战略联盟，成为全球最大的陶土板生产商。

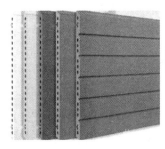

图 3-75　陶土板及陶土板幕墙节点

陶土板幕墙提供开放式和密闭式两种防水系统解决方案。开放式安装根据等压雨幕原理进行拼接设计，具有很好的防水功能。在接缝处不用打密封胶，可以避免陶板受污染而影响外观效果；密闭式安装采用陶板专用密封胶嵌缝，系统的防水功能得到更好的保障，陶板背后形成密闭的空气层，具有更好的保温节能功效，如图 3-76 所示。

图 3-76　封闭式和开放式陶土板幕墙

（五）支承结构

建筑幕墙所采用的型材主要有两大类，一种是铝合金型材，一种是钢材，主要用于制作幕墙框架（或幕墙龙骨）和面板的副框。一般来讲，铝合金型材用作玻璃、铝板幕墙的龙骨和副框，钢材则用作石材幕墙的龙骨和点支式幕墙的支撑结构。在有些玻璃幕墙中，还使用少量的木型材。典型幕墙用型材如图 3-77 所示。

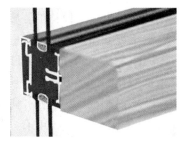

图 3-77　典型幕墙用型材（龙骨）

1. 铝合金型材

由于铝的良好延展性、优异的可加工性和防腐、力学性能，是幕墙工程使用量最多的金属材料之一。

1）铝合金的生产过程

（1）提炼纯铝

纯铝是通过两级提炼法从矿石中提取的，第一级提炼法叫作"巴伐利亚提炼法"，此法是用化工程序从铝矾土中提炼出氧化铝粉，每两吨铝矾土可提取一吨氧化铝。第二级叫熔融电解，就是把氧化铝投入高温熔池中融化，并接通电流使它分解为氧化铝。每两吨氧化铝可提取一吨纯铝。纯铝也叫电解铝，其纯度在 99.5%～99.8% 之间，这是冶炼铝的最终产品。

（2）铸造成锻铝

幕墙型材一般采用 6063-T5 牌号的铝镁硅合金。其生产工艺是在纯铝锭的溶液中添加所需的化学成分，并连续铸成各种规格的铝合金棒材。

（3）均化处理

均化处理是为了使材料具有良好的机械性能和表面质量（包括着色表面质量）。均化处理的加热温度为 560～580℃，最短的保温时间为 6h，冷却速度为 200℃/h 以上。

（4）挤压成型

通过模具，将铸造好并经过均化处理的铝合金棒材加热、挤压、冷却、拉伸等工艺过程，形成需要的铝合金型材。一般实心型材挤出速度在 40m/min 左右，空心型材在 20m/min 左右。一般是以 T5（RCS）来进行强冷，以 100～155℃/min 的冷却速度进行冷却，厚度太大时，会使冷却减慢，这时需采用水冷或液氮冷却，但使用水冷会使型材变形，给校正增加困难。

（5）人工时效处理

6063 铝合金为时效硬化铝合金，以提高型材的机械性能为目的，进行人工时效处理。人工时效就是热处理，将挤出后的型材装入时效炉内，在一定温度下保温一段时间，来提高型材的强度。将硬合金元素 Mg_2Si 固溶体，在 170～200℃ 之间，加热一定时间后很均匀地析出。

（6）表面处理

表面经阳极氧化（着色）、电泳喷涂、粉末喷涂或氟碳喷涂处理，提高表面耐腐蚀性能，保持表面光泽不易划伤，并满足建筑艺术色彩的要求。

铝合金型材生产过程如图 3-78 所示。

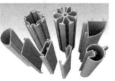

图 3-78　铝合金型材生产过程

2）铝合金的化学成分

建筑幕墙用铝合金型材主要使用 6061（30 号锻铝）和 6063、6063A（31 号锻铝）高温挤压成型、快速冷却并人工时效（T5）或经固溶热处理（T6）状态的型材，表面经阳极氧化（着色）、电泳喷涂、粉末喷涂或氟碳喷涂处理，如表 3-14 所示。

<table>
<tr><td colspan="4" align="center">建筑幕墙常用铝合金牌号和处理方式</td><td align="right">表 3-14</td></tr>
</table>

合金牌号		热处理状态	表面处理方式
6063	T5	高温成型过程中冷却，然后进行人工时效的状态	阳极氧化（银白色）
	T6	固溶热处理后进行人工时效的状态	电解着色、有机着色
6063A	T5	高温成型过程中冷却，然后进行人工时效的状态	阳极氧化加电泳涂装、阳极氧化
	T6	固溶热处理后进行人工时效的状态	氟碳喷涂

根据国家标准《变形铝及铝合金牌号表示方法》GB/T 16474，铝合金牌号以四位数字体系牌号来进行命名，如表 3-15 所示。

铝及铝合金牌号命名体系　　　　　　　　　　　　　　　　表 3-15

组　　　别	牌号系列
组表示纯铝(其铝含量不小于 99.00%)，其最后两位数字表示最低铝百分含量众小数点后面的两位	1×××
以 Cu(铜)为主要合金元素的铝合金	2×××
以 Mn(锰)为主要合金元素的铝合金	3×××
以 Si(硅)为主要合金元素的铝合金	4×××
以 Mg(镁)为主要合金元素的铝合金	5×××
以 Mg+Si(镁+硅)为主要合金元素的铝合金	6×××
以 Zn(锌)为主要合金元素的铝合金	7×××
以其他元素为主要合金元素的铝合金	8×××
备用合金组	9×××

化学成分是决定铝合金材料各项性能的关键因素，为了获得良好的挤压性能、优质的表面处理性能、适宜的力学性能、满意的表面质量和外观装饰效果，必须严格控制铝合金化学成分。过剩的镁会降低铝合金材料的强度；过剩的硅有损于铝的挤压性能和电解着色性能，过少的硅将会降低型材的机械性能；含铁成分过多，挤压型材表面会粗糙，会影响氧化膜的光泽，加大着色的色差，必须严格控制铁的含量，使之降到最小范围内；锌、铜含量过高，将对氧化膜外观质量有明显降低，因此在熔铸时调整化学成分就必须严格按要求进行。常用合金牌号的铝合金化学成分如表 3-16 所示。

铝合金化学成分　　　　　　　　　　　　　　　　表 3-16

合金牌号 元素成分	6063(%)	6063A(%)	6061(%)
硅(Si)	0.20～0.60	0.30～0.60	0.40～0.80
镁(Mg)	0.45～0.90	0.60～0.90	0.80～1.20
铁(Fe)	<0.35	0.15～0.35	<0.70
铜(Cu)	<0.10	<0.10	0.15～0.40
锰(Mn)	<0.10	<0.15	<0.15
铬(Cr)	<0.10	<0.05	0.04～0.35
锌(Zn)	<0.10	<0.15	<0.25
钛(Ti)	<0.10	<0.10	<0.15
其他单个(each)	<0.05	<0.05	<0.05
其他全部(total)	<0.15	<0.15	<0.15
铝(Al)	余量	余量	余量

6063 和 6063A 铝合金在室温下的力学性能如表 3-17 所示。

铝合金室温力学性能 表 3-17

铝合金	状态	壁厚(mm)	拉伸试验			硬度试验	
			抗拉强度（MPa）	规定非比例伸长应力（MPa）	伸长率（%）	试验厚度（mm）	维氏硬度（HV）
			≥				
6063A	T5	≤10	200	160	5	0.8	65
		>10	190	160	5	0.8	65
	T6	≤10	230	190	5	—	—
		>10	220	180	4	—	—
6063	T5	所有	160	110	8	0.8	65
	T6	所有	205	180	8	0.8	65

3）铝合金的表面处理

铝合金的表面处理方法主要有阳极氧化、电解着色、电泳涂漆、粉末喷涂、氟碳喷涂等。

（1）阳极氧化

以铝或铝合金制品为阳极置于电解质溶液中，利用电解作用，使其表面形成氧化铝薄膜的过程，称为铝及铝合金阳极氧化处理。常用的方法是直流电硫酸阳极氧化法。

工艺过程：表面预处理—阳极氧化—沸水封孔。

（2）电解着色

电解溶液中的金属离子渗到膜孔隙底部还原沉积而使膜层着色的方法，称为电解着色法，也称二次电解法。

工艺过程：表面预处理—直流电硫酸阳极氧化—电解着色—沸水封孔或电泳涂漆。

（3）电泳涂漆

以阳极氧化（着色）后的制品作为阳极，铝或不锈钢为阴极，置于热固化型丙烯酸透明树脂溶液中，在外场的作用下，带负电荷的涂料粒子向制品移动，从而在其表面形成一层带有胶粘性的漆膜。

工艺过程：表面预处理—阳极氧化—电解着色—电泳涂漆。

（4）粉末喷涂

把干燥粉状物吸附于金属表面，经过 200℃左右的高温烘干后，粉状物固化成为一定厚度的坚固、光亮的涂层。主要成分为环氧树脂、聚氨酯及它们之间的不同组合。这种涂层抗蚀性、耐热性、硬度都很高，色泽鲜艳、颜色多达几十种，成本较低。

工艺过程：表面预处理—化学氧化（铬酸盐溶液）—清洗干燥—粉末喷涂—烘干固化。

（5）氟碳漆喷涂

在铝合金基材上喷涂氟碳树脂，并经高温烘干，在铝合金基体表面上形成固化的氟碳漆保护膜，氟碳树脂也就是聚偏二氟乙烯漆（Polyvinylidene Fluoride，PVDF）。氟碳树脂的化学结构是以氟、碳化学键结合的，这种短键性质的结构至今被认为是最稳定、最牢固的结合，因此，氟碳喷涂漆膜在机械性能方面具有优异的耐磨性、抗冲击性，特别是在恶劣气候和环境下更显示出长久的抗退色性、抗紫外线、抗粉化性及耐化学腐蚀性能，并可制成多种颜色。

工艺过程：表面预处理—多层喷涂—流平—烘烤固化—冷却。

玻璃幕墙铝合金型材采用阳极氧化、电泳涂漆、粉末喷涂、氟碳漆喷涂进行表面处理时，应符合现行国家标准《铝合金建筑型材第1部分：基材》GB/T 5237.1规定的质量要求，铝合金型材表面处理层的厚度应满足标准要求，如表3-18～表3-20所示。

铝合金型材表面处理膜厚要求　　　　表3-18

表面处理方法		膜厚级别	厚度 $t(\mu m)$	
			平均膜厚	局部膜厚
阳极氧化		不低于 AA15	$t \geq 15$	$t \geq 12$
电泳涂装	阳极氧化	B	$t \geq 10$	$t \geq 8$
	漆膜	B	—	$t \geq 7$
	复合膜	B	—	$t \geq 16$
粉末喷涂		—	$40 \leq t \leq 120$	
氟碳喷涂		不低于三涂	$t \geq 40$	$t \geq 34$

氧化膜厚度级别及使用环境　　　　表3-19

级别	平均膜厚 ($\mu m, \geq$)	局部膜厚 ($\mu m, \geq$)	适 用 环 境	应 用 示 例
AA10	10	8	用于室外大气清洁，远离工业污染，远离海洋的地方。室内一般情况下均可使用	日用品、室内外门窗
AA15	15	12	用于有工业大气污染，存在酸碱气氛，环境潮湿或常受雨淋，海洋性气候的地方。但上述环境状态都不十分严重	船舶、室外建材、幕墙
AA20	20	16		
AA20	20	16	用于环境非常恶劣的地方。如长期受大气污染，受潮或雨淋、摩擦，特别是表面可能发生凝霜的地方	船舶、门窗幕墙、机械零件
AA25	25	20		

电泳涂漆复合膜厚度　　　　表3-20

级别	阳极氧化膜		漆膜	复合膜
	平均膜厚(μm)	局部膜厚(μm)	局部膜厚(μm)	局部膜厚(μm)
A	≥ 10	≥ 8	≥ 12	≥ 21
B	≥ 10	≥ 8	≥ 7	≥ 16

4）隔热铝合金型材

隔热铝合金型材又叫断桥铝合金型材，它是以低热导率的非金属材料（隔热条）连接铝合金建筑型材制成的具有隔热、隔冷功能的复合材料，隔热条将铝型材断开形成断桥，有效阻止热量的传导，除了具有作为建筑型材所具有的特性外，还具有优良的保温性能和隔声性能。

隔热型材的生产方式主要有两种，一种是采用隔热条材料与铝型材通过机械开齿、穿条、滚压等工序形成"隔热桥"，称为"穿条式隔热型材"；另一种是把隔热材料浇筑入铝合金型材的隔热腔体内，经过固化、去除断桥金属等工序形成"隔热桥"，称为"浇筑式隔热型材"，如图 3-79 所示。

图 3-79　穿条式和浇筑式铝合金隔热型材

隔热型材的内外两面，可以是不同断面的型材，也可以是不同表面处理方式的不同颜色的型材。但受地域、气候的影响，避免因隔热材料和铝型材的线膨胀系数的差距很大，在热胀冷缩时二者之间产生较大应力和间隙；同时隔热材料和铝型材组合成一体，在门窗和幕墙结构中，同样和铝材一样受力。因此，要求隔热材料还必须有与铝合金型材相接近的抗拉强度、抗弯强度、膨胀系数和弹性模量，否则就会使隔热桥遭到断开和破坏。

隔热材料的选用是非常重要的：

（1）如果隔热条的机械强度不够，则无法保证很好的抗风压性能，直接影响建筑的安全性；

（2）如耐热性不好，则直接影响隔热铝型材生产过程中的一些表面处理工艺；

（3）耐化学腐蚀性不但影响到加工过程中的化学处理工艺，同时对以后使用过程中的清洁工作造成障碍；

（4）如果线膨胀系数相差大、抗蠕变性能差或是尺寸稳定性不高，会导致隔热条与铝合金型材之间的变形松脱，降低节能门窗幕墙的气密性、隔声效果和保温性等。

通过工程实践证明，目前玻璃纤维增强尼龙 66（PA66）是最佳隔热条材质，不宜使用 ABS（苯乙烯-丙烯腈-丁二烯三元共聚物）、PP（聚丙烯）、PVC 等只可用作非结构性材料的通用塑料来代替 PA66。不同材质的隔热条性能如图 3-80 所示。

2．钢材

钢材作为建筑幕墙支撑框架主要是玻璃幕墙方钢龙骨、金属与石材幕墙的钢龙骨（图 3-81）、点支式幕墙的支撑结构和不锈钢拉索、不锈钢拉杆等。幕墙支撑结构使用的钢材主要以碳素结构钢 Q235B 为主，也使用低合金钢、耐候钢和奥氏体不锈钢。

1）镀锌方管

玻璃幕墙所用的龙骨一般是镀锌方管，镀锌方管是一种以热轧或冷轧镀锌带钢或镀锌卷板为坯料，经冷弯曲加工成型后，再经高频焊接制成的空心方形的截面型钢管，或将事先做好的冷弯空心型钢管再经热浸镀锌加工而成的镀锌方管，如图 3-82 所示。镀锌方管从生产工艺上分为热镀锌方管和冷镀锌方管，二者在强度、韧性和机械性能方面都有很多的区别。

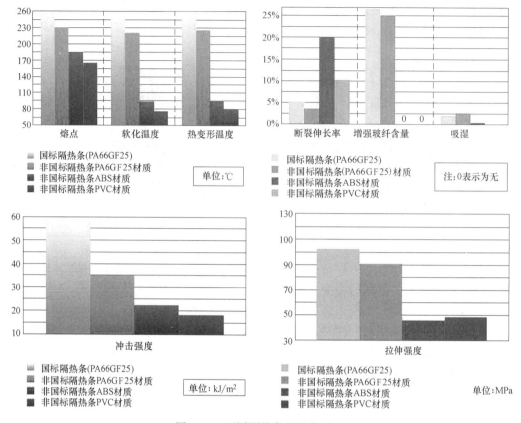

图 3-80 不同隔热条的性能对比

图 3-81 幕墙钢龙骨

图 3-82 幕墙用镀锌方管

热镀锌方管是在使用钢板或者是钢带卷曲成型后焊接制成的方管，并在这种方管的基础上将方管置于热镀锌池中经过一系列化学反应后又形成的一种方管。冷镀锌方管是在所用的方管上利用冷镀锌的原理来使方管具有防腐蚀的性能。与热镀锌不同，冷镀锌涂料主要通过电化学原理来进行防腐，因此必须保证锌粉与钢材的充分接触，产生电极电位差，所以钢材表面处理很重要。

热镀锌方管有湿法、干法、铅锌法、氧化还原法等，不同热镀锌方法的主要区别在钢管酸浸清洗后，用什么方法活化管体表面提高镀锌质量，现在的生产中主要采用干法和氧化还原法。热镀锌方管的生产工艺较为简单，生产效率高，但是从强度上来说这种钢管的强度是远远低于无缝方管的。冷镀锌的锌层表面十分光滑致密、组织均匀，具有良好的力学性能和抗腐蚀能力，锌耗比热镀锌低 60%～75%。冷镀锌在技术上有一定的复杂性，但对单面镀层，内外表面镀层厚度不同的双面镀层，以及薄壁管镀锌等皆须采用此法。

镀锌的防护作用更强，抗腐蚀能力强，整个结构由锌形成致密的四元结晶体，此结晶体在钢板上形成一层屏障，因而有效地防止腐蚀因子穿透。当锌在切边、刮痕及镀层擦伤部分作牺牲保护时，锌便形成不能溶解的氧化物层，发挥屏障保护功能。

2）金属与石材幕墙钢龙骨

在石材幕墙中，饰面石材通过干挂件与钢龙骨连接，把石材的受力传给龙骨，与龙骨形成一个整体，再通过龙骨与预埋件的连接件直接将受力传递给预埋支座，最后传到主体结构。整个幕墙的受力都由主体结构承受，如图 3-83 所示。

图 3-83　石材幕墙钢龙骨

石材幕墙的钢龙骨主要采用低碳钢 Q235，如果是高于 40m 的幕墙结构，钢构件宜采用高耐候结构钢。石材幕墙钢龙骨主要由横梁和立柱组成，一般情况下，横梁主要采用角钢，立柱采用槽钢。钢龙骨应该符合设计及《钢结构设计规范》GB 50017 的要求，并应具有钢材厂家出具的质量证明书或检验报告，其化学成分、力学性能和其他的质量要求必须符合国家标准规定。幕墙的钢结构属隐蔽工程，而钢材是易锈蚀的材料，如果钢架受到锈蚀，那将无法进行维护了，因此，在安装钢架之前必须进行防锈处理。热镀锌是最有效的防锈处理方法，其镀锌层不应小于 $45\mu m$，涂刷防锈漆只能是对焊接点进行的后补的防锈方法，在涂刷防锈漆前，要对钢构件进行去油、除锈后才能涂刷防锈漆。因此，不能用涂刷防锈漆作为防锈处理。

钢架横梁角钢与立柱槽钢（或桁架）的连接方法可以采用焊接和螺栓连接（国家规范

的要求是采用螺栓连接）。螺栓连接时，是采用螺栓通过角码将角钢固定在槽钢上，使角钢与槽钢形成一整体钢架。此外，钢架要与主体结构的避雷装置有效地连接起来，使整个建筑形成一个较好的避雷网络。

3）无缝钢管

无缝钢管是点支式玻璃幕墙中最常用的支撑结构形式，如图 3-84 所示，是竖向受力结构，钢管直径的大小、管壁厚度决定了其承受荷载的能力。对于无缝钢管的直径，用 DN 表示，DN 是用于管道系统元件的字母和数字组合的尺寸标识，它由字母 DN 和后跟无因次的整数数字组成，例如用到的 DN50、DN65、DN80、DN100 等，代表管径为 2、2.5、3、4in，管壁厚为 3.8、4、4、4mm。

图 3-84　幕墙用无缝钢管

4）钢拉索

钢拉索（图 3-85）在点支式玻璃幕墙中大量使用，钢拉索性能应符合现行国家标准《重要用途钢丝绳》GB 8918 的规定，钢丝绳从索具中的拔出力不得小于钢丝绳 90% 的破断力。在工程实际中，钢拉索普遍存在应力松弛现象，为了保证结构的预应力长期有效，钢拉索采用的钢丝绳应定期进行预应力检测和预张拉处理。

图 3-85　钢拉索

5）不锈钢拉杆及驳接爪

在钢拉杆幕墙和张拉索杆点支式玻璃的支撑结构中，拉杆式支撑杆是最为重要的一种幕墙配件，和驳接件、驳接头一起使用，在整个玻璃幕墙设计中起到支撑的作用，安装于钢支座，通过连接件固定，包括若干杆体，连接相邻的杆体的连接套与调节套筒，和设置在杆体上的纠偏装置等，如图 3-86 所示。一般不锈钢拉杆采用 304/316 的不锈钢材质制作，具有不生锈、耐腐蚀的特点，以钢拉杆通过连接件组成空间受力网杆体系支承玻璃幕墙。拉杆受拉、连接杆受压，一般杆件直径较小，形式轻盈优美，通透性较好。

图 3-86　不锈钢拉杆

驳接爪主要作为支承驳接头，并传递荷载作用到固定的支撑结构体系上，是连接玻璃幕墙的一个重要配件，如图 3-87 所示。驳接爪在玻璃幕墙中起到了衔接的作用，通过驳接头将荷载传递给钢结构或其他主体结构上。驳接爪常见的外形有四爪、三爪、两爪 90°、两爪 180°、长单爪、短单爪、K 形爪、工字爪、T 形爪、Y 形爪、飞轮形爪等。使用驳接爪连接的玻璃幕墙外观通透，由于无墙体，采光好，可使室内空间和室外环境融合。部分驳接爪件采用球铰连接，具有吸收变形能力，在安全性上也有很大的保障。

图 3-87　点支式玻璃幕墙用驳接爪

3. 木索结构

木索式幕墙是运用木索结构原理制成的，木索结构一般采用集成材，集成材采用三层粘合指接方式，材质高的木材作为表层材，达到好的装饰效果，面层为径切材，指接与拼板的粘合强度必须符合标准要求，如图 3-88 所示。通过作防腐、脱脂、阻燃等处理，使木材的强度、耐腐蚀性、耐候性全面得到保障。木索结构采用防水、防潮、防霉、抗紫外线、抗冷热龟裂功能的表面涂漆处理，防止木材腐蚀、防止霉变、防虫害等，对木材起到很好的保护作用。

4. 玻璃肋

全玻幕墙用玻璃肋作为支承框架实现全透明、全视野，部分点支式玻璃幕墙中，也会采用玻璃肋作为支撑结构，如图 3-89 所示。玻璃肋全玻幕墙的大片玻璃与玻璃框架在层

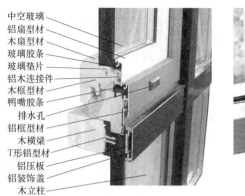

中空玻璃
铝扇型材
木扇型材
玻璃胶条
玻璃垫片
铝木连接件
木框型材
鸭嘴胶条
排水孔
铝框型材
木横梁
T形铝型材
铝压板
铝装饰盖
木立柱

图 3-88　木索幕墙

高较低时，玻璃安装在下部的镶嵌槽内，上部镶嵌槽槽底与玻璃之间留有伸缩的空隙。当层高较高时，由于玻璃较高、长宽比较大，如玻璃安装在下部的镶嵌槽内，玻璃自重会使玻璃变形，导致玻璃破坏，需采用吊挂式，即大片玻璃与玻璃框架在上部设置专用夹具，将玻璃吊挂起来，下部镶嵌槽槽底与玻璃之间留有伸缩的空隙。

全玻幕墙玻璃肋的截面厚度不应小于 12mm，截面高度不应小于 100mm；采用玻璃肋支承的玻璃幕墙，玻璃肋应采用钢化夹层玻璃。

图 3-89　玻璃肋支承玻璃幕墙

（六）粘结密封材料

胶粘剂和密封材料是建筑幕墙的常用材料，胶粘剂是指通过物理或化学作用，能使被粘物体结合在一起的材料，结构型胶粘剂用于受力构件的粘结，能长期承受应力和环境作用。密封胶是指以非成型状态嵌入接缝并通过与接缝表面粘结而密封接缝的材料。建筑幕墙用粘结密封材料主要包括硅酮结构密封胶、耐候密封胶、中空玻璃密封胶、干挂石材幕墙用环氧树脂和密封胶条等。

1. 硅酮结构密封胶

1）硅酮密封胶的组分

建筑硅酮密封胶是以端羟基聚二甲基硅氧烷为基本原料，辅以交联剂、填料、增塑剂、偶联剂、催化剂和其他添加剂，在真空状态下混合而成的膏状物，因聚合物分子主链上具有硅氧烷化学结构，所以称为硅酮密封胶。硅酮密封胶的高分子链主要由 Si-O-Si 链组成，在固化过程中交联形成网状骨架结构，Si-O 键键能很高（Si-O 具体理化性质：键长 0.164±0.003nm，热离解能 460kJ/mol，明显高于 C-O 键的 326kJ/mol，C-C 键的 332kJ/mol，Si-C 键的 347kJ/mol），不仅远大于其他聚合物的键能，而且还大于紫外线能量（399kJ/mol），因此，硅酮密封胶具有优异的耐候性和耐紫外老化性能，如图 3-90 所示。

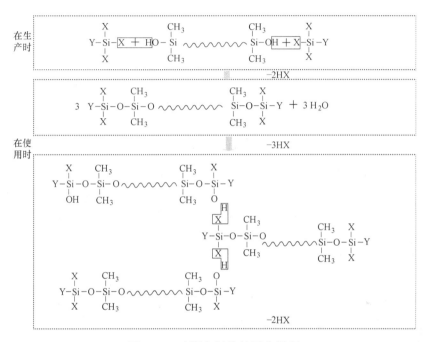

图 3-90　硅酮密封胶的固化原理

硅酮建筑密封胶配方中主要含有四种组分：羟基封端的聚硅氧烷、交联剂、填料、催化剂，其他组分根据需要添加，如粘结促进剂、硫化促进剂、增塑剂、触变剂、羟基清除剂、防霉剂、阻燃剂、耐热添加剂、防锈剂等。硅酮密封胶组成成分及其作用如表 3-21 所示。

硅酮密封胶组成成分及其作用　　　　　　　　　　　　　　表 3-21

组成成分	化 学 特 性	功　　能
聚合物	活性聚硅氧烷	赋予材料基本性能
增塑剂	惰性聚硅氧烷等	提高加工及使用性能
交联剂	多功能性硅烷化合物	形成网状交联体系
填料	气相白炭黑、碳酸钙等	改善力学性能和流变性能
催化剂	有机金属络合物	提高硫化速度
增黏剂	活性硅烷或硅氧烷	增加粘结效果
颜料	惰性有机\无机化合物	着色
添加剂	耐热添加剂、防霉剂等	耐热、防霉等特殊功能

硅酮结构密封胶是专为建筑幕墙中的玻璃结构粘结装配而设计的，可在很宽的气温条件下轻易地挤出使用，依靠空气中的水分固化成优异、耐用的高模量、高弹性的硅酮密封胶。硅酮结构胶强度高，能承受较大荷载，且耐老化、耐疲劳、耐腐蚀，在预期寿命内性能稳定，适用于承受强力的结构件粘结，如图 3-91 所示。

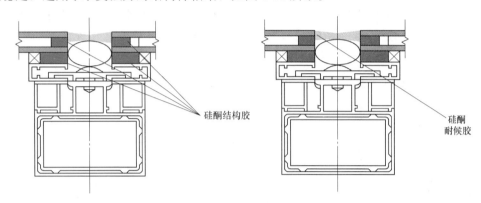

图 3-91 硅酮密封胶的应用

而硅酮耐候密封胶的主要作用是对板块间接缝的密封，由于板块经常会受到温度变化、主体结构变形等影响而发生位移，导致接缝宽度也就会随之发生变化。这就要求耐候胶具有良好的承受接缝位移的能力，在长期承受接缝宽度变化的情况下不发生开裂，这一性能称为 耐候胶的位移能力，与结构胶的"变位承受能力"不同。

2）硅酮密封胶的分类及特点

在产品形态上分为单组分和双组分（图 3-92），单组分密封胶使用工艺简单，施工前不用称量和混合，施工后借助空气中的湿气或低温热活化而完成交联固化，双组分密封胶使用前按比例混合，借助交联剂进行交联固化。

图 3-92 单组分、双组分硅酮结构密封胶

单组分、双组分硅酮结构密封胶的主要区别见表 3-22 所示。

单组分、双组分硅酮结构密封胶的主要区别　　　　　　　　　　　　　表 3-22

区别	单　组　分	双　组　分
固化机理	• 出厂前已配制好，直接施胶。 • 与空气中的水蒸气反应，形成硅橡胶的同时释放醇类或酮肟类分子	• 基胶加固化剂，充分搅拌混合，内外同时固化。 • 基胶中结合了羟基的进行缩合反应，结合了乙烯基的进行加聚反应

续表

区别	单 组 分	双 组 分
生产特征	• 在工厂按严密的配方、工艺条件生产,配比和混合可靠。 • 间歇式生产会在灌装时混合水蒸气而产生结皮甚至过早固化失效	在现场搅拌,配比的不同造成固化后胶体的性能指标差异
施工特性	• 施胶方便、灵活。 • 工作点多。 • 胶枪成本低。 • 浪费少	专用打胶机,维护工作量大。 • 每班需作蝴蝶测试和拉断试验,占用时间。 • 机器加压,施胶稳定。 • 浪费多
选用原则	• 手工施胶,压力不匀,胶缝不易密压,容易造成空腔。 • 由表及里固化,受环境条件影响大,养护环境温度、湿度无保证则不能完全固化	• 压力过大也易产生气泡。 • 在固化剂作用下内外同时固化,在配比精确的前提下固化时间短,固化质量有保证
价格	综合成本稍高	综合成本低

2. 石材幕墙胶

根据《金属与石材幕墙工程技术规范》JGJ 133—2001 要求,石材与不锈钢挂件间应采用环氧树脂型石材专用结构胶进行粘结(图 3-93),不得使用云石胶替代干挂胶。石材干挂胶在幕墙干挂工程中起到重要的粘结作用,它的好坏也直接影响了工程的整体质量。

图 3-93　环氧树脂石材干挂胶(石材—金属粘结)

AB 干挂胶的基料为环氧树脂,配以固化剂,组成 AB 双组分胶粘剂,目前的干挂胶一般为 A∶B=1∶1(最合理的比例应当为 A 胶略大于 B 胶,因为环氧固化剂 B 胶一旦过量,会导致 A 胶不能完全正常固化,固化后强度会急剧下降,同时还会使 B 胶中未能完全反应的小分子容易在老化过程中渗出,以致污染石材)。目前,市场上常用的干挂胶,在常温下其适用期一般在 30min 左右,初干时间一般为 2h 左右,完全固化一般为 24～72h,通常情况下,AB 干挂胶在低温下固化缓慢。云石胶的基料是不饱和树脂,配以固化剂,组成双组分胶粘剂。其特点是凝胶快,固化时间短,粘结强度较高,可低温固化。在常温下,经过调整配方,可在几秒钟内凝胶,5min 左右完全固化。云石胶虽然有硬度高、抛光性、固化速度快等特性，但因其未经过完全脱油处理，容易将油渗透进石材，影响石材的美观，其粘结强度弱于石材干挂胶很多倍，而且怕潮湿、不耐高温、易风化、剪力不够，尤其用于潮湿和阳光无照射的墙体，使用寿命更短，更没有安全保障。

云石胶与石材干挂胶的性能特点不同，所以它们的用途也不同。云石胶用于石材与石材的粘结和石材的修补（图3-94），它的成分是不饱和聚酯，属于刚性结合，用于石材干挂工程中，其优势是固化的时间便于调节，但由于不饱和聚酯与固化剂比例容易失调，导致剪力不够、应力大，在温差和振动条件的作用下产生的位移比较大，容易开裂；而石材干挂胶是用于石材与金属粘结的专用胶，其成分是环氧树脂，由A、B组合使用，调配简单、明确，属于柔性结合，且不渗油，不污染石材，抗震、扭曲性能强，应力小，粘结强度不受影响，在温差和振动条件的作用下，伸缩、沉降产生的位移较小。

图 3-94　云石胶（石材—石材粘结）

3. 中空玻璃结构密封胶

中空玻璃一般采用两道密封，第一道密封要求气密性好，保证中空玻璃密封、防止水汽进入间隔层；第二道密封要求高模量、粘结性好、耐老化性好、弹性恢复率好，对气密性要求一般，粘结性要求高，确保中空玻璃的整体性，如图3-95所示。

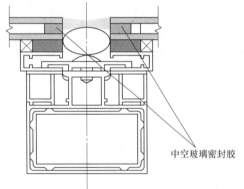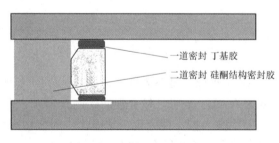

图 3-95　中空玻璃的两道密封胶

中空玻璃密封胶最早采用聚硫胶，后多采用聚氨酯，现在以硅酮结构密封胶和丁基胶为主。当前，中空玻璃的第一道密封胶一般采用以聚异丁烯（PIB）为主要原料的丁基胶，丁基胶气体透过率低，可以确保中空玻璃的密封性，第二道密封胶采用硅酮结构密封胶，将玻璃与间隔条、玻璃与玻璃有效粘结在一起，确保结构整体安全性和密封性。中空玻璃用丁基胶、聚硫胶和硅酮胶的性能比较如图 3-96 所示。

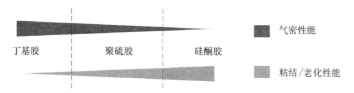

图 3-96　中空玻璃用丁基胶、聚硫胶和硅酮胶的性能对比

从表 3-23、表 3-24 中可以看出，硅酮结构胶＋丁基胶的组合可以实现最佳的中空玻璃密封性和结构安全性二者的协调。

各种中空密封胶的水汽透过率　　　　　　　　　　　　　　　　表 3-23

密封胶种类	水汽透过率[gm/(m² · 24h)]	密封胶种类	水汽透过率[gm/(m² · 24h)]
聚硫胶	6～16	硅酮结构胶	16～24
聚硫胶＋丁基胶 PIB	0.1～0.2	硅酮结构胶＋丁基胶 PIB	0.1～0.2
聚氨酯	6～16	丁基胶 PIB	0.1～0.2
聚氨酯＋丁基胶 PIB	0.1～0.2	Swiggle 胶条	1～4
热熔丁基胶	1～4		

各种中空密封胶的综合性能　　　　　　　　　　　　　　　　表 3-24

密封胶种类	位移能力(±,%)	弹性回复率	预期寿命	耐紫外线	耐臭氧	热老化
单组分聚硫胶	12.5	一般	10 年	开裂	开裂	开裂
双组分聚硫胶	25	好	20 年	开裂	开裂	变韧
单组分聚氨酯	50	很好	20 年	好	好	好
双组分聚氨酯	50	很好	>20 年	极好	极好	极好
聚异丁烯	7.5	无	>20 年	很好	很好	很好
单/双组分硅酮结构胶	50	很好	30 年	极好	极好	极好

对于硅酮结构密封胶，适量的填料添加对胶的性能有好处，过量添加将影响密封胶性能，例如填料添加过量或不当，造成位移能力变差，易脆、易断；添加白油，粘结性能变差，降低耐老化性，严重时会渗油污染中空玻璃，如图 3-97 所示。

   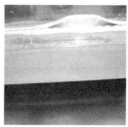

图 3-97　中空玻璃密封胶流油和丁基胶开裂

4. 密封胶条

建筑幕墙中密封胶条的主要作用是防止室内外不期望的物质（雨水、空气、沙尘等）泄露或侵入，防止或降低机械振动、冲击损伤，实现密封、隔声、隔热和减振。目前，建筑幕墙用橡胶制品可分为三元乙丙胶条、硅橡胶、氯丁橡胶、热塑性硫化橡胶、热塑性聚氨酯弹性体等（表3-25），宜采用前三种密封胶条，目前使用最多的是三元乙丙胶条。

常用密封胶代号   表 3-25

硫化橡胶类		热塑性弹性体类胶条	
胶条主体材料	代号	胶条主体材料	代号
三元乙丙	EPDM	热塑性硫化胶	TPV
硅橡胶	MVQ	热塑性聚氨酯弹性体	TPU
氯丁胶	CR	增塑聚氯乙烯	PPVC

三元乙丙橡胶是乙烯、丙烯和少量第三单体非共轭二烯烃的共聚物（Ethyiene Propyene Diene Methyiene，简称EPDM），采用微波硫化工艺一次成型，表面光洁、美观，具有卓越的抗紫外线作用，具有耐候性、耐热老化性、耐低温性、耐臭氧性、耐化学介质性、耐水性、良好的电绝缘性和弹性、抗压缩变形性能以及其他物理机械性能和较宽的使用温度范围（−50～＋150℃），如图3-98所示。

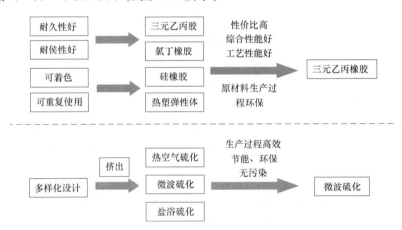

图 3-98　三元乙丙橡胶特点

硅橡胶密封条具有优异的耐气候老化性、柔韧及高低温性能，适用于高端幕墙和严寒地区的幕墙工程。常见密封胶条的区别见表3-26。

常见密封胶条的区别   表 3-26

种类	性　　能	密度(g/cm³)	使用寿命	推荐使用条件
PVC	污染环境，耐候性差，遇低温硬化、收缩、龟裂，综合物理机械性能差，可焊接	1.5～1.7	1～3 年	不推荐使用
三元乙丙 (EPDM)	良好的耐候、耐臭氧、耐老化性能，较好地综合物理机械性能和光氧化性能，不可调色、不可焊接	1.3～1.35	20 年以上	普通工程，非严寒地区

种类	性　能	密度(g/cm³)	使用寿命	推荐使用条件
热塑性弹性体（TPU）	优良的抗臭氧、耐候性,较好地综合物理机械性能和光氧化性能,可调色、可焊接	1.05～1.15	25 年以上	寒冷地区
硅橡胶	优良的抗臭氧、耐候性,优异的弹性和良好的压缩变形,可调色,色泽牢固度高,不可焊接	1.18～1.25	50 年以上	严寒地区,高端工程

(七) 五金配件

1. 开启扇五金件

幕墙开启窗所用开启五金,包括承重功能不锈钢铰链结构和具有安全关闭功能的锁结构 (图 3-99),这两个部位的结构如果有一个部位出现问题,都会影响开启扇的性能和安全。开启铰链应该是不锈钢材质,否则长时间使用会导致铰链锈蚀、裂纹逐步明显等;开启窗锁点应该是多点构造。

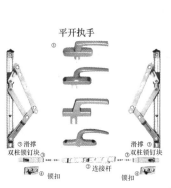

图 3-99　幕墙开启五金件

然而,有些项目采用最普通的单点构造(俗称七字执手),这种构造的材质基本上都是采用模具铸造铝材,这种材质构造只有一个单爪,往往会发生由于承受外力,以及安装不完善造成脱落,失去安全功能,如图 3-100 所示。甚至有的项目在开启方式上采用的是铰链悬挂构造,这种构造的材质基本上都是采用模具铸造铝材,材料铸造的密实度不够或没有经过严格的结构受力计算,在幕墙的使用生命周期内由于铰链的断裂等,都有可能造成开启窗扇整体坠落。

2. 点支式幕墙用五金件

1) 肋夹板

肋夹板是用于点支式玻璃幕墙吊挂玻璃肋的五金件,如图 3-101 所示,表面经镜光、

图 3-100　单点执手与幕墙开启扇脱落

亚光、喷砂、氟碳喷涂工艺处理，在玻璃肋上按肋夹板的螺栓位置开孔，夹持玻璃肋时要在玻璃肋与肋夹板之间打胶。一般肋夹板的套管为尼龙，其余组件为不锈钢。

图 3-101　点支式玻璃幕墙用驳接头肋夹板

2）驳接头

不锈钢驳接头是连接玻璃和驳接爪的重要五金件，如图 3-102 所示。不锈钢驳接头分为沉头式驳接头和浮头式驳接头，也可以根据安装的方式不同分为内装式驳接头和外装式驳接头。内装式浮头驳接头具有防尘功能，防尘套可阻止灰尘进入驳接头内部，同时底座可绕球头螺栓转动，可减小玻璃在面外荷载作用下连接点处的弯矩作用。

图 3-102　点支式玻璃幕墙用驳接头

3）驳接爪

点支式玻璃幕墙是由驳接头、驳接爪、转接件等组件组成，驳接爪主要作为支承驳接头，并传递荷载作用到固定的支撑结构体系上，是连接玻璃幕墙的一个重要配件，如图 3-103 所示。驳接爪在玻璃幕墙中就起到了衔接的作用，通过驳接头将荷载传递给钢结构或其他主体结构上，它的力学性能在此显得尤为重要。驳接爪形状多种多样，从单爪到多爪，采用精密铸造工艺生产坯件，再进行机加工和外表面抛光加工成成品，产品性能符合《建筑玻璃点支承装置》JG/T 138—2010 及相关国家标准。

图 3-103　点支式玻璃幕墙用驳接头

除了普通驳接爪之外，对于采用玻璃肋支承的点支式玻璃幕墙还采用肋用式驳接爪，如图 3-104 所示，爪件通过螺栓固定在玻璃肋上，并依靠玻璃肋承受水平荷载以及玻璃自重。

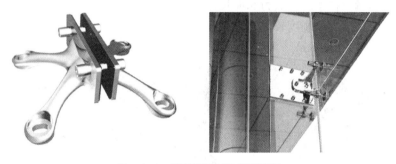

图 3-104　幕墙用肋用式驳接爪

对于张拉索网幕墙，还有专用的穿索驳接爪，如图 3-105 所示，爪件通过驳接头与玻璃相连接，拉索穿过驳接爪的孔，张拉后形成幕墙的支承结构。

图 3-105　索网幕墙用驳接爪

4）不锈钢拉杆

在张拉杆幕墙中，拉杆将支撑杆与主体结构连接。使用不锈钢拉杆，可以通过旋转螺杆使拉杆长度可以实现正负调节，并可以消除结构的误差，和拉杆支撑杆的支撑固定功能共同组成预定的受力体系，如图 3-106 所示。

5）不锈钢拉索

不锈钢拉索是张拉索结构和索网幕墙的常用配件（图 3-107），由于不锈钢拉索在工程中可能会受到较大幅度的拉伸变形，则必须要求其材料有较高的断后伸长率，不锈钢拉索一般采用 304/316 不锈钢材料制作。当索连接件的表面有裂纹、划痕、凹凸、砂眼时，

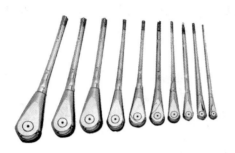

图 3-106　幕墙用不锈钢拉杆

会影响产品美观和加大不锈钢拉索生锈的概率，产品生锈则导致产品受力性能下降。不锈钢绞线的弹性模量与拉索的承载力和伸长量等都有直接的比例关系，弹性模量偏小时，伸长量较大，则钢绞线的线刚度较低、承载性能较差，且不利于安装。不锈钢绞线的弹性模量不宜小于 1.1×10^5 N/mm²。

图 3-107　幕墙用不锈钢拉索

不锈钢拉索分为可调端和固定端，可调端可以通过套筒调节拉索的松紧程度和拉索的长度。由于锚索的钢绞线和锚具接合部位是拉索承载力的一个受力薄弱环节，因此需对锚索进行超张拉试验，验证锚索的整体力学性能。因不锈钢拉索在工程使用过程中，会经常受到交变疲劳荷载，而且采用压制索锚具的不锈钢拉索在行业标准《建筑幕墙用钢索压管接头》JG/T 201—2007 中对其脉动荷载试验有明确的规定，需要对锚索也进行耐疲劳性能试验以满足设计要求。

6）索网夹具

索网夹具和不锈钢拉索一起组合使用，在拉索式幕墙中起到结构支承的作用，夹具形状各异，形成美观、通透的外观效果，如图 3-108 所示。

图 3-108　幕墙用索网夹具

3. 吊挂式玻璃幕墙支承装置

吊挂式全玻幕墙的玻璃面板采用吊挂支承（图 3-109），玻璃肋板也采用吊挂支承，幕墙玻璃重量都由上部结构梁承载，因此幕墙玻璃自然垂直，板面平整，在外部荷载作用下，整幅玻璃在一定限度内作弹性变形，可有效避免应力集中造成玻璃破裂。装置应符合标准《吊挂式玻璃幕墙支承装置》JG 139—2001 的要求。

图 3-109　玻璃幕墙吊挂装置

4. 石材幕墙挂件

石材干挂件作为石材幕墙的金属配件，直接关系着幕墙的结构、安装、综合成本及美观，石材幕墙的干挂方法日益创新，从针销式、蝴蝶式等演变为至今的背挂式、背槽式等，如图 3-110 所示。

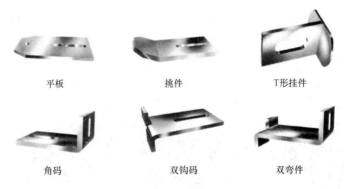

| 平板 | 挑件 | T形挂件 |
| 角码 | 双钩码 | 双弯件 |

图 3-110　石材钢挂件

1）钢挂件

最早引进的干挂件和干挂方法是采用销针和垫板通过板材边沿开孔连接，此种方法靠销针受力，在销孔处应力比较集中，在工程实践中发现在应力集中处石材局部有裂碎现象，并且因操作中费工、费时、费料等原因，现已逐渐被其他方法代替。后来发展为平板形挑件、T形挂件等连接件，采用该类挂件安装的石材幕墙，单元板块一般很难独立拆卸、不易维修。

2）铝合金挂件

SE 挂件

SE 挂件又称小单元组件，由一个主件和 S 形、E 形两个副件组成。基本结构如图 3-111所示，主件与副件在滑槽内为滑动配合，槽内设有贴在侧壁（一般在主件的右壁）上的橡胶条，以避免主件和副件的硬性接触。主件的平板上设有安装孔，与次龙骨上的角钢用螺栓连接。副件嵌板槽开口向上的为 S 形副件，嵌板槽开口向下的为 E 形副件。主件的滑槽是一个时，安装在最上层或最下层。主件的滑槽为两个时，两滑槽应上下排列，安装在中间各层。S 形副件与主件位于上面的滑槽配合，E 形副件与主件位于下面的滑槽配合。SE 干挂属于开槽式干挂方式。

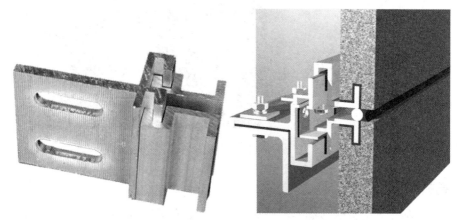

图 3-111　石材幕墙 SE 干挂件

SE 干挂件简化了石材幕墙安装方式，提高了安装质量和安装速度；小单元式组件可以在工厂中通过工业方式生产，提高了生产效率；石材装饰板和副件之间可以使用固化时间较长的石材干挂胶粘结，提高了粘结强度和可靠性；通过主件和副件的滑动配合方式，实现了石材幕墙可移动和可拆卸，方便了幕墙保养和维修。

此外，石材幕墙目前还多采用背栓式干挂方法，即在石材的背部打孔预埋背栓，由后切式锚栓及铝合金挂件组成的幕墙干挂体系，如图 3-112 所示。采用背栓连接，结构有变形能力，板材独立受力，具有三维调节功能，施工安装方便，抗冲击性能好。

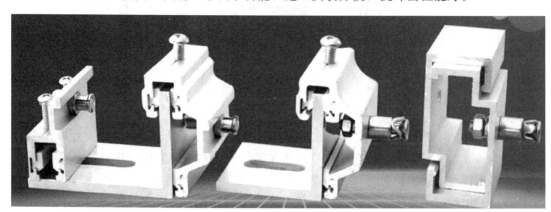

图 3-112　背栓式铝合金挂件

5. 开窗器

1）手动开窗器

手动开窗器一般包括开窗的执行部件（如美式摇杆剪式开窗件）、角连接件、操作部件、连杆和装饰盖板。开窗执行部件决定了开窗的宽度、开窗器的承受重量和有无锁紧功能。角连接件是传动部件，它的变形决定了开窗器适应不同窗型和不同安装条件的能力。操作部件可以是扳把或摇杆形式。手动开窗器适用于下悬内开窗和上悬外开窗。

手动开窗器的形式主要有链式摇杆开窗器、手动曲臂开窗器、美式剪刀式摇杆开窗器等，如图 3-113 所示。

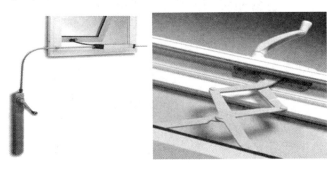

图 3-113　手动开窗器

2）电动开窗器

为保证建筑幕墙的通风和排烟效果，必须在立面或平面上设计布置开启窗，但有时由于开启窗的高度影响，手动开启无法实现，于是在手动开窗器的基础上推出了电动开窗器，在实现了自动化和智能化的同时也使建筑的功能得到延伸。

电动开窗器是建筑幕墙高窗、采光顶等应用广泛的开窗执行机构，具有智能控制功能，且体积小、安装方便、控制简单，适用工作环境恶劣的场合，开启和关闭力量大，从而在一定条件下取代人工的手动操作。欧洲在 1950 年开始研发手摇式开窗器，随即研发生产电动开窗器，从此开启欧洲智能门窗时代，1990 年左右电动开窗器开始进入中国市场，在我国近些年的幕墙工程中，电动开窗器的应用也越来越普遍。

电动开窗器一般分为齿条式电动开窗器、链条式电动开窗器、螺杆式电动开窗器等。

（1）齿条式电动开窗器

齿条式电动开窗器是以直齿条为驱动方式的电动开窗器（图 3-114），多适用于天窗和大型立面窗等，使窗户在关闭的情况下人力无法打开，保证了用户的财产安全。开窗器一般具有过载保护功能，当电机遇到阻力无法打开或关闭，通过电路板的电流超过额定电流值时，电机会自动停止来保护自身的安全，极大地延长了开窗器的使用寿命。开窗器行程可调，使用寿命可达数万次。

（2）链条式电动开窗器

以链条为驱动方式的电动开窗器，分为单链式（图 3-115）和双链式开窗器（图 3-116），双链式开窗器主要适用于大型立面窗。链式开窗器占用空间小，主要应用于幕墙立面上悬窗或下悬窗及部分中悬窗等各类需开启通风或排烟的窗户，因结构小巧，特别适用于下悬窗开启，但对于窗户较宽、较大时应采用电动锁机构，保证窗户的密封性。链式开窗器可内置于窗框内，简洁、美观。

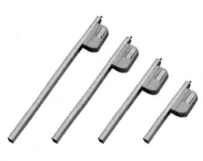

图 3-114　齿条式电动开窗器

图 3-115　单链式电动开窗器

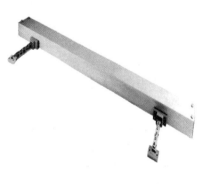

图 3-116　双链式电动开窗器

（3）螺杆式电动开窗器

螺杆式开窗器（图 3-117）是以圆柱形直杆为驱动方式的开窗器，推拉力非常大，防护等级高，可达到 IP65，防尘（潮）、防雨水效果明显，广泛用于室外，如上悬＼中悬＼下悬等各类需开启通风或排烟的窗户、电动遮阳百叶系统等。

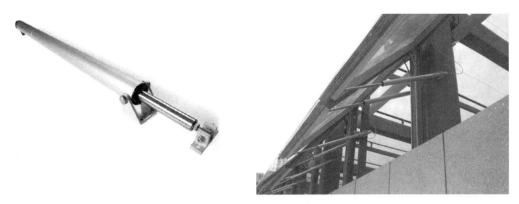

图 3-117　螺杆式电动开窗器

3）气动开窗器

气推式开窗器无需使用电源，可根据开窗要求利用压缩空气或 CO_2 气体作为动力源，消防排烟的气动开窗是利用温感保险丝探测到一定温度（如 68℃）后，自动释放 CO_2 气罐中的气体以推动窗户开启，耐高温，耐高压。日常通风的气动开窗可直接采用压缩空气，通过电磁阀的作用控制气体的进出以推动气缸运动，开启或关闭窗户。启动开窗器推拉力极大，可开启非常大的窗。

对于立面开启扇，一般选用链式开窗器，占用面积小，外观整洁、美观；对于天窗，一般采用杆式开窗器，支撑效果好。

四、建筑幕墙清洗

高空外墙清洗作业（图 4-1）于 20 世纪 30 年代起源于美国，20 世纪 80 年代中期经过日本、中国香港、中国澳门传入上海，20 世纪 80 年代末，我国第一批外墙清洗公司在上海开始组建，逐步从沿海城市发展到内陆发达地区，最后遍布全国。

图 4-1　高空幕墙清洗

（一）幕墙清洗管理规定

近年来，随着国内建筑业的迅速发展，幕墙已成为高层建筑不可或缺的一部分，可在城市汽车尾气、工业区空气污染物、灰尘及酸雨的共同作用下，幕墙表面累积一段时间后便逐渐出现水渍、灰尘等污垢，一旦污染形成，就会很难清洗，从而严重影响到建筑的外观效果。此外，由于污染物中含有各种氯化物和二氧化碳、一氧化碳、二氧化硫、三氧化硫滞留在建筑表面，和雨水、湿气混合后，会对建筑产生酸性或碱性的侵袭，如果未对安装后的幕墙进行定期全面的清洗和维护，这些酸和碱将渗入到建筑表层，腐蚀幕墙的表面和结构，导致不可挽回的损失。因此，清洗建筑幕墙的外表，不仅美化环境，而且起到了保护建筑物的作用。

世界各国对建筑物外墙的清洗越来越重视，在发达国家甚至以法律的形式明确规定，建筑物的表面必须定期清洗，不然会受到严厉的处罚，例如新加坡政府规定每年必须清洗数次。近年来，我国各级政府的环保意识发生了很大变化，国内一些大、中城市，特别是旅游城市及旅游景点和景区，为保持建筑物表面的清洁，都制定出台了相应的法律和法规。1992 年，国务院发布《城市市容和环境卫生管理条例》（2011、2017 年修订）就提出"城市中的建筑物和设施，应当符合国家规定的城市容貌标准"，北京、上海、广东、成都等省市先后制定了本行政区的建筑物外立面清洁管理规定。

1.《北京市市容环境卫生条例》（以下简称《条例》）

《条例》提出建筑物、构筑物的容貌应当符合相应的规定，建筑物、构筑物外立面应当保持整洁和完好，并按照本市有关规定定期粉刷、修饰，并确定了建筑物环境卫生责任人由所有权人负责；所有权人、管理人、使用人之间约定管理责任的，由约定的责任人负责。

2.《北京市城市建筑物外立面保持整洁管理规定》（市政府第200号令）

1）责任主体

市政管理委员会主管本市建筑物、构筑物外立面保持整洁工作，负责本规定的组织实施。区、县市政管理委员会负责管理本辖区建筑物、构筑物外立面保持整洁工作。规划、建设等管理机关，应当按照各自的职责，对建筑物、构筑物外立面保持整洁工作实施监督和管理。

2）清洁要求

建筑物、构筑物外立面应当保持整洁，无明显污迹，无残损、脱落、严重变色等。建筑物顶部应当保持整洁，无堆物堆料，不得擅自设置设施、设备。建筑物附着物和周边可能对建筑物造成影响的构筑物，其外立面必须与建筑物的色调、造型和建筑设计风格相协调。

3）清洗规定

（1）建筑物、构筑物外立面为玻璃幕墙的，至少每年清洗一次。

（2）外立面为水刷石、干粘石和喷涂材料的，应当定期清洗并至少每五年粉饰一次。

（3）外立面为其他材质的，视材质情况定期清洗或者粉饰。

（4）因施工等原因致使建筑物、构筑物外立面有明显污迹的，应当及时进行清洗、粉饰。建筑物、构筑物外立面残损、脱落的，应当进行修补或者重新装饰、装修。

（5）本市遇重大庆典或者举办国际性、全国性大型活动等特殊情况需要时，应当按照市人民政府的统一要求对建筑物、构筑物外立面进行清洗、粉饰。

3.《上海市城市容貌标准规定》（以下简称《规定》）

《规定》提出临街建筑物、构筑物的外墙面应保持外形完好、整洁，无乱张贴、乱涂写、乱刻画。主要道路和景观区域内的临街建筑物、构筑物的外墙面应按照不同建筑物、构筑物类型，定期进行清洗或粉刷；玻璃、金属板类的应每三至六个月清洗一次，贴面砖、石材类的应每年清洗一次，水泥、涂料等其他材质类的应每二至三年清洗或粉刷一次。

为加强建筑物清洁保养的管理工作，促进清洁保养工作规范化，提高清洁保养水平，为统一清洁保养的质量验收、监督、管理工作，上海市还发布了一部地方标准《上海市建筑物清洁保养验收规范》DB31/T 307—2004，对于不同材质的面板清洗质量验收要求见表4-1。

外墙清洗保养质量验收分类要求（节选）   表4-1

序号	材质	质量验收要求
1	幕墙玻璃、镜面不锈钢	表面清洁明亮,无污迹、手印、水迹
2	大理石、花岗岩	表面清洁光亮,无污迹；光面材料纹理清晰、有光泽；毛面材料色泽凝重、无锈蚀斑痕

序号	材质	质量验收要求
3	铝合金板	表面清洁、光滑，无污垢和水垢，有光泽，有金属质感
4	彩钢板等金属饰面板	表面清洁，无水垢和污垢，有光泽
5	不锈钢	表面清洁，色泽均匀，无印迹、污迹，有清晰的光泽

4.《广州市人居环境整治管理规定》(穗府办［2012］29号)(以下简称《广州规定》)

《广州规定》提出建（构）筑物外立面及附属设施的维护管理由所有人或使用人按照本市建（构）筑物外立面及附属设施维护管理办法进行维护管理。建（构）筑物外立面应当保持整洁，无明显污迹，无残损、脱落、严重变色等，并进行定期清洗。出现残损、脱落、褪色等现象时，应当及时修补或者重新装饰、装修。

5.《成都市城市建筑物和公共设施清洁管理规定》(成办函［2016］157号)(以下简称《成都规定》)

1）责任主体

《成都规定》明确了市城市管理行政主管部门负责全市建筑物清洁管理工作的统筹协调、监督考核工作；规划、建设、房产、国土、水务、交通、公安、商务、旅游、经信、教育、园林绿化等行政主管部门按照各自职责，负责城市建筑物清洁的日常监管、维护工作；各区（市）县政府负责本辖区内建筑物清洁管理的具体工作，组织、指导和督促责任单位定期对建筑物实施清洁和维护。

2）责任制度

《成都规定》提出，建筑物清洁管理责任按下列原则确定：

（1）实行物业管理或外包服务的建（构）筑物、公共设施由物业或服务企业负责；

（2）未实行物业管理或外包服务的建（构）筑物由所有权人负责；

（3）机关、团体、企事业单位规划红线范围区域内的建（构）筑物、设施由本单位负责；

（4）公共场所设置的公共设施由权属单位或管理维护单位负责。

3）清洁管理标准

《成都规定》提出了具体的清洁管理标准：

（1）建（构）筑物外立面严重变色或者有明显污迹的以及墙面破残、涂层脱落超过百分之十的应及时清洁。

（2）在重点区域内可以参照下列标准执行：一是建（构）筑物外立面为玻璃幕墙或者金属板类材质的，每年清洗不少于一次；二是建（构）筑物外立面为面砖幕墙、石材幕墙、其他装饰板幕墙的，每二年清洗不少于一次；三是建（构）筑物外立面为涂料幕墙、喷涂幕墙的，每三年清洗、涂装刷新不少于一次。

（3）古建筑和重要近现代建筑清洗按照文物和历史建筑物保护的有关规定进行。

（4）公共设施清洁应当加强日常巡查、保洁和维护，保持设施完好整洁。

（5）如果遇重大庆典或者举办国际性、全国性大型活动，按照政府的统一要求对建

（构）筑物外立面、公共设施进行清洁。

《成都规定》要求建（构）筑物、公共设施的清洁，应当使用符合国家产品质量标准和环境保护要求、耐候性好、自洁性高的建筑材料，鼓励使用新材料、新技术、新工艺。

6.《东莞市城管局建筑物外立面保洁管理规定》

1）责任主体

建筑物的所有人是保持建筑物外立面整洁的责任人；所有人与使用人有约定的，从其约定。已实行物业管理的住宅小区，建筑物外立面保持整洁管理工作，可以由物业管理公司统一组织实施。没有实行物业管理的建筑物外立面的保洁工作，由所在地村（社区）统一组织实施。

2）清洁要求

建筑物外立面应当符合下列整洁要求：

（1）无明显污迹；

（2）无残损、脱落、严重变色；

（3）无乱挂、乱贴、乱涂、乱刻；

（4）无凌乱、残旧管线及广告招牌靠墙；

（5）无其他影响市容景观现象。

建筑物外立面，应当按照下列要求清洁：

（1）玻璃、金属板、装饰板幕墙，每半年至少清洗一次；

（2）面砖、石材（料）幕墙，每年至少清洗一次；

（3）水泥、涂料幕墙，每三年至少涂装刷新一次；

（4）因施工等原因致使建筑物外立面有明显污迹的，应当及时进行清洗、粉饰；

（5）建筑物外立面残损、脱落的，应当进行修补或者重新进行装饰、装修；

（6）建筑物楼顶、阳台、平台、外走廊有明显污渍或乱堆乱放的，应当定期清洁或清理，出现破损、褪色的，应当及时修复；

（7）遇重大庆典或者举办国际性、全国性大型活动等特殊情况时，镇（街）应当按照市人民政府的统一要求清洁辖区内城市建筑物外立面；

（8）建筑物外立面不符合清洁要求，有碍观瞻，影响市容的，责任人应当及时清洁、修复。

此外，还对从事建筑物外立面清洁的经营、从事高处悬挂清洁作业的人员提出了具体要求。

7.《秦皇岛市城区建筑物构筑物外立面保洁管理规定》

建筑物、构筑物外立面清洗保洁，按以下规定执行：

（1）建筑物、构筑物外立面为玻璃幕墙的，至少每年清洗一次；

（2）建筑物、构筑物外立面为瓷片、水刷石、干粘石的，至少每两年清洗一次；

（3）建筑物、构筑物外立面为喷涂材料的，至少每三年刷新一次；

（4）外立面为其他材质的，视材质情况定期清洗；

（5）其他原因致使建筑物、构筑物外立面有明显污迹的，应当及时进行清洗粉刷；

（6）建筑物、构筑物外立面残损、脱落的，应当进行修补或者重新装饰、装修；

（7）遇有重大庆典或者举办国际性、全国性大型活动等特殊情况需要时，应当按照市、区人民政府的统一要求对建筑物、构筑物外立面进行清洗、粉饰。

从以上各地对于城市建筑物外立面清洁的管理规定可以看出，一般玻璃幕墙、金属幕墙至少要每年清洗一次，石材幕墙应至少两年清洗一次，确保外立面的清洁和耐用。

（二）幕墙清洗剂

1. 幕墙污染物

1）空气污染物

城市建筑幕墙包含于周围的环境与空气（图 4-2），空气中的污染物多种多样，一般空气污染物是由气态污染物、液态污染物和固态污染物及其混合物组成的，这些污染物对于建筑幕墙的污染程度和污物清洗难易程度也不尽相同。

图 4-2　城市污染物对建筑幕墙的污染

（1）固态污染物

固态污染物根据其成因和形态可分为粉尘、固态雾、烟。

粉尘是由固态的有机或无机物在自然或人为的机械作用下破碎而形成，它是分散的固体颗粒，粒径范围较宽，一般为 $1\sim100\mu m$。粉尘的来源十分广泛，如自然界中岩石的风化粉碎等。固态雾是固体物质熔融再经蒸发后凝结形成的微粒子，它发生于燃烧、熔融蒸发、升华和化学反应。固态雾的粒径远比粉尘小得多，大概不超过 $1\mu m$，它与粉尘的最大不同之处是凝聚力强。烟是在不完全燃烧时产生的混有部分液体粒子的固体粒子，其粒径一般较固态雾还要小，一般在 $0.5\mu m$ 以下。碳氢化合物在不完全燃烧过程中反复经过脱氧、裂化、叠合过程，生成很多富集碳物质，最终析出碳分子形成烟。烟虽然是以分子状态产生，但能迅速凝聚成较大的分子团微粒子。

（2）液态污染物

液态污染物有液态雾和烟雾。

液态雾是由蒸汽凝结或者化学反应生成的极细液滴，其粒径一般小于 $10\mu m$，例如硫酸雾。如果蒸汽中包含固体的水溶液时，雾滴将会因水分的蒸发最后形成浮游固态粒子。

烟雾是由烟与自然雾两者结合而成，实际上是水蒸气冷凝在固体烟粒上。

（3）气态污染物

气态污染物分为气体污染物和蒸汽污染物。

气体污染物是化学反应生成的非颗粒状污染物，常温常压下处于气体状态，分子粒径为 $0.1\sim1\mu m$，主要是二氧化硫和氮氧化物。蒸汽污染物是液态污染物质经蒸发作用而呈现的气相状态，蒸汽的分子粒径在 $10^{-4}\sim10^{-1}\mu m$。

2）幕墙表面污染物

高层建筑物的幕墙清洗是一项十分复杂的系统工程，为了清洗时有针对性和保护建筑物，首先要分析污垢的成分和结构及污染程度。幕墙表面的污染物从轻到重分为灰尘、污渍和污垢。

（1）灰尘

灰尘浮沉在空气中和停留在所有的物体表面。灰尘包括浮在空气中的尘，落在物体表面的灰，人体遗留下的毛发、绒毛、皮屑、细菌、物体表面分散的微粒纤维、砂砾等。这些残留物阻碍物体的反光（光泽），使纤维质地变得晦暗，会散发出霉味，会滋生虫害，损坏建筑表面的材料，对市容、生活环境造成破坏。

（2）污渍

污渍由多种成分的灰尘和水的混合物、酸雨痕迹、菌类以及泥浆、染料等渍迹组成，在软、硬表面上都沾染。建筑物是最大的污渍沾染表面，故污渍一旦沾染不及时清除，就会长期顽固地留存，使建筑物表面受到严重的污染。

（3）污垢

污垢有油基、水基之分。随着人们生活水平的提高，工业的迅速发展，污垢的种类越来越多，成分越来越复杂。污垢的质量远远高于灰尘和污渍。污垢不及时清洗干净就会在建筑物表面留下永存印迹而且失去光彩。

除以上三种污垢外，对于金属建材而言还有另外一种污垢形式，就是变色。这是金属与水、空气中的某些物质发生化学反应造成的，如铁锈、铜绿、金、银、铝的表面氧化变暗等。总之，建筑物所存在的位置、环境不同，污垢的成分和污染程度亦有所不同，有的光滑（如釉面砖）、有的粗糙（如水刷石）、有的易被酸碱腐蚀（如铝合金门窗）、有的易被溶剂溶解（如丙酮可溶解化工涂料）。由于外墙的介质有所不同，所以在清洗外墙前要分析外墙的成分和理化性质及污染程度。

一般清洗外墙有两种方法：物理方法和化学方法。物理方法主要是通过外力使污垢脱离建筑物的外墙，具体方法是用水冲洗（或水喷淋），使污垢松软、剥离、融化，最后再用水冲洗干净。化学清洗法是利用化学试剂对污垢进行溶解、分离、降解等化学反应，使外墙达到去垢、去锈、去污、脱脂等目的。

3）幕墙污染物粘附机理

污染物与建筑幕墙表面的粘附能力，因表面材质、污染物性能的不同而不同，一般可分为机械性粘附、物理性粘附和化学性粘附。

（1）机械性粘附是一种由于建筑物外墙表面粗糙、高低不平而引起的粘附，污染物粘附于表面低凹处，粘附力较小，比较容易去除。

（2）物理粘附是一种由于分子间的范德华力而引起的粘附，这种分子间的范德华力包括偶极力、诱导力、色散力，除此之外，还有存在于污染物和外墙材料表面之间以及污染颗粒物之间，由于接触电位差而引起的静电吸引力、静电引力和液膜引起的毛细管力。物理粘附的能量比机械粘附大，清洗起来也相对困难。

（3）化学粘附是由于外墙材料和污染物之间发生了化学反应，形成了新的化学键而产生的粘附，具有的能量较大，粘附比较牢固，降解化学吸附的污染物需要更大的能量。

不同污染物的吸附差异如表 4-2 所示。

不同污染物的吸附差异   表 4-2

特征	机械性粘附	物理性粘附	化学性粘附
吸附力	摩擦力	范德华力	化学键力
选择性	有	无	有
吸附热	无	近似于液化热(0~20kJ/mol)	近似于反应热(80~400kJ/mol)
吸附速度	快,易平衡,不需要活化能	快,易平衡,不需要活化能	较慢,难平衡,需要活化能
吸附层	单分子层或多分子层	单分子层或多分子层	单分子层
可逆性	可逆	可逆	不可逆

2. 清洗剂分类

工业清洗剂按其 pH 值可分为酸性清洗剂、碱性清洗剂、中性清洗剂。各类清洗剂有其特点和优点，根据它们的特点可用来清洗不同的材质。

1）酸性清洗剂

酸性清洗剂一般指 pH 值小于 6.5 的清洗剂，酸性清洁剂的主要成分是酸类化合物，如盐酸、磷酸、硫酸、醋酸或其他有机酸，使用浓度呈酸性，酸性物质具有一定的杀菌除臭功能，能溶解长久沉积下来的物质等，且能中和尿碱性物质等顽渍斑垢。这类清洗剂是利用酸碱中和作用来清洁物品。所以，理论上一切碱性污渍或碱性特质的东西，均可用酸性清洗剂清洗。酸性清洗剂的另一特性是能将氧化物还原，故被用于除锈、去盐渍。

例如，某酸性玻璃幕墙清洗剂是由多种乳化剂、除油助剂、渗透剂、光亮剂加工而成，主要成分为含脂肪醇聚氧乙烯醚、聚氧乙烯椰油酸酯、乙二醇丁醚、丙二醇单丁醚及约 0.5% 的氨水，pH 值为 3，专用于清洗各种玻璃外墙表面的油污、脏物、风化污垢和水锈斑等，稀释 5~20 倍后使用，喷洒后形成的泡沫粘附力强，能溶解各种顽固污垢且使用后完全没有任何残留，清洗效果非常好，洗净面好，能轻易地洁亮玻璃。

2）碱性清洗剂

碱性清洗剂是指 pH 值大于 7.5 的清洗剂，其主要是以表面活性剂、氢氧化钾、氢氧化钠或其他碱类复配而成的，因具有环保无毒、安全、经济成本低、清洗效果好的特点而被广泛运用。目前，大部分水基清洗剂都是碱性清洗剂类。碱性清洗剂由碱以及表面活性剂等物质构成，是利用皂化和乳化作用、浸透润湿作用机理来除去可皂化油脂（动植物油）和非皂化油脂（矿物油）等金属表面油脂。

表面活性剂（简称 SAA）的除油机理为：降低油水界面的表面张力，使油污在表面的附着力减弱或抵消。油污在表面活性剂的作用下脱离表面。油污进入清洗液中被乳化、分散、悬浮于其中，或增溶到胶束中。因为表面活性剂具有很强的润湿、渗透、乳化、增溶能力，并且这种除油能力随温度的升高而增强。表面活性剂能除去各种类型的油脂，特别是普通碱液不能除去的不可皂化油。另外，当温度较低或碱性较弱及皂化反应很慢或根本不发生时，表面活性剂则显现出其独特的除油能力。

理论上亦是利用其酸碱中和作用。所以，一切酸性的污渍或带酸性的物质都可以用碱性清洗剂中和。碱性清洗剂的另一特性是在与油脂类混合后，能将不溶于水的油脂变为半溶于水的物质（多呈乳白色）。故此用于化油的清洗剂都是碱性的。强碱（如氢氧化钾）更为活泼，所以被用于起蜡，但是强碱会使建筑物表面受到损伤。

3）中性清洗剂

中性清洗剂是指 pH 值介于 6.5～7.5 之间的清洗剂，中性清洗剂是一种由优质阴离子与非离子表面活化剂精确合成的水多元醇基混合物而产生的一种接近中性的浓缩物，含合成化合物，呈中性或微碱性，可用于清洗铝及柔软金属表面。

针对污垢的成分、结构、附着方式和外墙材料理化性质及结构，清洗剂一般采用表面活性剂和助剂配制成水基洗涤剂，使用时冲稀到一定浓度。对外墙上特殊污垢的清洗，可按一般硬表面重垢污斑清洗剂设计配方。一般在建筑物外墙整体清洗前进行局部清洗。利用化学试剂对建筑幕墙表面污垢进行溶解、分离、降解等，可以使外墙达到去垢、去锈、去污、脱脂等目的。

3. 幕墙清洗剂选择

目前，国内外幕墙清洗单位大部分均用碱性、酸性清洗剂，而且盐酸、氢氟酸使用得更为频繁。据报道，每年上海用万吨劣质清洗液（指盐酸、氢氟酸），目前正悄悄地侵蚀城市高楼大厦美丽的外表，并飘洒到街道上，而且还流入城市排水系统中，成为城市的公害。所以说腐蚀性很强的酸性清洗剂如盐酸、氢氟酸等，犹如一把双刃剑，既可清除污垢，但又可以使基材受到损伤，使其强度、表面光洁度变差，而且氢氟酸对人体也是非常有毒的，应根据幕墙材质的不同选择合适的外墙清洗剂。

1）玻璃幕墙

对于玻璃材料来讲，主要是对清洗材料中的碱敏感，清洁材料中如果含有碱，则很容易对玻璃产生一定的腐蚀，而玻璃则不易被酸腐蚀，在玻璃幕墙清洗工程的清洁材料中最容易对玻璃造成腐蚀的材料是氧化物，因此在实际的玻璃幕墙清洗工程施工作业中一定要注意。

玻璃幕墙污染物主要有粉尘、胶渍、玻璃风化物等（图 4-3），玻璃表面的灰尘、胶渍通常是选用普通的玻璃幕墙清洗剂，配合刮子进行清除；玻璃风化物是因为玻璃与大气中的水分相互产生作用，因而受水分侵蚀后而形成的风化产物，对于污染程度严重的可选择酸性清洗剂或中性清洗剂。

2）石材幕墙

石材幕墙的污染和病变一般分为两类，一类是石材微孔被异物占据，而石材本身微结构还未受到明显破坏，例如多数锈黄斑、有机色斑、盐斑与白华、水迹和水斑、油斑和油污斑等。对于这类病症，专业清洗是首选方法。另一类是石材微结构已经受到一定程度的破坏，例如表面失光、粉化、起壳剥落、孔洞、裂纹等，对于这类病症，一般使用翻新方法，如图 4-4 所示。

图 4-3　玻璃幕墙污染

石材的"病症"千差万别，例如形成水斑的易潮解盐类可以有多种。因此，在不了解污迹具体成因的情况下，可以先对小面板作试清洗，避免选择劣质的强酸清洗剂，这很可能引发更严重的石材病，例如表面失光和粉化、水斑和盐碱斑、疏松溶蚀和泛黄等。

对于锈黄斑的清洗，由于花岗石耐酸，可使用酸性清洗剂，大理石不耐酸，可使用中性的碳酸盐类清洗剂。对于有机色斑的清洗，可使用中性脱色剂，可以深入石材微孔清除色斑，而不会损坏石材表面的成分，而且材料安全环保，能有效保持石材的观感。

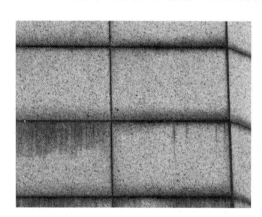

图 4-4　石材幕墙污染

3）铝板幕墙

铝材类的幕墙具有明显的耐久性和不透水性等良好优点，但是铝材料和酸、碱性材料一接触都会被溶解，如果不注意材料的选择，很容易导致清洗材料将铝材料腐蚀，或者污染铝板幕墙（图 4-5）。对于彩色铝板的清洗，要注意不要在清洗剂中出现导致铝板脱色或变色的化学物质存在。铝板的脱色主要是指铝板本身附着的颜色消褪，即染料消失；而铝板的变色是指清洗剂与铝板的表面介质发生化学反应而使铝板的表面变成了另外一种颜色。因此，在幕墙清洗作业中，针对铝板的清洗主要是防止清洗剂对铝板的材质和颜色造成破坏。

在清洁铝材类幕墙时，主要选择中性清洗剂，中性清洗剂对于幕墙无伤害，能有效去除污渍，对于维护铝材类幕墙有良好效果。

图 4-5　铝板幕墙污染

4）金属幕墙

金属类的清洗剂分为油污清洗剂、除锈清洗剂、金属清洗剂。其中，油污清洗剂最主要的优点是：其由多种活性剂调配而成，这种清洗剂具有极强的去污能力，且不会发生腐蚀现象，安全可靠。除锈清洗剂的主要优点是能将金属表面的水分替换成防锈油膜，防止金属锈蚀，结合除油、除锈、除氧化物三者的酸性清洗剂，能够快速地去除污渍，避免金属发黑，使金属保持光亮。

（三）清洗工具

高层建筑幕墙清洗目前一般采用空中蜘蛛人吊绳清洗、吊篮清洗和机器人清洗三种方式，由于后两者成本较高，最为常见的还是采用蜘蛛人吊绳清洗。

1. 吊板

一般建筑幕墙吊板清洗套装工具包括工作绳、安全绳、吊板（座板）、安全带、自锁器、U 形卡、工作桶、耐高压水管、玻璃套装工具、板刷、橡胶手套、药剂喷壶等，如图 4-6 所示，该系统通过预防原理、缓冲吸收原理和分散原理不仅能够防止人体坠落，而且通过构件的最佳组合，将作用到人体的冲击能量分散，并最大限度地吸收。单人吊绳作业应符合国家强制性标准《座板式单人吊具悬吊作业安全技术规范》GB 23525 的要求。

1）工作绳、安全绳

工作绳材质一般为锦纶，锦纶绳的特性是耐磨、耐酸碱、耐霉烂，硬度施工，强度大，编织无弹性，工作绳通过下滑扣的活络结连接吊板形成座式登高板组件。安全绳主要用于和施工人员身背的安全带上的自锁钩连接，形成登高人员的安全系统，如图 4-7 所示，如果工作绳断裂，旁边的安全绳会通过安全扣将作业人员拉住，防止坠落事故发生。

工作绳主要的技术要求是强力指标。

图 4-6　高空玻璃幕墙清洗吊板系统

根据国际上统一的对工作绳强力的要求，我国《安全带》GB 6095和《座板式单人吊具悬吊作业安全技术规范》GB 23525等国家标准都作出了新的规定，要求按照规定的方法测试，新工作绳的测试负荷应不小于22kN，因为化学纤维会受多种因素影响而退化或受损，所以使用1年后应按相同方法测试以确定旧绳索的测试负荷应不小于15kN。当旧绳索的测试负荷小于15kN时，该批绳索不准继续使用。

图4-7　工作绳、安全绳连接方式

安全绳是用来保护高空及高处作业人员人身安全的重要防护用品之一，正确使用安全绳是防止现场高空工作人员高空跌落伤亡事故，保证人身安全的重要措施之一。工作绳、安全绳必须到当地劳动保护用品指定厂商处购买，且应附有"产品合格证"、"质量保证书"、"使用说明书"。

使用工作绳的注意事项：

（1）工作绳应存放在干燥、通风、不遭受高温处。洗后应晾干后收存，以防霉烂，还应避免打结（打结后强度要降低50%以上）。应盘整好悬吊保存，不准堆积踩压。

（2）工作绳端头应不致松散（可采用绳头绑扎等方法）。

（3）工作绳不应有接头。

（4）在垂放绳索时，作业人员应系好安全带。绳索应先在挂点装置上固定，然后顺序缓慢下放，严禁整体抛下。

（5）工作绳应注意预防磨损，在建筑物的凸缘或转角处可能与硬性物体发生摩擦或遭受尖锐棱角损伤的部位应垫有防止绳索损伤的衬垫，或采用马架，并应使绳索在不受载时，其衬垫也不致脱落。

（6）所有的工作绳必须在指定的国家劳动保护用品质量监督检验机构按国家标准检验合格，每次使用前应进行检查，以防因磨损、腐烂、霉变、断股等而发生意外事故。

（7）工作绳的制造商应在其产品上标明有效使用期及使用条件。

（8）工作绳的使用者应按产品上标明的有效使用期及使用条件使用，超过使用期应报废。

（9）工作绳出现下列情况之一时，应立即报废：

① 被切割、断股、严重擦伤、绳股松散或局部破损；

② 表面纤维严重磨损、局部绳径变细，或任一绳股磨损达原绳股的三分之一；

③ 内部绳股间出现破断，有残存碎纤维或纤维颗粒；

④ 发霉变质，酸碱烧伤，热熔化或烧焦；

⑤ 表面过多点状疏松、腐蚀；

⑥ 插接处破损、绳股拉出；

⑦ 编织绳的外皮磨破。

2）座板装置

座板装置是承载作业人员的装置，由吊带、衬带、拦腰带和座板组成，如图4-8所示。

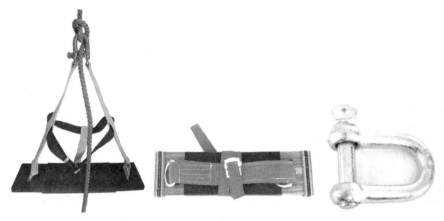

图4-8 座板装置

座板又称吊板，材质为压缩木板组合而成，长600mm、宽170mm、厚15～20mm，材料不限制，一般为杨木、柳木等，表面应具有防滑功能，无裂痕、糟朽，并应进行防水处理。

吊带由纤维纺织而成，整体长度1600mm、宽度50mm，吊带整体穿过座板底面，将座板悬吊在下降器上，可以防止座板断裂时作业人员坠落。衬带衬在吊带与座板底面之间，防止座板磨损吊带。

座板装置通过圆环、半圆环、连接器（安全钩）等金属件与下降器（图4-9）连接。这些金属件的技术要求为：

（1）测试负荷15kN，3min不发生损坏。

（2）表面光洁，无裂纹、麻点及能够损伤绳索的缺陷，并进行防锈处理。

（3）金属圆环、半圆环不应焊接。金属件边缘应加工成R4以上的光滑弧形。

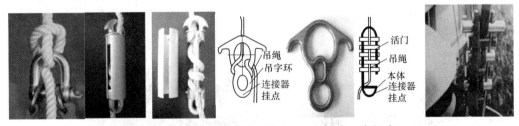

图4-9 下降器（U形环、棒式、8字环式、多板式）

为防止作业人员从座板滑脱，在两吊带之间安装拦腰带。正常作业时，拦腰带起辅助保护作用，提示、拦阻作业人员从座板上滑脱。当作业人员发生坠落悬挂时，悬吊下降系统的所有部件应保证与作业人员分离。拦腰带上的卡扣在坠落力作用下会脱开，悬吊下降系统的所有部件会与人体分离，保证作业人员的安全、健康。拦腰带是选择件，可以不在座板装置上安装，但如果选择安装，就必须符合坠落时分离的要求。

3）坠落悬挂安全带

高空作业安全带又称全方位安全带或五点式安全带，经《安全带》GB 6095 规定带体需采用高强度涤纶织带或更高强度的纤维材质加工而成，织带分为直接受力的主带（如背带）与不直接受力的辅带（如胸带），主、辅带及调节扣、扎紧扣等金属件按要求连接并缝制在一起，制成坠落悬挂安全带。国家标准《座板式单人吊具悬吊作业安全技术规范》GB 23525 与《安全带》GB 6095 相一致，取消了单腰带式的架子工安全带和通用Ⅲ型双背带式安全带，规定使用全身式坠落悬挂安全带。

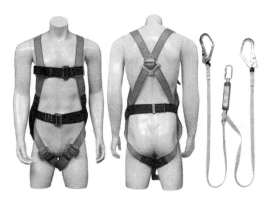

图 4-10 安全带与安全短绳

坠落悬挂安全带是全身式安全带，没有腰带，受力点在大腿和躯干，受力点多，受力面积大，腰部单位面积受力减少，腰椎和内脏不易受伤，如图 4-10 所示。安全带是国家生产许可证管理的劳动保护用品，高处作业人员要使用符合国家标准要求并经检验合格的安全带。

安全短绳是指从坠落悬挂安全带到自锁器之间的绳子。其作用是当发生坠落时将穿着安全带的人体通过自锁器悬挂在安全绳上。安全短绳的结构、强力要求等与工作绳相同，一般采用捻制绳。安全短绳的捻度要小一些，使绳子更容易变形，以便吸收坠落冲击能量。安全短绳的绳长国家标准要求不得大于 600mm，冲击力控制在 6kN 以下，保证作业工人的安全和健康。

4）自锁器

自锁器是高处作业时防止坠落的一种安全装置，材质为不锈钢，结构如图 4-11 所示，包括机架、自锁舌摆动销、保险插销、保险扣子、绳环、增力器、导向轮、开锁器、限位销等组成。安全带通过自锁器连接在安全绳上，无负荷时扭簧将自锁器齿牙轻轻卡住安全绳，作业人员只要用手提起自锁器绳环臂，自锁钩就能上下移动，不影响作业。当高空施工人员因工作绳断裂而下坠时，在下落人体重量形成的冲击力作用下，自锁器的齿牙紧卡住安全绳，阻止人体继续坠落。

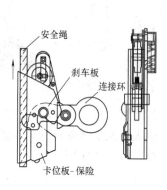

图 4-11 自锁器

自锁器的使用注意事项：

（1）使用前应检查自锁器、安全带、安全绳各零部件功能是否正常；

（2）自锁器配备的安全绳规格是否匹配；

（3）自锁器不准反装，如发现部件有异常情况即停止使用；

（4）自锁器不能跌打敲，不要储藏在阳光曝晒、潮湿或有腐蚀气体的场合。

5）玻璃套装工具

包括涂水器、玻璃刮子、铲刀、加长杆、吸水海绵等。

6）耐高压水管

透明的塑料软管、耐高压软管。

2. 吊篮

吊篮是建筑工程高空作业的建筑机械，悬挑机构架设于建筑物或构筑物上，利用提升机构驱动悬吊平台，通过钢丝绳沿建筑物或构筑物立面上下运行的施工设施，也是为操作人员设置的作业平台，如图 4-12 所示。吊篮是一种能够替代传统脚手架，可减轻劳动强度，提高工作效率，并能够重复使用的新型高处作业设备。建筑吊篮的使用已经逐渐成为一种趋势，在高层、多层建筑的外墙施工、幕墙安装、保温施工和维修清洗等高处作业中得到广泛认可，同时可用于大型罐体、桥梁和大坝等工程的作业。

根据用途不同吊篮可分为建筑用吊篮、工业用吊篮等，根据材质可分为钢架吊篮、铝合金吊篮，根据起吊的动力来源不同分为手动吊篮和电动吊篮等。一般电动吊篮由以下结构组成（图 4-13）。

图 4-12　外墙清洗吊篮

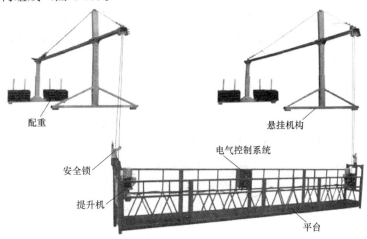

图 4-13　电动吊篮的组成

1）悬吊平台

悬吊平台是施工人员的工作场地，它由高低栏杆、篮底和提升机安装架四个部分用螺栓连接组合而成。

2）提升机

提升机是悬吊平台的动力部件，采用电动爬升式结构。提升机由电磁制动三相异步电机驱动，经涡轮蜗杆和一对齿轮减速后带动钢丝绳输送机构使提升机沿着工作钢丝绳上下运动，从而带动悬吊平台上升或者下降。

3）安全锁

安全锁是悬吊平台的安全保护装置，当工作钢丝绳突然发生断裂或者悬吊平台倾斜到一定角度时，能自动快速地锁牢安全钢丝绳，保证悬吊平台不坠落或者继续倾斜。

4）悬挂机构

悬挂机构是架设于建筑物上部，通过钢丝绳来悬吊悬挂平台的装置。吊篮悬挂机构一般分为悬臂梁型悬挂机构、女儿墙夹钳型悬挂机构。悬臂梁型悬挂机构适用于所有吊篮及屋面结构，后面压配重块，女儿墙夹钳型悬挂机构结构简单，不需配重块，主要适用于女儿墙强度较高的建筑物或结构。

5）电气控制箱

电气控制箱是用来控制悬吊平台运动的部件，主要元件安装在一块绝缘板上，万能转向开关、电源指示灯、启动按钮和紧急停机按钮设置于箱板门板上。

吊篮是一种悬空提升机具，在使用吊篮进行施工作业时必须严格遵守使用安全规则。吊篮的操作应注意以下方面：

（1）吊篮操作人员必须经过培训，考核合格后取得有效证明方可上岗操作。吊篮必须指定人员操作，严禁未经培训人员或未经主管人员同意擅自操作吊篮。

（2）作业人员作业时佩戴安全帽和安全带，安全带上的自动锁扣应扣在单独牢固固定在建（构）筑物上的悬挂生命绳上。

（3）双机提升的吊篮必须有两名人员进行操作作业，严禁单人升空作业。

（4）作业人员不得穿着硬底鞋、塑料底鞋、拖鞋或其他滑的鞋子进行作业，作业时严禁在悬吊平台内使用梯子、搁板等攀高工具和在悬吊平台外另设具进行作业。

（5）作业人员必须在地面进出吊篮，不得在空中攀缘窗户进出吊篮，严禁在悬空状态下从一悬吊平台攀入另一悬吊平台。

3. 擦窗机

有些造型简单的大楼，采用吊板进行人工清洗，既不安全效率又低，也无法进行更换幕墙玻璃、补胶等作业；对于造型复杂的大楼，人工就无法清洗，更谈不上进行其他作业。随着我国法律、法规的不断健全，大厦物业管理制度的建立，对其外墙的定期安全清洗及检修维护，已越来越引起人们的高度重视。作为完成高空作业最安全、实用、高效的专用清洗维护设备，在一些重点建筑上擦窗机将在很大程度上逐步取代吊板式人工清洗，如图 4-14 所示。

擦窗机一般需根据建筑物的高度、立面及楼顶结构、承载、设备行走的有效空间进行定制化设计，既要考虑到安全、经济、实用，又要考虑到安装的擦窗机能与建筑物协调一致，不影响建筑物的美观。所以，擦窗机的选型与建筑设计及施工等密切相关。

擦窗机按安装方式分为轮载式、屋面轨道式、悬挂轨道式、插杆式、滑梯式等。

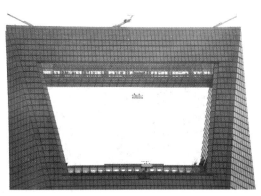

图 4-14　高层幕墙擦窗机

1）屋面轨道式擦窗机

轨道式擦窗机通过轨道系统与建筑物结构相连，轨距一般为 0.8～4.0m，两条轨道的设置可在一个平面也可不在一个平面上，轨道系统由基座、连接件和轨道三部分组成，如图 4-15 所示。在结构封顶前浇筑擦窗机机座，基座高度应高于屋面面层 80mm 以上，基座每隔 1500～2500mm 一个，基座预埋件由 1 块 10～16mm 厚的预埋钢板和 4 根 $\phi16$ 或 $\phi20$ 的地脚螺栓组成，基座施工完毕后通过调节预埋螺栓上的螺母将所有预埋钢板调至同一平面，二次灌浆填满缝隙后固定预埋钢板，最后用轨道连接件（压板）将轨道固定在预埋钢板上。擦窗机轨道选用工字型钢或 H 型钢，一般将轨道直接焊接在预埋钢板上，轨道安装完成后基座与屋面统一作防水处理。

图 4-15　屋面轨道式擦窗机和轨道系统

2）附墙轨道式擦窗机

擦窗机轨道沿女儿墙内侧上下布置，预埋件由预埋钢板和预埋钢筋组成，用螺母将预埋钢筋与预埋钢板固定，浇筑女儿墙时将轨道预埋件同女儿墙浇筑一体，预埋钢板表面与混凝土表现相平，如图 4-16 所示。预埋施工完毕后安装、调整轨道。

对于附墙轨道式擦窗机，墙体结构必须具有足够的高度、厚度和强度，否则将因不能满足预埋件的锚固长度而影响擦窗机的安全，应尽量结合建筑结构将基座设置在结构墙体或较厚的女儿墙上，以减小擦窗机荷载对屋面结构产生的影响；轨道连接处必须打磨光滑，轨道端头应设置厚度不小于 10mm 的端头挡板；必须为设备行走留出足够高度，并

图 4-16　附墙轨道式擦窗机

充分考虑建筑物装饰占用的空间，以防止设备行走时下部碰到屋面或悬吊平台收回屋面时与建筑物碰撞。

3）轮载式擦窗机

建筑物屋面为观光平台、空中花园等上人屋面时，楼顶铺设轨道影响楼面整体布局美观，宜选用轮载式擦窗机，如图 4-17 所示。轮载式擦窗机行走通道应为刚性屋面，其坡度小于 2％，擦窗机吊臂外伸距离较小（一般小于 5m），整机重量小（因设备重量较大时，行走不便）。为使擦窗机作业时就位准确、行走自如，通常在女儿墙或行走楼面上铺设简单的导向轨道。

图 4-17　轮载式擦窗机

4）插杆式擦窗机

插杆式擦窗机（图 4-18）与屋面轨道式擦窗机的轨道基座对结构要求及施工方法基本相同，区别在于它仅浇筑一排独立基座，其基座在设计和安装时应考虑擦窗机各部分重量、插杆自重、运行引起的侧向力及风荷载引起的作用力，基座的位置尽量靠近女儿墙以减少插杆的悬挑长度。插杆必须有足够高度，应充分考虑建筑物装饰占用的空间以防止吊船收回屋面时与建筑物碰撞。尽量结合建筑结构将基座设置在结构梁或较厚的楼板上，以减小插杆荷载对屋面结构产生的影响，充分考虑插杆自重便于插杆安装和人工移位。

5）悬挂式擦窗机

悬挂式擦窗机（图 4-19）属于小型擦窗机，通过爬轨器在轨道上的行走实现擦窗机

图 4-18　插杆式擦窗机

的连续水平运动。轨道系统分为预埋件或钢结构、轨道支架和轨道三部分，预埋件可以水平浇筑在楼板上，也可以浇筑在结构墙上。预埋件的要求及施工方法与附墙轨道式擦窗机相同，只是预埋件安装在墙体外侧，预埋施工完毕后将轨道支架固定在预埋钢板上，再将轨道焊接在轨道支架上。

图 4-19　悬挂式擦窗机

6）滑梯式擦窗机

滑梯式擦窗机（图 4-20）一般为铝合金结构，重量轻，大部分采用手动操作。滑梯式擦窗机由于重量轻且无悬挑结构，因此对轨道系统的强度要求远不如其他形式的擦窗机。根据天幕形状滑梯式擦窗机可分为用于清洗圆形天幕和条形天幕两种。清洗圆形天幕的一般在天幕顶端安装一个旋转轴，底端安装一圈环形轨道，行走时擦窗机便沿着轨道作圆周运动；用于清洗条形天幕的擦窗机则在开幕两侧各装一条轨道，行走时擦窗机沿着轨道往复运动。若天幕周围为混凝土结构，则需要在结构上留设预埋件，预埋件形式及安装方法与其他形式的擦窗机相同，待浇筑完毕后用轨道支架将轨道与预埋件连为一体；若天幕周围为钢结构，安装时可以直接将轨道支架焊接在钢结构上。

7）斜爬式擦窗机

针对某些曲面形建筑幕墙的特点，有的没有承载擦窗机的屋面空间，且立面为弧形造型，传统吊挂式擦窗机难以实现对立面的作业，这时候一般沿着建筑弧面设计成斜爬式擦窗机，有单轨斜爬式擦窗机和双轨斜爬式擦窗机，如图 4-21 所示。由于使用爬轨器的工程均存在空间狭小、布局复杂等限制，要求必须能上坡、下坡、转弯，使得爬轨器的设计必须做到重量轻、体积小、拆装灵活、可靠性高。

擦窗机是室外高空载人设备，因此对擦窗机的安全性和可靠性要求非常高。擦窗机的设计与选用应注意以下方面。

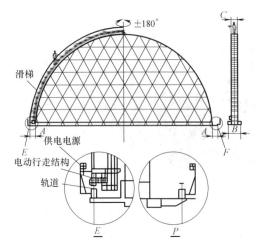

滑梯

供电电源

电动行走结构

轨道

图 4-20　滑梯式擦窗机

（1）安全性

擦窗机是高空载人的非标设备，安全性是设计中首要考虑的前提。

（2）可靠性

擦窗机一般安装在建筑物的楼顶，长年风吹雨淋，设计的传动机构、配套动力元件（电机、减速机）、电气元件等，必须经得起恶劣环境的影响和长期使用。

（3）经济性

擦窗机单台售价一般为 40 万～300 万元不等，复杂的擦窗机售价达到 500 万元甚至 1000 万元以上，在设备满足安全性和可靠性的前提下，要经济实用。

图 4-21　斜爬式擦窗机

（4）满足建筑物的承载要求

擦窗机自重一般为 3000～25000kg，大型的擦窗机自重甚至大于 50000kg。擦窗机方案设计时，必须与建筑结构师协调配合，使擦窗机能够满足建筑物承载要求，并预留出擦窗机的行走通道等。

（5）与建筑物的协调性

擦窗机的设计必须充分考虑到建筑物的服务、功能、结构特点和建筑艺术风格，尽量避免影响外墙装饰面的外观统一性、完整性和感观上的建筑艺术效果。

擦窗机的性能应符合国家标准《擦窗机》GB 19154 的要求，其安装施工质量应满足《擦窗机安装工程质量验收规程》JGJ 150 的规定：

（1）擦窗机各机构工作速度应满足产品要求，升降速度不大于 20m/min、行走速度不大于 15m/min、变幅速度不大于 20m/min、回转速度不大于 15m/min；

（2）运行噪声应确保在额定载重量下工作时，操作者耳边的噪声不应大于 85dB、机外噪声不大于 80dB；

（3）擦窗机的可靠性试验按整机工作循环次数 3000 次考核，工作循环由吊船的升降、臂架变幅、回转、台车行走等动作组成；

（4）擦窗机的吊船四周应装有固定式的安全护栏，护栏应设有腹杆，护栏高度靠建筑物侧不应低于 0.8m，其他部位则不低于 1.1m，护栏应能承受 1000N 的水平集中荷载，护栏下部四周应设有高度不小于 150mm 的挡板，挡板与底板间隙不大于 5mm。

4. 幕墙清洗机器人

目前，我国只有新建的高层玻璃幕墙在设计时考虑了擦窗机，大多数既有建筑幕墙的清洗还是采用蜘蛛人吊板式人工清洗的方式，而人工清洗作业存在着效率低、劳动强度大、清洁周期长、安全风险高等一系列问题。随着近年来机器人技术的广泛应用，国内外有些机构和高校开始研制建筑幕墙清洗机器人，已替代或部分替代人工完成高空作业，实现清洗作业的自动化，提高清洗工作的效率与安全性、降低维护费用。图 4-22 所示是欧洲研发的与擦窗机结合使用的自动化清洗装置，图 4-23 所示是瑞士研发的一款幕墙清洗机器人，吸附机器人搭载清洗装置，清洗效率可达 400m²/h，清洗效率远高于人工清洗。

图 4-22　玻璃幕墙自动化清洗装置

图 4-23　幕墙清洗机器人

北京航空航天大学研发的"蓝天洁士"幕墙清洗机器人系统用于上海科技馆清洗作业，清洗装置采用了条形刷结构，模拟人手擦窗的方式进行作业。上海大学开发了一套用于玻璃幕墙自动清洗的作业系统，可与爬壁机器人配套使用，清洗装置采用滚刷式结构，首先通过喷头将雾化的清洗液喷射到壁面上，浸润壁面并去除浮灰，再由滚刷刷洗壁面，最后用刮板将残留的液滴刮净，完成清洗作业。

（四）幕墙清洗作业流程

1. 清洗准备

1）委托方

委托方在进行外墙清洗前期准备工作，包括外墙清洗前，应与外墙清洗公司进行相关技术交底工作，同时审核《幕墙清洗的施工方案》和签订《幕墙清洗合同》、《幕墙清洗高空安全协议书》，存档以备后查。

《幕墙清洗合同》应包括清洗的物业项目名称、地址、面积、幕墙类型以及幕墙的清洗方式、清洗时间、清洗标准、服务金额与支付方式、双方权利和义务、违约责任。

《幕墙清洗高空安全协议书》或《安全承诺书》主要是对双方安全责任的一个约束，主要包括清洗人员条件要求、安全施工要求等内容。

附：《幕墙清洗高空安全协议书》（参考模板）

《幕墙清洗高空安全协议书》

甲方（盖章）：

乙方（盖章）：

甲方委托乙方就_____清洗工程，根据国家有关规定，明确双方责任，特签订以下安全协议。

1. 甲乙双方必须认真贯彻国家、北京市和上级劳动保护安全生产主管部门颁发的有关安全生产、消防工作的方针政策，严格执行有关劳动保护法规、条例、规定。

2. 按照《北京市建筑工程施工安全操作规程》（DBJ01-62—2002，北京市强制性标准）乙方应强化安全意识，做好施工安全工作。作业前对人员的身体状况进行检查，患病、饮酒及其他身体不适者不得施工，严禁未经培训的施工工人高空作业，乙方管理人员应对员工的安全措施是否完善进行检查。乙方违反安全作业，引发的人身伤亡及财产损失事故的责任由乙方承担。

3. 乙方应在本合同签订开工前，提供有关保险手续证明文件、员工身份证及操作证明的复印件，所需费用由乙方承担。乙方须确保在合同规定施工地点工作的所有人员是贵公司的正式员工并有保险证明、高空作业资格证明。

4. 乙方必须按《北京市建筑工程施工安全操作规程》（DBJ01-62-2002，北京市强制性标准）的要求进行安全生产教育培训，并遵守甲方有关规章制度。

5. 甲方有协助乙方搞好安全生产、防火管理以及督促检查的义务，对于乙方违反安全生产规定制度等情况，甲方有要求乙方整改的权利。

6. 乙方在生产操作过程中工人的防护用品由乙方自理；并应督促工人自觉穿戴好防护用品，现场严禁吸烟，严禁随地大小便。

7. 乙方必须严格按国家和北京市对高空的安全操作规程和制度执行，因违反操作规程所发生的安全事故由乙方承担全部责任。

8. 甲方原有建筑物存在的质量问题与乙方的清洗施工无关。在清洗施工期间发现的质量问题，以双方的验证签单为准；因乙方清洗施工造成的对原有建筑物的损坏由乙方承担赔偿责任。

9. 清洗施工中，乙方发现的甲方原有建筑物的安全隐患，应及时告知甲方采取防范、补救措施。

10. 清洗施工中，乙方造成的甲方原有建筑物的安全隐患，乙方不得隐瞒，应及时告知甲方，双方商定并采取消除隐患的措施，由此发生的费用由乙方承担。

11. 乙方违反上述10、11款的约定，在乙方清洗施工中造成的财产、人身损失由乙方承担。甲方不承担任何责任。

甲方：   乙方：

日期：   日期：

2）清洗方

（1）外墙清洗实施单位应在外墙清洗工期前，准备好本次外墙清洗所需物品，包括清洗工具、安全防护设备等。

（2）做好施工方案并与委托方有关人员进行沟通，做好相应的配合工作；勘察现场建筑物是否有固定吊板绳和安全绳的牢固物件，绳子下垂经过位置不得有尖锐棱角锋口，如有尖锐棱角锋口必须经过特别安全处理，在高压电源区无法隔离时，不得进行工作。

（3）对项目参与人员做好开工前的培训和安全教育；协调检查、办理高空作业人员保险。

（4）准备工作完毕后，外墙清洗公司现场工作人员方可进行清洗作业。

2. 作业条件

1）气候条件

《建筑施工高处作业安全技术规范》JGJ 80—2016 明确指出，当遇有 6 级（风速10.8～13.8m/s）以上强风、浓雾、沙尘暴等恶劣气候时，不得进行露天攀登与悬空高处作业。暴风雪及台风暴雨后，应对高处作业安全设施进行检查，当发现有松动、变形、损坏或脱落等现象时，应立即修理完善，维修合格后再使用。

幕墙清洗必须在良好的气候条件下进行，一般要求风力应小于 4 级，4 级以上停止作业。因此，工作前应测定风力，尤其是高空风力。另外，下雨、下雪、有雾、能见度差以及高温（35℃以上）和低温（0℃以下）等条件下都不适合进行幕墙清洗。

2）人员条件

为了贯彻执行国家安全法规，确保工人人身安全及设备正常运转，高空操作者必须是年满 18 周岁的男性公民，并经过身体检查，且无妨碍从事相应特种作业的器质性心脏病、癫痫病、美尼尔氏症、眩晕症、癔症、震颤麻痹症、精神病、痴呆症以及其他疾病和生理缺陷，通过安全技术培训，经考试合格方可作业，工人上岗前不得饮酒，有感冒等身体不适症状须暂停高空作业。

国家标准《高处作业分级》GB/T 3608—2008 规定"凡在坠落高度基准面 2m 以上（含 2m）有可能坠落的高处进行作业，都称为高处作业"。建筑幕墙清洗人员高空作业必须持证上岗，国家对于登高架设作业和高处安装、维护、拆除作业工作的人员必须考取的特种作业操作证称之为《（高处作业）特种作业操作证》，如图 4-24 所示，全国统一 IC 卡样式，由安监局颁发，每三年复审一次，每六年需要换证。

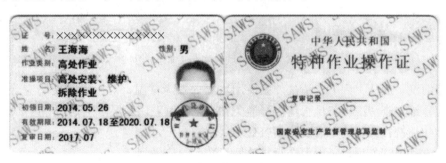

图 4-24　高处作业操作证样式

3）设备条件

外墙清洗的设备必须处于良好的工作状态，检查吊板、工作绳、安全绳以及安全带和之间的连接部位的完整性和安全性，凡吊板系统绳索有发毛、部分绳股断裂以及连接件有连接缺陷等现象时应立即更换并确认作业装备。采用吊篮、擦窗机的应检查设备的使用维护记录，确定是否正常运转和维护，设备操作人员是否到位。

3. 清洗作业

首先将高空作业工具运送到建筑物顶部，并确定屋面挂点如何选择和设置，挂点装置是在屋面上固定悬吊下降系统和坠落保护系统的装置，有屋面固定架、固定（屋面、地面）拴固点、锚固点、配重物、配重水袋等形式。国家标准对挂点装置的技术要求主要有：

（1）座板式单人吊具的总载重量不应大于 165kg，悬吊下降系统工作载重量不应大于 100kg；

（2）屋面钢筋混凝土结构的静负荷承载能力大于总载重量的 2 倍时，允许将屋面钢筋混凝土结构作为挂点装置的固定拴固点；

（3）严禁利用屋面砖混砌筑结构、烟囱、通气孔、避雷线等结构作为挂点装置；

（4）无女儿墙的屋面不准采用配重物形式作为挂点装置；

（5）每个挂点装置只供一人使用；

（6）工作绳与安全绳不准使用同一挂点装置。

选择好固定点将工作绳、安全绳拴牢，将绳子顺着楼檐放到楼下，用地毯垫把绳子与楼檐接触点垫好，防止楼檐磨损绳子，应注意将绳子避开棱角或锐利处，防止损伤绳子，有高压线的地方不可下绳。高空作业人员背好安全带，将座板通过 U 形卡拴到工作绳上，将工具放到工作桶中，再将工作桶拴到座板上，固定牢靠；将自锁器的一端系到安全绳上，另一端系到安全带上；由安全员彻底检查通过后，作业人员下到座板上。高空作业人员自行调整工作绳，使其拉紧，确认自己坐稳后，开始清洁工作。屋顶与地面专职监护员负责检查清洗装置固定和地面人车情况，如图 4-25 所示。

图 4-25　幕墙清洗放绳与专职监护员

幕墙清洗一般从上到下，清洗外墙所用水温一般为常温，对于镀膜玻璃应着重保护，清洗前应仔细检查清洗设备是否清洁，避免粘带杂物对玻璃膜层产生划伤等破坏。事先应用小块样作清洗检测，确定清洗液是否对膜层有影响。

委托方和清洗方项目负责人在每日幕墙清洗前，应做到：

（1）对现场工作人员的"特种作业操作证"、"意外保险单"姓名、"身份证件"核实无误后，方可进行外墙清洗作业，同时填写《幕墙清洗安全检查记录表》，将当天安全检查情况进行详细记录，做好存档；

（2）检查外墙清洗公司在外墙清洗区域楼顶及楼下是否有安全员；

（3）检查作业区域是否进行了安全隔离，并放置"高空作业提示牌"。

4. 清洗验收

清洗完毕写字楼后，应对外墙清洗情况进行检查，委托方与幕墙清洗公司现场负责人对幕墙清洗效果进行整体验收，填写《幕墙清洗验收单》，如有不满足合同中约定的清洗标准的，则可以要求幕墙清洗公司对不合格区域进行整改，直至合格。

幕墙清洗可以参照如下标准进行检查：

1）高层幕墙上部分清洗后应达到大部分色泽光亮、鲜明，无灰尘覆盖的感觉。具体的清洁保养质量标准包括：

（1）幕墙玻璃明亮，无明显污垢。

（2）幕墙面砖装饰表面应无明显污垢，色泽光亮。

（3）金属结构的平面无明显污垢，有金属光泽。

（4）花岗石光面石料纹理清晰，有光泽。

（5）花岗石毛石面石料无灰尘感，色泽凝重。

（6）涂料墙面应无明显污垢，色泽整体一致，无污垢引起的变色。

（7）幕墙面金属结构平面上的排水孔通畅。

（8）避难层、设备层的百叶窗平面无污垢，铝合金有光泽。

检查方法：

（1）从整个建筑的层面中每五层取一个层面，每个层面取四个检查点，从可开启的窗户、阳台检查清洁保养的实际情况。

（2）直观幕墙表面有无污垢。

（3）直观幕墙的装饰材料表面有无折射光，有无质感，有无光泽，色泽有无改变。

（4）检查幕墙面金属结构平面的排水孔施工是否通畅，并手摸排水孔下侧的污垢是否还留存。

2）建筑物底层幕墙面、柱面清洁保养属于日常保养的范围。装饰物的表面经清洁保养后，应达到以下标准：

（1）外墙玻璃清洁明亮，无污垢、无水迹、无水渍及其他印迹，有清晰的反光和金属光泽。

（2）不锈钢镜面装饰板表面无污垢、无水迹、无水渍及其他印迹，有清晰的反光和金属光泽。

（3）花岗石、大理石外墙光面石料色泽光亮，纹理清晰，有质感。

（4）花岗石外墙毛面石料无灰尘感、纹理清楚，质感凝重、自然。

（5）涂料外墙面无污垢留存，无擦痕印迹，色彩绚丽。

（6）铝合金装饰板表面无污垢、无水迹、无水渍及其他印迹，有金属质感。

（7）外墙面砖表面无污垢，色泽光亮。

检查方法：

（1）观察外墙面、柱面的装饰材料表面有无污垢。

（2）观察外墙面、柱面的装饰材料表面有无折光，有无质感，有无光泽，有无擦痕，有无损伤。

（3）手持白色柔软纸擦拭外墙面、柱面各死角处，查看有无污垢留存。

（4）手持白色柔软纸擦拭外墙面、柱面的装饰材料表面的拼接缝隙，查看有无污垢留存。

除了以上清洗标准外，还应对某些难以清洗的污渍、污垢作如下约束：

（1）对于石材幕墙，清洗后不应有任何的建筑残留物及污迹、污物、水泥点、石灰点等；在经过清洁工人采用物理清洗方法或化学清洗方法，并经过甲方认可外墙表面仍不能清除掉的脏迹、污迹（如：电焊疵点、建筑用胶、长期形成的污垢等）情况除外。

（2）对于玻璃幕墙，外墙玻璃清洗后，不应有任何污迹并且光亮无水印、无污迹、无刮痕；在经过清洁工人清洗，并经过甲方认可外墙玻璃表面仍不能清除掉的脏迹、污迹（如：长期形成的水碱污垢、霉点等）情况除外。

（3）玻璃清洗后，铝合金窗框上不应有污物、污水；在经过清洁工人清洗，并经过甲方认可外铝合金窗框表面仍不能清除掉的脏迹、污迹（如：长期形成的水碱污垢、霉点等）情况除外。

（4）窗台、墙面上不得留有清洗玻璃时流下的污水水迹；在经过清洁工人清洗，并经过甲方认可外墙玻璃、窗台、墙面仍不能清除掉的脏迹、污迹（如：长期形成的水碱污垢等）情况除外。

（五）典型幕墙清洗要求

1. 玻璃幕墙

外墙玻璃是建筑物外墙面采用较多的材料之一。建筑物外墙可选用的玻璃品种众多，大多又与其他材料组合成外墙面，故除了针对上部层面和底层采用不同的清洁工艺外，对清洗剂的选择还应有一定的要求，清洗剂应对玻璃和其他装饰材料表面无损害和污染。应在玻璃幕墙上选择一处典型的污染表面，进行小样清洗，确定稀释比例，除此之外还应在其他装饰材料表面作小样清洗，视其反应，无损害、无污染时，此清洗剂方可采用。

清洗人员在高空悬挂中对玻璃装饰材料表面清洗的程序如下：

（1）将抹水器浸入水桶内的清洗剂溶液中浸泡；

（2）用浸泡过清洗剂溶液的抹水器在玻璃装饰材料表面涂抹，注意不得将污水飞溅到其他装饰材料的表面上；

（3）刮水器刮擦时，除了刮擦干净玻璃装饰表面外，仍然要防止对其他装饰材料表面的再次污染，这也是外墙玻璃装饰材料表面保养的难点所在；

（4）要把流到硅酮结构密封胶缝隙中的污水擦干净，否则污水会再次渗到已刮干净的玻璃表面上，造成再次污染；

（5）不可用酸性药剂刮洗玻璃；

（6）刮擦完玻璃后，如果是阴天，还应用全棉毛巾抹干。

2. 石材幕墙

对于大理石幕墙，应采用"钙化清洗剂"按 1∶10 或 1∶5 的比例稀释。大理石外墙装饰表面清洗干净后，还要进行打蜡加以维护。在建筑物外墙面底部的污染最严重部位，应进行小样清洗，确定清洗剂的稀释比例。

清洗人员在高空悬挂中对光面大理石装饰材料的清洗程序如下：

（1）将清洗滚筒浸入水桶内的清洗剂溶液中浸泡；

（2）用浸有清洗剂溶液的清洗滚筒在光面大理石装饰材料表面上用力来回流动擦拭，使大理石表面的污垢润湿、脱离；

（3）对特别的污垢可用抹布擦拭；

（4）用清洗水管中的清水冲洗，使大理石装饰表面无污垢和清洗剂残留物留存。

下吊施工人员在高空悬挂中对毛面大理石装饰表面清洗的程序如下：

（1）用清洗水管的清水对毛面大理石表面进行冲洗，将表面的灰尘冲洗掉；

（2）将板刷浸入桶内的清洗剂溶液里浸泡；

（3）用浸有清洗剂溶液的板刷擦洗毛面大理石表面的污垢，使大理石孔隙中的污垢脱离；

（4）用清洗水管中的清水冲洗，使得大理石表面无污垢和清洗剂溶液的残留物留存；

（5）用清水对整个外墙面进行仔细的冲洗。

大理石外墙装饰表面清洁干燥 3h 后，也可以作防护处理。

3. 铝板幕墙

采用"中性全能清洗剂"按 1∶50 的比例稀释。在建筑物外墙面选择一处典型的污垢表面，进行小样清洗，确定清洗剂的稀释比例。

清洗人员在高空悬挂中对铝合金装饰材料表面清洗时的程序如下：

（1）将抹水器或清洗滚筒浸入水桶内的清洗剂溶液里浸泡；

（2）用浸有清洗剂溶液的抹水器或清洗滚筒在铝合金装饰表面抹擦，使污垢润湿、脱离；

（3）用刮水器将铝合金装饰材料表面的污水刮掉。刮水器每刮一刀，应用抹布将刮水器刮擦平面的污水擦拭干净，再刮下一刀；

（4）特殊污垢可使用抹布直接擦拭后，再用刮水器刮擦；

（5）高层楼宇均设有百叶窗式避难层和设备层。对铝合金百叶窗应用抹布浸清洗剂溶液抹擦后，用清水冲洗。

4. 不锈钢材料

由于不锈钢外墙面装饰材料在建筑物底层外墙表面使用得比较广泛，而建筑物外墙上部层面以金属结构形式出现较多，故对建筑物外墙上部层面和底层面的不锈钢装饰材料表面应采用不同的清洁保养方法。采用中性不锈钢清洗剂，按 1∶50 比例稀释。在建筑物上部层面选择一处典型的污染表面，进行小样清洗，确定清洗剂的稀释比例。

对于建筑物上部层面大面积的不锈钢装饰表面，可以采用以下清洗程序：

（1）将抹水器或清洗滚筒浸入水桶内的清洗剂溶液中浸泡；

（2）用浸泡了清洗剂的抹水器或清洗滚筒在不锈钢装饰表面抹擦，使污垢润湿、脱离；

（3）用刮水器将不锈钢饰面的污水刮掉。每刮一刀应用抹布将刮水器刮擦平面的污水擦拭干净，再刮下一刀；

（4）特殊污垢，可用抹布直接擦拭后，再用刮水器刮擦。

对于建筑物上部层面小面积的不锈钢结构件的清洗，可采用以下程序：

（1）将抹布浸入水桶内的清洁溶剂内浸泡；

（2）用绞拧后微干的带有清洗剂溶液的抹布擦拭不锈钢结构件表面，将污垢擦掉；

（3）用清洗水管中的清水冲洗不锈钢结构表面。

注：勿将不锈钢油沾在玻璃上，特别是镀膜玻璃，以免形成"彩虹"。

5. 千思板幕墙

清洗时不可以使用硬物或带磨蚀性的材料接触千思板的表面，例如：锤子，刀子，瓷砖或粗糙表面的物体等，以免在千思板烤漆表面留下划痕。使用浸有非磨蚀性柔和清洗剂的织物来清洗千思板表面，不得使用含强酸、碱成分的清洗剂来清洗千思板幕墙。在建筑物上部层面选择一处典型的污染表面，进行小样清洗，确定清洗剂的稀释比例。

清洗人员在高空悬挂中对千思板幕墙材料表面清洗时的程序如下：

（1）将抹水器或清洗滚筒浸入水桶内的清洗剂溶液里浸泡；

（2）用浸有清洗剂溶液的抹水器或清洗滚筒在千思板装饰表面抹擦，使污垢润湿、脱离；

（3）用刮水器将千思板装饰材料表面的污水刮掉。刮水器每刮一刀，应用抹布将刮水器刮擦平面的污水擦拭干净，再刮下一刀；

（4）特殊污垢可使用抹布直接擦拭后，再用刮水器刮擦。

千思板幕墙特殊污渍、污垢的清洗可采用以下程序处理：

（1）表面残胶的清洗：表面清洗剂品种如油漆稀料、MEK 或丙酮等；

（2）涂料和油漆的清洗：使用合适的溶剂或清洗剂去除油基涂料、油漆等污渍；使用氨基家用清洗剂来去除水基涂料等污渍；当用上述方法难于去除时，使用柔软的塑料泡沫擦洗，不可以用任何金属物刮擦；

（3）沾污的清洗：千思板能够抵抗大部分的常见沾污，但是某些沾污如染料、药物制品会不容易洗掉，要有效去除上述污渍，可以用浓的松树溶胶清洗剂或合适的喷剂清洗剂，静待片刻后用柔软的湿布擦拭和清水清洗，也可以使用其他溶剂如改性酒精等清洗。

（六）清洗作业安全要求

建筑幕墙清洗作为高空特种作业，具有极高的风险性，每年都有幕墙清洗人员因各种因素而坠亡的事故发生，如图 4-26 所示。2008 年 10 月 20 日，北京华贸中心三名高空作业工人因吊篮突然脱落而坠亡；2011 年 11 月 3 日，上海延安西路两名幕墙清洁"蜘蛛人"疑因绳索断裂，径直从 22 层高空坠落，不幸身亡；2015 年 7 月 24 日，西安两名正在一座大楼外立面施工的工人被突如其来的大风刮起，随后两人又被安全绳拉回撞在大楼外立面，几番撞击后，两人当场死亡。一根安全绳，吊着一个人，高空作业的"蜘蛛人"常常被感慨"命悬一线"，幕墙清洗人员的安全已成为社会广泛关注的热点问题。

图 4-26　幕墙清洗人员高空坠亡

此外，高空清洗作业吊篮有时候也会发生钢丝绳突然倾斜、脱落而对作业人员造成人身伤害，如图 4-27 所示。

图 4-27　高空清洗作业吊篮发生钢丝绳突然倾斜、脱落

1. 人员安全要求

参与幕墙清洗的人员主要由高空作业人员、安全员、现场主管组成，每类人员应根据自己的岗位职责严格履行工作管理规定。

1）安全员

（1）楼下安全员

① 负责设备警示围栏、提醒过往行人、车辆绕行，避免跌落物打伤或被剂料污染；

② 做好楼下花、草及大理石地面的保护工作；

③ 随时密切观察高空作业人员操作情况，检查工作人员的主绳和保险绳是否到地面，发现异常立即向现场主管报告。

（2）楼顶安全员

① 负责看护固定点及绳与楼体接触点，发现危险情况立即采取应急处理并向现场主管报警；

② 防止不知情人员搬动固定点或被绳索拌伤；

③ 在高空作业人员完成一个工作面后，将工作绳挪至新的工作面，并检查安全措施；

④ 准备并确保备用保险绳随时投入使用。

2）高空作业人员

（1）工具、清洗剂、安全带及其他安全措施检查无误后，在现场主管的统一指挥下进入工作面；

（2）使用水枪或上水器上水，再用刮子把水刮净，最后用毛巾擦干水迹；

（3）避免随身物品撞击墙面或玻璃幕墙；

（4）玻璃幕墙工作面手扶脚下踏点应在龙骨或能够承重的部位，防止破坏工作面，造成损失及伤害；

（5）在吊舱中不打闹、不越栏、不解安全带扣、不冒险蛮干。

3）现场主管

（1）开工前带领安全员检查落实安全措施；

（2）确认安全措施无误，指挥作业人员进入工作面；

（3）施工中随时保持高度警惕，发现隐患或危险因素及时纠正，并采取果断措施；

（4）检查安全员工作执行情况；

（5）遇特殊情况及时与委托方负责人进行沟通；

（6）协同委托方负责人员对工作进行验收，对出现的质量问题安排返工；

（7）每天工作结束并检查无误后，向公司汇报当天工作情况。

2. 安全管理及监督要求

1）楼顶及地面均设有安全员，在操作过程中进行不间断安全巡视。

2）高空作业人员必须具备安全绳主绳、安全扣进行作业。

（1）吊绳

凡可能发生摩擦的部位（特别有锐利物和吊绳摩擦的部位）须包垫完好，拴好绳索后须三至五人对吊绳进行拉坠试验，确认绳索完好才可下吊。辅助人员及下吊员工应时时刻刻观察吊绳的使用情况，确保吊绳不会松脱和磨断。

（2）安全带

安全带使用前须检查可靠性，作业时将安全带扣于安全绳上的自锁器上，以防万一。

3）对作业区域采取安全警戒带进行全部隔离，同时摆放"高空作业"警示牌。

4）休息、午餐时间需安排专人留守、看管现场，维持清洗外墙地面隔离区内的物品，保证工具、绳索不妨碍过路行人，维护现场卫生。

5）高空作业工具（如水枪等）必须系工具安全绳，以防跌落伤人，刷子、铲子等工具必须仔细使用以防跌落。

6）高空作业人员严禁带病、酒后操作。

7）高空作业人员全部着统一工作服进行作业，严禁携带任何私人物品上岗，以防高空坠物。

8）严禁采用带有任何酸性的药剂清洗外墙，以防腐蚀建材。

熟练掌握酸性、碱性、中性清洗剂的性能和使用方法：玻璃、铝合金上清洗剂后应立即冲洗，采用勤上清洗剂勤冲洗，禁止涂抹大面积后才冲水，不能让清洗剂干于玻璃上、铝合金表面造成腐蚀，无冲洗条件时禁止将清洗剂抹到铝合金、玻璃表面上。

9）高空安全绳必须保证无破损；采用绳索下吊方式作业，需一人一条主绳一条防护绳（作业人员配安全帽、安全带和防滑自锁器）；作业人员穿戴劳动防护衣、安全帽、鞋，按规定系好安全带，将自锁器单独悬挂于安全绳上。

10）放绳前必须检查绳索，放绳时，如视线不能直接看到下落点，则须在地面派人监护，并用对讲机联系，放绳、收绳作业人员必须系好安全带，同组作业人员上下落差不应大于 5m。

11）严禁在工作现场吸烟，以防火灾。

12）严禁高空坠物：

（1）吸盘、铲刀、药水桶、涂水器等须用绳索系套牢靠并确保没有松脱现象发生；

（2）员工须有高度责任感，充分认识坠物的危险、危害性；

（3）高空坠物造成损失的，责任人须承担民事、刑事责任。

13）作业人员身体不适，如有感冒、发烧、头晕等及其他症状，严禁高空作业。

14）上下班时间严禁在主要出入口作业。

15）对外围绿化带及草坪做好相应保护工作（在有设备设施、绿地处需用彩条布进行遮盖）。

16）幕墙玻璃易碎，操作时应小心，应确保无硬物碰撞玻璃：

（1）招牌、霓虹灯防护

不得碰坏招牌、霓虹灯，不得将强酸、碱药剂抹到上面，灯箱进水须用大量清水透洗干净，灯箱内无水渗出时，用玻璃刮刮去边框余水，不得有水滴留在边框上，以免干后留下斑点。

（2）平台护栏墙防护

不得拉坏避雷线，不得将绳索压在铝板胶缝上，平台护栏上如有铝板，应用长木条等物横置于铝板上再下绳，以使其均匀受力。

17）清洁外墙时必须检查住户窗户门是否关好，以防污染住户室内。

18）落地后清理落下物时，吊绳应固定，不能随其提动。吊板、绳索与药水桶应分别解开，卸下。

3. 高处作业事故应急预案

1）高空坠落应急措施

当发生高处坠落事故后，抢救的重点应放在对休克、骨折和出血进行处理。

（1）发生高处坠落事故，应马上报警并组织抢救伤者，首先观察伤者的受伤情况、部位、伤害性质，如伤员发生休克，应先处理休克。遇呼吸、心跳停止者，应立即进行人工呼吸，胸外心脏按压。处于休克状态的伤员要让其安静、保暖、平卧、少动，并将下肢抬高约 20°，尽快送医院进行抢救治疗。

（2）出现颅脑外伤，必须维持呼吸道通畅。昏迷者应平卧，面部转向一侧，以防舌根下坠或分泌物、呕吐物吸入，发生喉阻塞。有骨折者，应初步固定后再搬运。遇有凹陷骨折、严重的颅底骨折及严重的脑损伤症状时，创伤处用消毒的纱布或清洁布等覆盖伤口，用绷带或布条包扎后，及时送就近有条件的医院治疗。

（3）发现脊椎受伤者时，创伤处用消毒的纱布或清洁布等覆盖伤口，用绷带或布条包扎。搬运时，将伤者平卧放在帆布担架或硬板上，以免受伤的脊椎移位、断裂造成截瘫，招致死亡。抢救脊椎受伤者时，搬运过程中，严禁只抬伤者的两肩与两腿或单肩背运。

（4）发现伤者手足骨折时，不要盲目搬运伤者。应在骨折部位用夹板把受伤位置临时固定，使断端不再移位或刺伤肌肉、神经或血管。固定方法：以固定骨折处上下关节为原则，可就地取材，用木板、竹头等，在无材料的情况下，上肢可固定在身侧，下肢与健侧下肢绑在一起。

（5）遇有创伤性出血的伤员，应迅速包扎止血，使伤员保持在头低脚高的卧位，并注意保暖。正确的现场止血处理措施如下：

① 一般伤口小的止血法：先用生理盐水（0.9％溶液）冲洗伤口，涂上红汞水，然后盖上消毒纱布，用绷带较紧地包扎；

② 加压包扎止血法：用纱布、棉花等做成软垫，放在伤口上再加包扎，来增强压力而达到止血；

③ 止血带止血法：选择弹性好的橡皮管、橡皮带或三角巾、手巾、带状布条等，上肢出血包扎在上臂上 1/2 处（靠近心脏位置），下肢出血包扎在大腿上 1/3 处（靠近心脏位置）。包扎时，在止血带与皮肤之间垫上消毒纱布棉纱。每隔 25～40min 放松一次，每次放松 0.5～1min。

（6）呼叫救护车及时把伤者送往邻近医院抢救，运送途中应尽量减少颠簸。同时，密切注意伤者的呼吸、脉搏、血压及伤口的情况。指派专人全面负责事故调查与分析，记录事故调查的结果，完成有关整改条款。

2）吊篮突发事故应急措施

在吊篮或擦窗机的使用过程中，如遇到如下特殊情况，应保持镇静，并采取相应应急措施。

（1）突然停电

施工中突然停电时，应立即切断电箱电源开关，防止送电时发生意外，待接到来电通知后再合上电源开关，并经检查正常后开始工作。如停电后需返回地面时，应同时抬起两端提升机电机的手动滑降手柄，使悬吊平台自由滑降至地面。

（2）悬吊平台升、降过程中松开按钮后不能停止

悬吊平台在升、降过程中如松开按钮后仍不能停止时，应立即按下电箱门上的红色紧停开关，使悬吊平台紧急停止。然后切断电箱电源开关，检查接触器接触情况，清理接触器表面粘附油垢杂质，手按接触器能恢复正常动作后，合上电源开关，旋动紧停开关使其恢复原位后继续工作。如故障仍不能排除时，应切断电源开关，采用手动滑降方法将悬吊平台降至地面进行检修。

（3）悬吊平台因水平倾斜而自动锁绳

悬吊平台在升、降过程中或一端滑降面水平倾斜至一定范围时，安全锁自动锁绳，此时应立即停机，然后将电箱上的转换开关转向平台低端，再按上升按钮将悬吊平台降至地面，检查并调整两端提升机中的电磁制动器。间隙至符合要求；或检查两端电机转速差异，如差异明显应更换电机。

（4）安全锁在工作时是应该开启的，处于自动工作状态，无须人工操作。

它的作用是当提升系统出现故障而导致吊篮超速下降时，能自动锁定在安全钢丝绳

上，使吊篮停止下降，保证人机安全。当故障排除，需重新打开安全锁时，首先应间歇点动吊篮上升，使安全锁稍松后，方可扳动开启手柄，打开安全锁。严禁在安全钢丝绳绷紧的情况下，硬性扳动开启手柄，以免损坏安全锁。不要在安全锁锁闭后开动机器下降，这样极易引起提升机严重损坏。

（5）工作钢丝绳因松股、扭结或提升机零件损坏而卡塞在提升机内

工作钢丝绳卡塞在提升机内时，应立即停机。严禁反复升、降进行强行解脱。在确保安全的情况下，撤离悬吊平台内的施工人员，派遣经过专业培训的维修人员进入悬吊平台进行维修。首先将安全钢丝绳缠绕于两端提升机安装架上，用绳扣将安全钢丝绳两端扣紧。然后松开两安全锁摆臂滚轮的保护环，将工作钢丝绳与滚轮脱开，使两端安全锁处于锁绳状态。在采取上述安全措施后，取下提升机检查，并退出卡塞的钢丝绳，必要时可将故障钢丝绳截断和打开提升机箱盖进行检查，并小心取出留在提升机内的钢丝绳。同时，在悬挂机构的相应位置换上新的钢丝绳，将换好的钢丝绳重新放下和穿入提升机内至拉紧钢丝绳，然后将工作钢丝绳装入安全锁摆臂滚轮槽中，装好保护环，使安全锁打开后，将悬吊平台提升 0.5m 左右停止，去除安全钢丝绳上的绳扣和将安全钢丝绳放至悬垂位置，再将悬吊平台下降至地面，经过对提升机进行严格检查、维修后，方允许继续使用。

（6）工作钢丝绳断裂时

悬吊平台一端工作钢丝绳断裂时，悬吊平台发生倾斜，至一定倾斜位置时安全锁自动闭合，将悬吊平台锁在安全钢丝绳上。此时，悬吊平台内施工人员应保持镇静，严禁在悬吊内奔跑和蹦跳，并按工作钢丝绳卡塞在提升机内时的紧急措施进行处理。

4. 作业人员施工文明要求

（1）作业人员必须遵守与客户约定的各项标准作业；作业过程中必须严格执行安全操作规范及质量标准，保质保量按时完成任务。

（2）作业人员在与客户交流时需客气、尊重、周到、友善，不顶撞客户。

（3）作业现场应遵守客户的相关管理规定，文明作业，不得影响他人办公及教学秩序。

（4）作业人员需积极配合客户对服务质量的监督，接受客户的指导与检查。对不合格项目及时整改，不能有不良情绪，必须严格遵循"客户第一"的工作态度。

（5）作业过程中必须注意保护客户的一切设备、设施。

高层建筑幕墙清洗是一项专业性强、危险性大的特殊作业，要求所有从业人员在保证质量的前提下，务必切实做好安全工作，必须严格遵照国家和单位制定的操作规范及其他相关规定，决不允许冒险作业，切实保障各方人身安全和利益。

五、建筑幕墙维护与保养

（一）幕墙维保管理要求

1. 建设部《加强建筑幕墙工程管理的暂行规定》（建建 [1997] 167 号）

建设部 1997 年 7 月 8 日公布的《加强建筑幕墙工程管理的暂行规定》（建建 [1997] 167 号），其中第六章第二十条：建设项目法人对已交付使用的玻璃幕墙的安全使用和维护负有主要责任，按国家现行标准的规定，定期进行保养，至少每五年进行一次质量安全性检测。

2.《玻璃幕墙工程技术规范》JGJ 102—2003

建设部 2003 年 11 月 14 日修订的《玻璃幕墙工程技术规范》JGJ 102—2003，其中12.2.2.1 条规定："在幕墙工程竣工验收后一年时，应对幕墙工程进行一次全面的检查，以后每五年应检查一次"。12.2.2.4 条规定："幕墙工程使用十年后应对该工程不同部位的硅酮结构密封胶进行粘结性能的抽样检查；此后每三年宜检查一次"。

3. 建设部《既有建筑幕墙安全维护管理办法》（建质 [2006] 291 号）

2006 年 2 月，中国建筑装饰协会向建设部工程质量安全监督与行业发展司提交了《全国部分城市既有建筑幕墙安全性能情况抽查报告》，报告中对既有建筑幕墙目前存在的质量安全方面的问题进行了调查和分析，并提出了建筑幕墙运行维护方面的建议。建设部质量安全司对该报告进行了详细的研究，并于 2006 年 4 月 3 日委托中国建筑装饰协会在调查报告的基础上，组织起草《既有建筑幕墙安全维护管理办法》。中国建筑装饰协会幕墙工程委员会于 2006 年 5 月 23 日在浙江绍兴召开了近 50 名业内专家学者的讨论会，通过了《既有建筑幕墙安全维护管理办法（初稿）》，并上报建设部。

2006 年 9 月 4 日，建设部工程质量安全监督与行业发展司向各省、自治区建设厅、直辖市建委下达了《关于征求对〈既有建筑幕墙安全维护管理办法〉意见的函》，同时发布了《既有建筑幕墙安全维护管理办法》（征求意见稿），向社会各界征求意见。《既有建筑幕墙安全维护管理办法》（征求意见稿）对既有建筑幕墙安全维护责任人进行了明确：既有建筑幕墙的安全维护，实行业主负责制，确定建筑幕墙的安全维护责任人，对其建筑幕墙的安全维护负责。这是我国首次对建筑幕墙的安全维护责任作出明确界定。

2006 年 12 月 5 日，中华人民共和国建设部下达了《关于印发〈既有建筑幕墙安全维护管理办法〉的通知》，通知要求各省、自治区建设厅，直辖市建委（规划委），新疆生产建设兵团建设局要结合本地实际认真贯彻执行《既有建筑幕墙安全维护管理办法》，做好本辖区内既有建筑幕墙的安全维护管理工作。

既有建筑幕墙的安全维护责任主要包括：

（1）按国家有关标准和《建筑幕墙使用维护说明书》进行日常使用及常规维护、检修；

（2）按规定进行安全性鉴定与大修；

（3）制定突发事件处置预案，并对因既有建筑幕墙事故而造成的人员伤亡和财产损失依法进行赔偿；

（4）保证用于日常维护、检修、安全性鉴定与大修的费用；

（5）建立相关维护、检修及安全性鉴定档案。

既有建筑幕墙的日常维护、检修可委托物业管理单位或其他专门从事建筑幕墙维护的单位进行。安全维护合同应明确约定具体的维护和检修内容、方式及双方的权利和义务。

从事建筑幕墙安全维护的人员必须接受专业技术培训。既有建筑幕墙大修的时间和内容依据安全性鉴定结果确定，由具有相应建筑幕墙专业资质的施工企业进行。既有建筑幕墙的维护与检修，必须按照国家有关规定，保证安全维护人员的作业安全。

安全维护责任人对经鉴定存在安全隐患的既有建筑幕墙，应当及时设置警示标志，按照鉴定处理意见立即采取安全处理措施，确保其使用安全，并及时将鉴定结果和安全处置情况向当地建设主管部门或房地产主管部门报告。

4. 住房和城乡建设部、国家安全监管总局《关于进一步加强玻璃幕墙安全防护工作的通知》（建标〔2015〕38 号）

2015 年 3 月 4 日，为进一步加强玻璃幕墙安全防护工作，保护人民生命和财产安全，住房和城乡建设部、国家安全监管总局联合印发《关于进一步加强玻璃幕墙安全防护工作的通知》（建标〔2015〕38 号），要求切实加强玻璃幕墙安全防护监管工作，明确要求：

（1）各级住房城乡建设主管部门要进一步强化对玻璃幕墙安全防护工作的监督管理，督促各方责任主体认真履行责任和义务。安全监管部门要强化玻璃幕墙安全生产事故查处工作，严格事故责任追究，督促防范措施整改到位。

（2）对于使用中的既有玻璃幕墙要进行全面的安全性普查，建立既有幕墙信息库，建立健全安全监管机制，进一步加大巡查力度，依法查处违法违规行为。

5. 《上海市建筑玻璃幕墙管理办法（沪府令 77 号）》

第十六条（《玻璃幕墙使用维护手册》）

采用玻璃幕墙的建设工程竣工验收时，设计单位应当向建设单位提供《玻璃幕墙使用维护手册》。

采用玻璃幕墙的建筑销售时，建设单位应当向买受人提供《玻璃幕墙使用维护手册》。

《玻璃幕墙使用维护手册》应当载明玻璃幕墙的设计依据、主要性能参数、设计使用年限、施工单位的保修义务、日常维护保养要求、使用注意事项等内容。

第十七条（保修责任）

施工单位应当按照国家和本市有关规定在玻璃幕墙保修期内承担保修责任。

玻璃幕墙防渗漏的保修期不低于 5 年。

玻璃幕墙工程竣工验收满 1 年时，施工单位应当进行一次全面检查。其中，对采用拉杆或者拉索的玻璃幕墙工程，在工程竣工验收后 6 个月时，进行一次全面的预拉力检查和调整。经检查发现存在安全隐患的，施工单位应当及时予以维修。

第十九条（日常维护保养）

业主或者受委托的物业服务单位，应当按照国家和本市的技术标准以及《玻璃幕墙使用维护手册》的要求，对玻璃幕墙进行日常维护保养。

受委托的物业服务单位应当履行下列义务：

（一）发现玻璃幕墙损坏或者存在安全隐患的，应当立即告知业主，并督促业主采取相应措施；

（二）发现玻璃幕墙损坏或者存在安全隐患可能危及人身财产安全，但业主拒绝采取消除危险措施的，物业服务单位应当采取必要的应急措施，并立即报告建设行政管理部门和房屋行政管理部门。

房屋行政管理部门应当督促物业服务单位按照规定协助业主维护玻璃幕墙的使用安全。

6. 广东省建设厅《关于既有建筑幕墙安全维护管理实施细则》（粤建管字 [2007] 122 号）

第五条　施工单位在建筑幕墙工程竣工时，应向建设单位提供《建筑幕墙使用维护说明书》，内容应包括：

（一）幕墙工程的设计依据、主要性能参数、设计使用年限，主要结构特点；

（二）使用注意事项；

（三）日常与定期的维护、保养、检修内容和要求；

（四）幕墙易损部位结构及易损零部件更换方法；

（五）备品、备件清单及主要易损件的名称、规格和生产厂家；

（六）承包商的保修责任；

（七）其他需要注意的事项。

第九条　既有建筑幕墙安全维护责任人的确定：

（一）建筑物为单一业主所有的，该业主为其建筑幕墙的安全维护责任人；

（二）建筑物为多个业主共同所有的，各业主应共同协商确定一个具有法人资格的安全维护责任人，牵头负责建筑幕墙的安全维护。

第十条　建筑幕墙工程竣工验收交付使用前，施工单位应向建筑幕墙安全维护责任人和受其委托负责建筑幕墙的日常维护、检修的单位就《建筑幕墙使用维护说明书》的内容进行详细的技术交底。

建筑幕墙安全维护责任人和受其委托负责建筑幕墙的日常维护、检修的单位，从事建筑幕墙安全维护、检修的人员，必须接受专业技术培训。

第十一条　建筑幕墙工程竣工验收交付使用后，其安全维护责任人应根据《建筑幕墙使用维护说明书》的相关要求及时制定日常使用、维护和检修的计划和制度，并组织实施。

（二）幕墙维保发展现状

建筑幕墙一般都应用于高层建筑及繁华地段，涉及广泛的公共安全及社会影响，因此使用者务必注意日常的安全检查及保养，尤其在发生地质异动、台风暴雨、酷暑严寒及质保期到期后，必须对幕墙进行专业、系统的安全检查，确保安全使用。对于检查过程中或使用过程中发现的问题，应尽快采取措施进行维修，确保使用安全、舒适。

随着幕墙建设的不断发展，超龄服役的幕墙将会越来越多，安全隐患也将会越来越大。将超龄幕墙进行整体拆除更换，并不符合现阶段国情，也是对资源的浪费。事实上，重视幕墙的日常检测及维保，可以延长幕墙的使用寿命，对超龄幕墙通过检测及局部维修，就可以避免幕墙整体拆除的命运，节约社会资源。而日常的检测，还能发现幕墙使用过程中的一些安全隐患，及时处理就可以避免安全事故的发生。

国家和行业标准中明确要求"在幕墙工程竣工验收后一年时，应对幕墙工程进行一次全面的检查，此后每五年应检查一次，使用十年后应该每三年检查一次。检查的项目包括：玻璃面板有无松动和损坏；密封胶有无脱胶、开裂、起泡，密封胶条有无脱落老化等现象；开启部分是否灵活，五金附件是否损坏，螺栓和螺钉是否松动和失效等。"另外，根据建设部颁布的《既有建筑幕墙安全维护管理办法》，玻璃幕墙还需要每隔 10 年左右定期进行安全鉴定。

但是由于上述规定缺乏强制性，很多业主出于费用等方面的考虑，对幕墙的检查及维修保养重视不足，致使危险隐患不能及时发现，最终导致安全事故的发生。虽然对幕墙检测维修时间相关规范都有规定，但由于缺乏强制措施和统一标准，维保业务看似市场巨大，实则步履维艰。市场面临的问题主要在以下几个方面。

1. 幕墙维保公司鱼龙混杂，没有专业的幕墙维保资质

由于幕墙维保行业政府没有相应的行业准入许可，因此，进入该行业的门槛较低。部分幕墙由业主所雇佣的物业公司自行进行保养。部分幕墙维保公司其本身就是做清洁的家政公司，只要雇几个人，再雇几台吊篮等设备，甚至有的直接用"蜘蛛人"就完成了一栋楼的幕墙维保，根本没有专业的技术人员对幕墙进行详细的安全检查及隐患排除。

2. 整体市场大，有效市场小

目前我国幕墙保有量占全球一半左右，需要进行检测及维保的既有建筑幕墙市场量相当巨大。但因为对建成以后的建筑检修没有强制性规定，且缺乏有效的行政管理手段，加之费用昂贵，这个看似巨大的幕墙维保市场其实有效份额非常少。目前，能够主动聘请专业公司进行幕墙维保的，多数是有一定资金实力的企事业单位及机构。可以说，这还是一个尚未盘活的市场。

3. 招标投标程序不健全，存在非良性竞争

由于幕墙维保本身并不纳入工程项目范畴，没有工程项目相关法律法规的约束，故而，除了政府性投资的维保业务，大部分的维保业务并不需要走招标投标程序。这就产生

了权力寻租的空间，从而导致承揽该业务的公司出现非良性竞争现象。长此以往，十分不利于行业发展。

2006 年，上海市建交委和房管局，以及上海市装饰装修行业协会和物业协会对上海的玻璃幕墙高层建筑曾经进行过一次普查。总共记录了 1400 多幢需要维修的建筑。但很多都因为资金问题没有进行专业维修。时至今日，幕墙建设发展速度越来越快，而幕墙维保却几乎是停滞不前。但是，随着民众安全意识的加强，随着幕墙爆裂高空坠落等安全事故越来越多见诸报端，国家对幕墙维保检测的重视程度也将越来越大。

目前，虽然国内关于建筑幕墙维保的法律法规还相对滞后，比如关于建筑幕墙的清洁、检测、维修加固的时限，维修资金的落实等，都还没有法律上的规定。但是，上海市有关方面已于 2012 年颁布了《上海市玻璃幕墙建筑管理办法》，该办法明确规定了业主作为第一责任人，必须承担相应的管理责任，并规定多长时间内必须对玻璃幕墙进行清洁检测和维修加固等。而随着政府重视程度的增加，幕墙维保行业将会越来越规范。政府将会不断地完善幕墙检测维保行业的相关资质和准入制度，制定幕墙维保行业的相关法律法规，保障市场的公平竞争，促进幕墙维保行业的良性发展。随着市场的不断完善，幕墙维保市场必然大有可为。

（三）幕墙使用性能要求

1. 气密性能要求

气密性是建筑幕墙的最基本的物理功能之一。建筑的通风换气要求幕墙需开设开启窗，这就必然产生开启窗扇和窗框之间的开启缝隙。另外，建筑幕墙是由多种构件组装而成的，必定存在安装缝隙，在室内外压差作用下，这些缝隙会出现空气渗透现象，就会引起室内温度波动，造成能源浪费，同时也会影响室内环境卫生，给人们的生产、生活和工作带来一定困扰。所以，保证幕墙的气密性是幕墙正常使用的重要工作内容之一。

建筑幕墙的气密性能应符合《民用建筑热工设计规范》GB 50176、《公共建筑节能设计标准》GB 50189、《居住建筑节能检测标准》JGJ/T 132、《夏热冬冷地区居住建筑节能设计标准》JGJ 134、《严寒和寒冷地区居住建筑节能设计标准》JGJ 26 的有关规定，并满足相关节能标准的要求。一般情况可按表 5-1 确定。

建筑幕墙气密性能设计指标一般规定　　　　　　　　　　表 5-1

地区分类	建筑层数、高度	气密性能分级	气密性能指标小于	
			开启部分 $q_{\mathrm{L}}[\mathrm{m}^3/(\mathrm{m} \cdot \mathrm{h})]$	幕墙整体 $q_{\mathrm{A}}[\mathrm{m}^3/(\mathrm{m}^2 \cdot \mathrm{h})]$
夏热冬暖地区	10 层以下	2	2.5	2.0
	10 层及以上	3	1.5	1.2
其他地区	7 层以下	2	2.5	2.0
	7 层及以上	3	1.5	1.2

开启部分气密性能分级指标 q_L 应符合表 5-2 的要求。

建筑幕墙开启部分气密性能分级表 [m³/(m·h)]   表 5-2

分级代号	1	2	3	4
分级指标值 q_L	$4.0 \geqslant q_L > 2.5$	$2.5 \geqslant q_L > 1.5$	$1.5 \geqslant q_L > 0.5$	$q_L \leqslant 0.5$

幕墙整体（含开启部分）气密性能分级指标 q_A 应符合表 5-3 的要求。

建筑幕墙整体气密性能分级表 [m³/(m²·h)]   表 5-3

分级代号	1	2	3	4
分级指标值 q_A	$4.0 \geqslant q_A > 2.0$	$2.0 \geqslant q_A > 1.2$	$1.2 \geqslant q_A > 0.5$	$q_A \leqslant 0.5$

2. 水密性能要求

建筑幕墙的水密性能指标按如下方法确定：

(1)《建筑气候区划标准》GB 50178 中，$\mathrm{III_A}$ 和 $\mathrm{IV_A}$ 地区，即热带风暴和台风多发地区按下式计算，且固定部分不宜小于 1000Pa，开启部分与固定部分同级。

$$P = 1000\mu_z\mu_s\omega_0 \tag{5-1}$$

式中　P——水密性能指标（Pa）；

μ_z——风压高度变化系数，应按《建筑结构荷载规范》GB 50009 的有关规定采用；

μ_s——风力系数，可取 1.2；

ω_0——基本风压（kN/m²），应按《建筑结构荷载规范》GB 50009 的有关规定采用。

(2) 其他地区可按第（1）条计算值的 75% 进行设计，且固定部分取值不宜低于 700Pa，可开启部分与固定部分同级。

水密性能分级指标值应符合表 5-4 的要求。

建筑幕墙水密性能分级表   表 5-4

分级代号		1	2	3	4	5
分级指标值 ΔP(Pa)	固定部分	$500 \leqslant \Delta P < 700$	$700 \leqslant \Delta P < 1000$	$1000 \leqslant \Delta P < 1500$	$1500 \leqslant \Delta P < 2000$	$\Delta P \geqslant 2000$
	可开启部分	$250 \leqslant \Delta P < 350$	$350 \leqslant \Delta P < 500$	$500 \leqslant \Delta P < 700$	$700 \leqslant \Delta P < 1000$	$\Delta P \geqslant 1000$

注：5 级时需同时标注固定部分和开启部分 ΔP 的测试值。

有水密性要求的建筑幕墙在现场淋水试验中，不应发生雨水渗漏现象。开放式幕墙的水密性能不作要求。

3. 抗风压性能要求

幕墙的抗风压性能指标应根据幕墙所受的风荷载标准值 W_k 确定，其指标值不应低于 W_k，且不应小于 1.0kPa。W_k 的计算应符合《建筑结构荷载规范》GB 50009 的规定。

在抗风压性能指标值作用下，幕墙的支承体系和面板的相对挠度和绝对挠度不应大于表 5-5 的要求。

开放式建筑幕墙的抗风压性能应符合设计要求。抗风压性能分级指标 P_3 应符合表 5-6 的要求。

幕墙支承结构、面板相对挠度和绝对挠度要求　　表 5-5

支承结构类型		相对挠度（L 跨度）(mm)	绝对挠度(mm)
构件式玻璃幕墙、 单元式幕墙	铝合金型材	$L/180$	20(30)*
	钢型材	$L/250$	20(30)*
	玻璃面板	短边距/60	—
石材幕墙、金属板幕墙、 人造板材幕墙	铝合金型材	$L/180$	—
	钢型材	$L/250$	—
点支承玻璃幕墙	钢结构	$L/250$	—
	索杆结构	$L/200$	—
	玻璃面板	长边孔距/60	—
全玻幕墙	玻璃肋	$L/200$	—
	玻璃面板	跨距/60	—

注：＊括号内数据适用于跨距超过 4500mm 的建筑幕墙产品。

建筑幕墙抗风压性能分级表　　表 5-6

分级代号	1	2	3	4	5
分级指标值 P_3(kPa)	$1.0 \leqslant P_3 < 1.5$	$1.5 \leqslant P_3 < 2.0$	$2.0 \leqslant P_3 < 2.5$	$2.5 \leqslant P_3 < 3.0$	$3.0 \leqslant P_3 < 3.5$
分级代号	6	7	8	9	—
分级指标值 P_3(kPa)	$3.5 \leqslant P_3 < 4.0$	$4.0 \leqslant P_3 < 4.5$	$4.5 \leqslant P_3 < 5.0$	$P_3 \geqslant 5.0$	—

注：1. 9 级时需同时标注 P_3 的实测值。

2. 分级指标值 P_3 为正、负抗风压性能的绝对值的较小值。

4. 层间位移性能要求

层间位移主要以建筑幕墙平面内变形性能为性能指标。在非抗震设计时，指标值应不小于主体结构弹性层间位移角控制值；在抗震设计时，指标值应不小于主体结构弹性层间位移角控制值的 3 倍。主体结构楼层最大弹性层间位移角控制值可按表 5-7 的规定执行。

主体结构楼层最大弹性层间位移角　　表 5-7

结构类型		建筑高度 H(m)		
		$H \leqslant 150$	$150 < H \leqslant 250$	$H > 250$
钢筋混凝土结构	框架	1/550	—	—
	板柱—剪力墙	1/800	—	—
	框架—剪力墙、框架—核心筒	1/800	—	—
	筒中筒	1/1000	线性插值	1/500
	剪力墙	1/1000	线性插值	—
	框支层	1/1000	—	—
多、高层钢结构		1/300		

注：标准弹性层间位移角＝Δ/h，Δ 为最大弹性层间位移量，h 为层高；线性差值系指建筑高度在 150～250m 间，层间位移角取 1/800（1/1000）与 1/500 的线性插值。

建筑幕墙平面内变形性能分级指标应符合表 5-8 的规定。

建筑幕墙平面内变形性能分级表　　　　　　表 5-8

分级代号	1	2	3	4	5
分级指标值 γ	$\gamma<1/300$	$1/300\leqslant\gamma<1/200$	$1/200\leqslant\gamma<1/150$	$1/150\leqslant\gamma<1/100$	$\gamma\geqslant1/100$

注：表中分级指标为建筑幕墙层间位移角。

5. 热工性能要求

建筑幕墙传热系数应按《民用建筑热工设计规范》GB 50176 的规定确定，并满足《公共建筑节能设计标准》GB 50189、《居住建筑节能检测标准》JGJ/T 132、《夏热冬冷地区居住建筑节能设计标准》JGJ 134、《严寒和寒冷地区居住建筑节能设计标准》JGJ 26、《夏热冬暖地区居住建筑节能设计标准》JGJ 75 的要求。玻璃（或其他透明材料）幕墙遮阳系数应满足《公共建筑节能设计标准》GB 50189 和《夏热冬暖地区居住建筑节能设计标准》JGJ 75 的要求。幕墙的传热系数应按相关规范进行设计计算。幕墙在规定的环境条件下应无结露现象；对热工性能有较高要求的建筑，可进行现场热工性能试验。幕墙传热系数分级指标 K 应符合表 5-9 的要求。

建筑幕墙传热系数分级表［W/(m²·K)］　　　　　　表 5-9

分级代号	1	2	3	4
分级指标值 K	$K\geqslant5.0$	$5.0>K\geqslant4.0$	$4.0>K\geqslant3.0$	$3.0>K\geqslant2.5$
分级代号	5	6	7	8
分级指标值 K	$2.5>K\geqslant2.0$	$2.0>K\geqslant1.5$	$1.5>K\geqslant1.0$	$K<1.0$

注：8 级时需同时标注 K 的实测值。

玻璃幕墙的遮阳系数分级指标 SC 应符合表 5-10 的要求。

建筑幕墙遮阳系数分级表　　　　　　表 5-10

分级代号	1	2	3	4
分级指标值 SC	$0.9\geqslant SC>0.8$	$0.8\geqslant SC>0.7$	$0.7\geqslant SC>0.6$	$0.6\geqslant SC>0.5$
分级代号	5	6	7	8
分级指标值 SC	$0.5\geqslant SC>0.4$	$0.4\geqslant SC>0.3$	$0.3\geqslant SC>0.2$	$SC\leqslant0.2$

注：1. 8 级时需同时标注 SC 的具体值。
　　2. 玻璃幕墙遮阳系数＝幕墙玻璃遮阳系数×外遮阳的遮阳系数×(1－非透光部分面积/玻璃幕墙总面积)。

6. 隔声性能要求

空气声隔声性能以计权隔声量作为分级指标，应满足室内声环境的需要，符合《民用建筑隔声设计规范》GB 50118 的规定。空气声隔声性能分级指标 R_w 应符合表 5-11 的要求。

建筑幕墙空气声隔声性能分级表（dB）　　　　　　表 5-11

分级代号	1	2	3	4	5
分级指标值 R_w	$25\leqslant R_\mathrm{w}<30$	$30\leqslant R_\mathrm{w}<35$	$35\leqslant R_\mathrm{w}<40$	$40\leqslant R_\mathrm{w}<45$	$R_\mathrm{w}\geqslant45$

注：5 级时需同时标注 R_w 的实测值。

7. 耐撞击性能要求

建筑幕墙的耐撞击性能应满足设计要求，人员流动密度大或青少年、幼儿活动的公共建筑的建筑幕墙，耐撞击性能指标不应小于表 5-12 中 2 级的要求。

撞击能量 E 和撞击物体的降落高度 H 分级指标和表示方法应符合表 5-12 的要求。

建筑幕墙耐撞击性能分级 表 5-12

分级指标		1	2	3	4
室内侧	撞击能量 E(N·m)	700	900	>900	—
	降落高度 H(mm)	1500	2000	>2000	—
室外侧	撞击能量 E(N·m)	300	500	800	>800
	降落高度 H(mm)	700	1100	1800	>1800

注：1. 性能标注时应按：室内侧定级值/室外侧定级值。例如：2/3 为室内 2 级，室外 3 级。
　　2. 当室内侧定级值为 3 级时标注撞击能量实际测试值，当室外侧定级值为 4 级时标注撞击能量实际测试值。
　　　例如：1200/1900 表示室内 1200N·m，室外 1900N·m。

8. 光学性能要求

对有采光功能要求的建筑幕墙，其透光折减系数 T_T 不应低于 0.45。有辨色要求的幕墙，其颜色透视指数不宜低于 Ra80。建筑幕墙的采光性能分级指标 T_T 应符合表 5-13 的要求。

建筑幕墙采光性能分级表 表 5-13

分级代号	1	2	3	4	5
分级指标值 T_T	$0.2 \leqslant T_T < 0.3$	$0.3 \leqslant T_T < 0.4$	$0.4 \leqslant T_T < 0.5$	$0.5 \leqslant T_T < 0.6$	$T_T \geqslant 0.6$

注：5 级时需同时标注 T_T 的测试值。

此外，玻璃幕墙的光学性能应满足《玻璃幕墙光学性能》GB/T 18091 的要求。

9. 抗震性能要求

建筑幕墙的抗震性能应满足现行《建筑抗震设计规范》GB 50011 的要求，满足所在地抗震设防烈度的要求。对有抗震设防要求的建筑幕墙，其试验样品在设计的试验峰值加速度条件下不应发生破坏。幕墙具备下列条件之一时应进行振动台抗震性能试验或其他可行的验证试验：

（1）面板为脆性材料，且单块面板面积或厚度超过现行标准规范的限制；

（2）面板为脆性材料，且与后部支承结构的体系为首次应用；

（3）应用高度超过标准或规范规定的高度限制；

（4）所在地区为 9 度以上（含 9 度）设防烈度。

10. 防火性能要求

建筑幕墙应按照建筑防火设计分区和层间分隔等要求采取防火措施，设计应符合《建筑设计防火规范》GB 50016 的有关规定。幕墙应考虑火灾情况下救援人员的可接近性，必要时救援人员应能穿过幕墙实施救援。幕墙所用材料在火灾期间不应释放危及人身安全的有毒气体。

11. 防雷性能要求

建筑幕墙的防雷设计应符合《建筑物防雷设计规范》GB 50057 的有关规定，幕墙金属构件之间应通过合格的连接件（防雷金属连接件应具有防腐蚀功能，其最小横截面面积应满足：铜 $25mm^2$、铝 $30mm^2$、钢材 $48mm^2$）连接在一起，形成自身的防雷体系并和主体结构的防雷体系有可靠的连接。幕墙框架与主体结构连接的电阻不应超过 1Ω，连接点与主体结构的防雷接地柱的最大距离不宜超过 10m。

12. 承重力性能要求

幕墙应能承受自重和设计时规定的各种附件的重量，并能可靠地传递到主体结构。在自重标准值作用下，水平受力构件在单块面板两端跨距内的最大挠度不应超过该面板两端跨距的 1/500，且不应超过 3mm。

13. 耐久性要求

国家标准《建筑幕墙》GB/T 21086—2007 规定幕墙结构设计年限不宜低于 25 年。大部分幕墙材料质保期一般为 10 年，而幕墙主要组成材料的耐用年限要高于 10 年的质保期。建筑幕墙主要材料估计耐用年限如表 5-14 所示。

主要幕墙材料估计耐用年限 表 5-14

主要幕墙材料		估计耐用年限	备 注
钢结构		20 年以上	取决于表面处理
不锈钢		50 年以上	取决于材料的厚度
铝合金		50 年以上	取决于材料的厚度
复合铝板		10 年左右	主要取决于中间的聚乙烯芯材的老化程度和粘结牢固程度
镀锌螺钉		10 年左右	取决于材料镀锌的厚度和镀锌的质量
不锈钢螺钉		40 年以上	—
铝铆钉		30 年以上	—
粘结密封材料	聚硫橡胶	15 年左右	—
	合成橡胶	5～20 年	—
	天然橡胶	5～10 年	—
	氯乙烯	5～15 年	—
	硅酮结构密封胶	30～50 年	—
花岗石		75 年左右	—
大理石		10～20 年	—
普通玻璃		超过 100 年	—
镀膜玻璃		10 年	为功能膜使用年限

根据以上材料分析，各类幕墙的物理耐用年限估计为：

（1）单层铝板幕墙、蜂窝铝板幕墙的物理耐用年限可达 30～50 年（取决于内部的钢质或铝质骨架材质和铝板的表面处理状况）；

（2）复合铝板幕墙的物理耐用年限达 10 年左右（低层）；

（3）隐框玻璃幕墙的物理耐用年限可在 35 年以上（根据现在实际使用过的年限）；

（4）明框玻璃幕墙的物理耐用年限可在 40 年以上；

（5）全玻璃幕墙的物理耐用年限可在 40 年以上；

（6）干挂大理石幕墙的物理耐用年限可在 10 年；

（7）干挂花岗石幕墙的物理耐用年限可在 20 年以上（取决于内部钢质或铝合金骨架材质及设计施工水平）。

这里提出的物理耐用年限是指自然减耗、磨损和腐蚀，不包括由于工人失职而造成的某种特别缺陷，房屋使用者的责任造成使用的错误，也不包括由于不可抗拒的事故造成了破坏而使耐用年限显著缩短的情况在内。物理耐用年限是从技术的角度出发，不可能是使用的极限年限。当然，超过了物理耐用年限仍可继续使用较长时间，如仍需要使用更长时间这就要增加维修费用。要准确地预计幕墙物理耐用年限，不是一件容易的事，它明显地取决于同类材质的优劣，设计与施工是否规范，建筑周围环境条件以及业主维护管理的水平。

影响幕墙耐久性的一些因素主要包括以下两方面。

1）风荷载、地震与温度外部荷载的影响

幕墙在主体结构上不是静止的，而是处于不断的运动之中。温度可使幕墙伸缩缝不断变化，胶缝不断变位，风荷载能使高层建筑顶层位移达 10cm 之多，并使幕墙产生位移和变形；而地震的动力加速度施加于建筑物时，建筑结构产生剪切、变位、拉转、振动等效应，能够影响幕墙，这些都能明显地影响幕墙的耐久性。

2）大气作用的影响

大气中的烟尘污染、废气污染、水分都可以造成幕墙的腐蚀或功能性减退，从而影响幕墙耐久性。如工业废气中的 CO_2、SO_2 和 NO_2，在大气中遇水会形成碳酸、硫酸、硝酸，对铝合金及石材都有侵蚀作用。如石材含水率高时，受冻破坏的作用就大。

（四）幕墙维护内容与要求

1. 幕墙系统维保

投入使用的幕墙建筑均可能存在安全隐患。这些安全隐患，往往在建筑的使用过程中经常被忽视，甚至非专业维修处理会导致幕墙更为严重的风险隐患。国内目前的幕墙维护主要集中在幕墙发生问题后的小范围的维修阶段，属于事后补救，缺乏科学的、系统的幕墙维保解决方案。

一般系统的幕墙维保解决方案应按以下步骤操作。

1）幕墙维保第一步——幕墙安全检查

幕墙维保方案的具体实施情况，依据对整体幕墙的排查工作得出。既有幕墙的排查工作，主要考虑现场工程实际情况和对主要材料的实际服役状态的检查，结合抽样试验结果和力学验算，判断幕墙整体的安全性能和使用性能。初步检查应针对直接可视部位、遮挡物易移除且易恢复的部位，常采用目测、手试、简易工具测量等检查方法进行；详细性检查依托主要材料试验，采取现场取样后交由专业检测实验室并得出试验数据和试验结论。幕墙维保单位依据检查结论，结合幕墙维保单位经验制定下一步维保实施步骤和指导性原则。

2) 幕墙维保第二步——幕墙的维护和保养

（1）玻璃问题

针对当前钢化玻璃自爆时有发生的情况，防范其危害的措施已日益引起重视。由于钢化玻璃的自爆事先无征兆，并且同产品出厂时间长短无关，虽然自爆的概率很小，且自爆后呈粉碎性的小颗粒状，但是，在大楼所处的位置人流密集又处于繁华地段，当小颗粒玻璃从高处掉落时，仍会使人员和财物遭到击打，造成危害，对环境安全产生不良影响。

针对超高层建筑拟采取的维护措施：

① 可结合人流密集处的雨篷、遮阳篷等，设置安全围篷，以遮挡掉落的飞散物；

② 在临边部位，设置绿化隔离带或围栏，留足足够的安全距离，以避免钢化玻璃自爆后坠落可能形成的对人员的伤害；

③ 针对一些特殊大楼情况，建议业主可采取在临边部位的玻璃外贴玻璃防爆膜。

（2）结构密封胶问题

因玻璃幕墙使用年久，或由于所使用的硅酮结构胶，其材质问题、胶体与粘结界面的相容性问题、打胶施工时的基底处理及环境污染问题等，会使结构胶在使用一段时间后发生老化、龟裂、塑性变形、起泡等现象，失去粘结作用。

针对结构胶拟采取的维护措施：

① 针对使用情况作一次系统检查的同时应采集现场样件送专业结构粘结胶实验室，委托实验室进行试验和数据分析；

② 针对检查出结构胶明显有老化或龟裂痕迹部位，应拆除原有副框和玻璃，在洁净的环境下打胶，并保证结构粘结胶和密封胶的相容。

（3）开启窗问题

开启窗的五金件由于材质及防锈处理、窗扇使用不当等问题，会造成变形、锈蚀、卡死、缺损等情况，造成窗扇支承安全度不足，甚至脱落，产生危害。

针对开启扇拟采取的维护措施：

① 在日常维护工作中，做好开启窗的检查记录；

② 备留部分开启窗的五金配件，在开启窗发生问题时可立即予以更换；

③ 大风或暴雨时期，应做好前期的通报工作，积极提醒和协助业主方，做到有备有防。

（4）幕墙结构受力构件问题

玻璃幕墙的结构受力构件大多是隐蔽在玻璃或装饰面板背后的，一般不太容易检查。但是，因设计、材质、施工等多种原因，会造成幕墙结构部分构件的变形、扭曲和损坏，存在安全隐患。因此，当发现幕墙表面局部不平整或翘曲，框架外倾或侧倾，连接节点受力立柱不垂直，幕墙单元异向偏位等情况时，必须委托专业单位，打开隐蔽部位，进一步核查连接节点情况，以制订针对性的整改措施。尤其对于采用膨胀螺栓、化学螺栓等非预埋件与主体结构连接的幕墙，应该定期检查其连接的可靠程度。

针对结构受力杆件拟采取的维护措施：

① 针对受力杆件的结构受力构件使用情况作一次抽样现场检查。现场检查将结合大楼幕墙竣工图纸和幕墙结构受力计算书，演算结构荷载的可靠性。

② 针对演算结果，实时对大楼进行幕墙安全等级分级判定。

（5）渗漏问题

对建筑幕墙渗漏，必须查清原因，找到渗漏点，提出相应对策。除玻璃破碎须更换外，密封胶、密封条失效也是建筑幕墙渗漏的重要原因，应进行必要的清除处理后，重新打密封胶、更换密封条。一般大楼幕墙渗水主要分布在以下几个薄弱点：

① 屋面金属铝板压顶处或屋顶女儿墙连接部位。此部位受长期雨水和风化作用的影响，以及其与结构连接处材料接触条件限制等，易形成渗漏。

② 外立面横向装饰条部位或竖向装饰条部位。此部位在室外本出于装饰之用，在上下和每段接口处均使用密封胶封堵以防水。但因其与玻璃幕墙接触面很小，胶缝厚度比较薄，室外装饰带处于风力活荷载作用下，逐渐引起密封胶开裂、老化等而失去作用。

③ 转角和接缝处。此部位受施工时条件限制和施工时比较困难，而容易出现接头不饱满造成密封胶的龟裂，从而形成渗漏。

针对渗漏问题拟采取的维护措施：

a. 全面检查幕墙密封胶的使用情况，并分批次对于密封胶采集现场样品，送实验室作实验数据分析；

b. 所使用的密封胶采用美国道康宁或广州白云等系列产品。针对漏水薄弱点逐一进行排查和修补。

3）幕墙维保第三步——幕墙安全风险控制和转移

建筑幕墙作为外围护结构，安全隐患十分明显。在幕墙维保过程中，维保单位将采取风险控制和风险转移两步走的策略，协助业主方做好幕墙安全工作。风险控制主要体现在幕墙维保单位日常的维护和保养工作中，发现的幕墙安全风险对业主方的合理化建议和安全隐患规避建议。风险转移主要体现在幕墙维保单位积极地协助业主方就幕墙整体安全风险投保专业的社会公众保险以合理化地转移。幕墙的安全风险控制和风险转移，需要业主方即财产所有者来具体实施，幕墙维保单位有责任和义务对相关具体事项向业主单位提出和告知。

2. 开启扇维护与管理

建筑幕墙按功能使用分为固定部分与可开启部分。对于固定部分维护与管理的重点在于检查钢化玻璃是否出现自爆或被人为（异物）撞击玻璃爆裂，巡视和使用过程中是否有异常的响声，检查幕墙外部是否存在脱落现象等。

对于可开启部分，如开启窗的支撑结构使用窗铰链与多点锁相配合，只按正常的使用方法即可；如开启窗的支撑结构使用滑撑，则在使用一段时间之后，可能会出现窗开启后滑撑无法将窗扇撑住而导致窗扇自行关闭（回落）的现象。

出现此种情况的处理方法是在滑撑与窗框滑道的连接件上有一个可调节摩擦力的铜质螺栓，将其稍微拧紧增大摩擦力即可，调整时一般要经过几次开关开启窗来保证其松紧适当，如图 5-1 所示。

图 5-1　开启扇回落调整

1）开启窗形式及注意事项

（1）上悬窗系统

上悬窗系统是依靠上下点固定的（即：上端的悬挂支点（条），下端是靠窗锁点锁定），平时的窗扇开启是靠滑撑支撑。

（2）平开窗系统

平开窗系统是由其一边竖向用铰链（或上下端不锈钢窗铰链）固定，限制其最大开启角度在 85°左右，开启方向有往内或往外开之分。

普通幕墙开启扇一般为往外开的，开启扇开（关）闭功能均由执手与多点锁连动配合完成开（关）闭功能，开启时，将执手从关闭状态转到打开位置（执手与玻璃平面形成90°）后，方能用手轻松往外打开窗扇；关闭时，首先用手抓紧执手用力带动玻璃开启窗扇往室内拉入位后，用左手拉紧执手根部，右手顺势将执手往右边转动至关闭状态，如图5-2 所示。

图 5-2　开启扇启闭锁定操作

对于往内（内倒）开启时，通过右手转动执手顺势拉动即可以开启；而在关闭时，由于开启窗与内侧密封胶条的密封关系，需要一定的压力方能密实到位，所以，在关闭时，需用双手使一定的力度将开启窗往外压到位后，用左手压紧窗扇，右手顺势将执手往关闭方向转动带动锁点入锁扣，如开启窗压不到位而转动执手，阻力相对大很多，这样执手容易损坏。

开启窗日常使用注意事项：

① 玻璃开启窗往外打开后固定，是由不锈钢支撑杆使开启扇关闭（回落），但在使用一段时间之后，可能会出现玻璃窗开启后滑撑无法将开启窗支撑住，而导致开启窗自行关闭（回落）的现象。出现此种情况的处理方法是：在不锈钢滑撑与窗框滑道的连接件上有一个可调节摩擦力的铜质螺栓，将其拧紧时可增大摩擦力，调整时一般要经过几次开关开启窗来保证其松紧适当，如图 5-3（a）所示。

② 对于开启窗为齿轮自锁式不锈钢支撑杆时，关闭时，切记不能抓住执手往回拉，否则会将不锈钢支撑杆压弯变形。正确的操作方法是：在实施开启窗关闭时，先将开启窗往外推 10～20mm，听到不锈钢支撑杆齿轮转动声后，放手利用开启窗玻璃自重回落，手抓执手拉入窗框后，转动执手达到锁定位置，如图 5-3（b）所示。

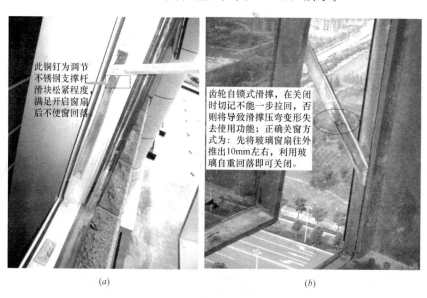

（a）   （b）

图 5-3 开启扇调整与操作

（a）不锈钢制成杆滑块调整；（b）齿轮自锁式不锈钢支撑杆操作

2）特殊天气条件开启窗使用管理

《玻璃幕墙工程技术规范》JGJ 102—2003 的规定为："雨天或 4 级以上风力的天气情况下不宜使用开启窗；6 级以上风力时，应全部关闭开启窗"。为此，在人员离开办公室下班时，必须将玻璃开启窗置于锁（关）闭状态，避免刮风对玻璃窗造成破坏性损坏而坠落伤人及物，特别是在台（大）风来临之时，必须将玻璃开启窗置于锁（关）闭状态，否则在强台风（正、负）压作用下，玻璃开启窗板块受力会首先破坏窗扇滑撑杆件，然后玻璃开启窗从上支端（或铰链处）框料破坏，整件玻璃开启窗坠落下来伤人和物。所以，物业管理公司应以书面形式通知各单元用户，告知开启窗的一般使用方法和应注意的事项，强调在下班后需将已开启玻璃窗及时关闭。在 6 级大风以上情况下、台风来临之时，物业管理公司必须书面通知各使用单元客户关闭玻璃窗，并检查是否已完全锁好，同时，公共部分仍需物业公司负责关闭。

3. 幕墙结构维护与管理

应定期对以下内容进行检查：

（1）框架与预埋件连接的铁件有无变形，连接螺栓有无松动。

（2）主梁与铁件的连接螺栓有无松动。

（3）结构的焊接部位有无脱焊现象。

（4）焊接部位的防腐漆有无脱落，有无生锈现象。

（5）主梁与横梁的连接螺栓有无松动，主、横梁有无变形。

二次装修时应做到：

（1）室内进行二次装修施工时，切勿破坏幕墙结构构件，包括预埋件、框架结构与预埋件的连接件以及其他的连接件等，未经同意不得进行焊接、切割或破坏连接螺栓，也不得在连接件上增加任何荷载。

（2）幕墙的主梁及横梁是幕墙的主要承力构件，不能承受其他荷载，在进行内装修时，未经同意不得在框架上钻孔或悬挂室内吊顶等构件，也不能作为其他受力构件。

（3）由于玻璃幕墙的玻璃是长期受外部正负压作用，玻璃和主梁及横梁都在振动变化中，为了保证玻璃和构件在振动中不受阻碍，满足幕墙风压振动及温度应力作用，根据多年维修经验及《玻璃幕墙工程质量检验标准》JGJ/T 139—2001 中的规定，幕墙玻璃与室内装饰物之间的间隙不宜少于 10mm；幕墙龙骨与室内装饰物之间的间隙不宜少于 5mm；其缝隙采用弹性密封胶填充密封。如内装饰工程不按此要求施工，有可能内装饰物会顶到玻璃面而导致玻璃破损。

当发现密封胶或密封胶条脱落或损坏时，应及时进行修补与更换。当发现幕墙构件或附件的螺栓、螺钉松动或锈蚀时，应及时拧紧或更换。当发现幕墙钢构件锈蚀时，应及时除锈补漆或采取其他防锈措施。

4. 饰面材料维护与管理

应定期对建筑幕墙装饰面进行检查：

（1）检查玻璃、金属板、石材板块有无松动、损坏。

（2）检查密封胶缝有无开裂、脱胶、起泡等损坏现象。

（3）检查幕墙的装饰面有无整体凸出的现象。

（4）检查玻璃是否出现爆裂现象。

（5）在进行室内装饰工程时，应在饰面安装隐蔽前对结构改动进行验收。

幕墙的耐撞击能力较差，因而对于室内无窗台墙体，应设置不低于 900mm 高的防护栏杆；一般情况下，应在幕墙外部靠近幕墙处设置防护栏杆或设置绿化带与行人道路隔离；如幕墙玻璃为单片玻璃，则其室内面为镀膜面，室内人员在工作或从事其他活动时应避免对其造成损伤。

镀膜玻璃内面禁止贴纸或粘贴其他装饰膜，否则易引起由热集中造成的玻璃炸裂。同时，也要避免其他类似的情况，如室内进行焊接作业时，应远离镀膜玻璃 2.5m 以外或用木板等隔热材料将玻璃挡严，保证镀膜玻璃不受损坏。

5. 其他维护

在安装室内空调时，应注意空调的热风口不宜设置在玻璃幕墙位置或与之距离过近。使用过程中发现门、窗启闭不灵活或附件损坏等现象时，应及时修理和更换；幕墙装饰面需定期进行清洗，同时保持幕墙排水系统的畅通，发现堵塞应及时疏通。铝型材、玻璃、金属板等幕墙装饰材料的装饰面均不能用尖利的金属进行刮削。如有强酸、强碱等强腐蚀性的物质沾在幕墙材料的装饰面上时应立即用柔软的棉布擦拭干净并用清水冲洗。

建筑幕墙的日常使用管理应做到：

（1）在人员离开时，可开启部分（开启窗）应处于关闭锁好状态。

（2）出现恶劣天气如强台风、暴雨等之前应仔细检查可开启部分是否处于关闭状态。

（3）可活动部分要经常涂润滑油，保持灵活，避免锈蚀。

（4）在室内办公使用过程中，幕墙的任何部位均不能有积水的现象。

（5）不得任意拆除或破坏幕墙的附属系统，如防火系统、避雷系统等。

（6）在进行室内装饰施工或从事其他活动时，要注意不能浸湿防火棉、保温棉。

（7）在幕墙外立面设挂灯光或广告时，所有固定点的螺钉必须采用不锈钢螺钉，不得采用普通螺栓，否则将导致电腐蚀（锈蚀）铝材料而缩短使用寿命；同时在固定点的螺钉要注意密封（采用外幕墙密封胶，严禁使用室内装饰用密封胶），严防渗水发生。

幕墙工程竣工验收交付使用后，业主（或物业管理公司）在日常维护中，应经常巡查或根据实际情况（如大风、大雨前后）对玻璃幕墙进行专门检查。发现玻璃出现爆裂后，第一时间采取安全隔离措施，及时清除开裂碎化的玻璃，或者通知承包方售后服务部前往处理，消除安全隐患。当遭遇到强台风、地震、暴雨、火灾等灾害后，应由专业幕墙公司技术人员对幕墙工程进行全面的安全检查，视损坏程度制订处理方案，修复或更换损坏的构件。对施加预拉力的张拉杆或拉索结构的幕墙工程，应进行一次全面的预拉力检查和调整。

六、既有建筑幕墙检测与评估

（一）安全检测标准

作为最早重视既有玻璃幕墙安全可靠性的省市之一，上海市在对本市范围内既有玻璃幕墙安全性调研的基础上，于 2005 年颁布了上海市地方标准《玻璃幕墙安全性能检测评估技术规程（试行）》DG/TJ 08-803-2005，2013 年又对该标准进行了修订。此外，江苏省建设厅于 2008 年 1 月 11 日也发布了《既有玻璃幕墙可靠性能检验评估技术规程》DGJ 32/J63—2008，规范本省范围的既有玻璃幕墙检测与安全性评估。作为国内玻璃幕墙使用最多的城市，北京也逐渐重视既有玻璃幕墙的问题，2008 年，北京市科委组织了"玻璃幕墙安全检测技术研究"的课题研究，研究适用于既有玻璃幕墙安全性检测和评估的方法和技术，并建立适合北京现状的检测和评估标准和规范，提高首都玻璃幕墙的安全可靠性，也形成了一系列的检测技术，最近几年的示范应用中也取得了良好的效果。

近几年，住建部和多个省市也相继编制发布了多项关于既有玻璃幕墙安全检测与评估的技术标准（表 6-1），对于指导各地开展既有玻璃幕墙的安全检测起到了一定的作用。

部分既有建筑安全检测相关标准

表 6-1

标准类别	标准名称	标准号
江苏省地方标准	《既有玻璃幕墙可靠性能检验评估技术规程》	DGJ32/J 63—2008
四川省地方标准	《既有玻璃幕墙安全使用性能检测鉴定技术规程》	DB51/T 5068—2010
上海市地方标准	《建筑幕墙安全性能检测评估技术规程》	DG/TJ 08-803—2013
安徽省地方标准	《既有玻璃幕墙可靠性能检测评估技术规范》	DB34/T 1631—2012
建筑行业标准	《既有建筑幕墙可靠性鉴定及加固规程》	—
建筑行业标准	《玻璃幕墙粘结可靠性检测评估技术规程》	—
国家标准	《玻璃缺陷检测方法——光弹扫描法》	GB/T 30020—2013
国家标准	《建筑玻璃幕墙粘接结构可靠性试验方法》	GB/T 34554—2017
行业标准	《建筑门窗、幕墙中空玻璃性能现场检测方法》	JG/T 454—2014
行业标准	《建筑幕墙工程检测方法标准》	JGJ/T 324—2014
ASTM标准	《不安全条件下建筑物外立面定期检查操作标准》	ASTM E2270—05
ASTM标准	《建筑物外立面在不安全的条件下进行检查的标准指南》	ASTM E2841—11

目前，既有建筑幕墙安全检测标准更多的是强调检查什么项目，多以核查、观察、观测等手段为主，受检查人员主观影响较大，缺少具体操作的方法描述，实际应用过程中难以操作，对检测结果也很难量化，这也是既有建筑幕墙安全检测难以有效实施的最主要原因之一。

（二）幕墙失效模式及影响

建筑幕墙的失效模式可以归纳为三大类，即：材料失效、结构失效和功能失效。其中，材料失效主要是构建整个幕墙系统所选用的建筑材料物理性能或化学性能的变化而导致的建筑幕墙外观质量、支承结构和使用功能质量的降低；结构失效主要是由于材料失效而产生的幕墙结构的偏移、扭曲、开裂、损伤或过载而产生的结构性缺陷；功能失效则主要是由于材料失效或结构缺陷而引起的使用性障碍。建筑幕墙主要的失效模式、失效表现形式和所产生的影响如表 6-2 所示。

既有建筑幕墙失效模式及影响 表 6-2

分类	失效模式	失效表现形式和影响
材料失效	玻璃破碎	使用非安全玻璃；玻璃幕墙面板的整体脱落；钢化玻璃的自爆，玻璃的热炸裂，受外力后玻璃破碎等
	中空玻璃失效	中空玻璃密封条失效，内腔产生雾气或水珠
	镀膜玻璃	镀膜质量差，出现脱膜变色、脱落现象，影响幕墙板块的安全性和景观效果
	玻璃影像畸变	玻璃面板色差明显，钢化玻璃变形量大，有的产生波纹状，有的产生条纹状，更有甚者产生哈哈镜现象，导致玻璃成像畸形
	石材腐蚀	由于水斑不干、析盐、泛碱、锈斑吐黄、霜冻破坏、表面腐蚀、色素污染、苔藓生长及粉化剥落等导致的石材幕墙板面纹理不顺、失去光泽或色泽不协调而造成了外观上的缺陷
	石材破坏	由于石材幕墙石材面板的槽(孔)处发生破坏而导致了局部石材板面的开裂，严重的发生脱落
	铝板/铝塑板外观质量缺陷	铝单板或铝塑复合板表面鼓凸或凹陷，表面变色、脱色、色差严重，有脱膜、划伤、凹坑、刮痕、变形等质量缺陷；铝塑板边缘处出现铝板和塑料芯层分离的现象
	铝塑复合板脱落	铝塑复合板开槽过深，折边处发生撕裂，严重时导致铝塑板的脱落
	密封胶、结构胶、密封胶条失效	①胶缝宽窄不一，整条胶缝直线度超标，密封胶缝表面不光滑，有气泡和鼓包，胶缝边沿残留胶或其他污渍等缺陷，注胶质量差，造成胶体开裂、孔隙、龟裂和脱落，产生渗水、漏气等现象。②结构胶注胶的基材清洗工作存在严重的缺陷，清洗剂品种问题、清洗方法问题、注胶环境条件、结构胶养护时间不足等问题均严重影响结构胶施工质量。结构胶的失效导致的隐框玻璃幕墙玻璃面板的脱落、干挂石材的脱落等。③密封胶条老化变硬
	紧固件失效	预埋件、支座焊接质量差，无防腐处理，有的破坏了原镀锌防腐层而未加处理；连接螺栓、螺钉和螺母的锈蚀；石材幕墙挂件的锈蚀、断裂；点支式玻璃幕墙爪件的锈蚀、变形以及张拉索杆的失效等
结构失效	立柱、横梁结构失效	①早期幕墙工程由于建筑市场管理相对比较混乱，现场使用的主要受力构件如立杆、横杆型材壁厚不足，有的甚至采用门窗方料作为立杆。②有的幕墙采用连续梁力学模式设计，但立杆套管长度不足，且套管配合松脱，致使立杆受力状况处于不利状态，达不到连续梁的传力效果。③立杆、横杆安装的螺栓采用普通螺栓，或使用的不锈钢螺栓是伪劣产品，含镍量和标准相差甚远，安装不久就严重锈蚀。④由于立柱、横梁的设计强度不够而导致了幕墙系统在外荷载下发生扭曲变形、幕墙构件偏移、幕墙单元错位、密封胶条撕裂等现象

分类	失效模式	失效表现形式和影响
结构失效	预埋件(后埋件)、支座安装质量问题	①预埋件的钢材有的采用了非国标材料(比如改制材之类),质量低劣,其强度及使用寿命都有很大影响。 ②预埋件制作锚固长度严重不足。 ③预埋件制作锚筋焊接方式没有采用塞焊,有的焊接焊缝严重不足,有的焊接电流超大等原因,使锚筋产生容易碎断的现象。 ④预埋件的防腐没有按照规定进行热镀锌,比如采用冷镀法,或是镀层厚度不够,有的只采用质量低劣的油漆涂刷一遍。 ⑤预埋件安装位置不准又没有进行有效的补强处理。设置预埋件时,基准位置不准,质量控制不严,如:钢筋捆扎不牢或不当,混凝土模板支护不当,混凝土捣固时发生胀模、偏模,预埋件质量跟踪不到位,造成预埋件变位;支座节点设计时没有考虑三维方向微调功能。 ⑥幕墙支座节点调整后未进行焊接,引起支点处螺栓松动。 ⑦多点连接支点处螺栓上得太紧,上下立柱芯套连接过紧。 ⑧后埋件采用普通膨胀螺栓或采用性能不可靠的化学螺栓,与主体结构锚固不牢靠,有效使用年限难以考究。 ⑨焊条的品种、规格选用不正确、焊机的功率不合适、角码焊缝质量低劣、焊缝厚度不足。有不少焊工没有合格的岗位证,施焊质量差、夹渣、气孔、咬肉、烧伤现象不少,焊接质量存在各种各样的缺陷。 预埋件(后埋件)的制作和安装质量得不到保证,将影响幕墙与主体结构的有效连接,有的幕墙安装后使用时间较长已产生严重锈蚀,直接给结构安全造成不同程度的安全隐患
	连接件结构失效	点支式玻璃幕墙的连接爪件的强度设计不够,连接爪件发生弯曲、变形,由结构计算失误而导致的张拉索杆支承结构强度不够,拉索发生崩断,拉杆挤弯或使用中发生拉索松弛;石材幕墙的挂钩、钢销、背栓发生破坏而导致的石材面板的滑移、脱落;铝板、铝塑复合板幕墙的连接螺钉、螺栓、角钢/铝、加强肋等强度不够而导致的金属幕墙的开裂、脱落等现象
	幕墙面板的失效	玻璃面板、石材面板、金属面板在外荷载(风荷载、雪荷载、地震作用、温度作用、撞击、火灾等)作用下发生结构性损伤,影响到幕墙系统的使用功能和安全性能
功能失效	开启扇失效	开启窗的五金件由于材质及防锈处理、窗扇使用不当等问题,会造成变形、锈蚀、卡死、缺损等情况,造成窗扇支承安全度不足,甚至脱落,产生危害
	噪声	室外噪声对室内产生的影响过大,不能起到隔声的作用
	采光性能差	室内采光效果差,日夜均需人工光源进行补充
	冷热舒适度低	幕墙内外温差小,起不到保温、隔热作用或效果不明显
	漏气	幕墙单元连接处、开启窗等位置在大风天气能感到明显的漏气现象
	渗水	幕墙单元连接处、开启窗等位置在雨水天气出现明显的渗水现象
	防火性能差	幕墙没有防火隔断或防火效果差,发生火灾时造成财产损失与人员伤亡
	无防雷功能	雷雨天气,建筑物遭受雷击而造成财产损失与人员伤亡

早期的建筑幕墙出现上述问题的主要原因有以下几方面:

(1)幕墙设计方面。在我国建筑幕墙初始发展阶段,由于国家尚未制定相关规范、规程和技术标准,因此幕墙的结构设计计算缺乏理论依据,且技术数据不充分、不合理、不完善。比如风荷载的基本风压重现期不同、地震作用效应的动力放大系数不同、力学计算模式不同、荷载组合计算方法不同、设计计算的项目和内容不同、取值标准不同等,从而使幕墙结构设计计算结果产生不同程度的偏差和混乱;建筑幕墙设计工作大多数由施工单位负责完成,但是早期的不少施工单位由于技术水平较低,缺乏结构设计人才,或者从事结构设计的人员并非专业性技术人员,幕墙设计资料不完整,设计深度不够,致使有些设计文件存在设计或计算失误,致使幕墙结构存在安全隐患。

（2）幕墙施工方面。我国的建筑幕墙施工技术从国外引进之初，国内早期从事幕墙施工的队伍尚未有正规和成熟的技术力量，有不少幕墙工程由这些施工队伍所承包，在没有经过有资质的设计部门进行结构设计，没有计算书，没有专业施工图的情况下，只凭建筑设计的方案图就进行施工，甚至有的幕墙工程只有班组绘制的简单分格图；早期的建筑幕墙设计施工图纸及计算书大部分没有经过图审单位或原土建设计单位审核把关即开始施工；另外，即使在幕墙施工图相对完善的今天，由于施工人员质量意识和专业水平不高，往往不顾质量而只赶进度，不能严格按照施工图纸、施工工艺和规范标准进行施工，是幕墙质量问题产生的直接原因。

（3）过程控制方面。幕墙的生产流程由设计、采购、加工制作、安装和服务等环节组成，幕墙工程的质量控制应是一个全过程、全指标和全员参与的质量控制，只有以上环节都得到良好的控制，才能保证幕墙工程的质量和安全。

（三）检测评估范围与流程

1. 检测评价范围

有下列情况之一的玻璃幕墙应进行安全性检测与评估：

（1）国家相关建筑幕墙设计、制作、安装和验收等技术标准规范实施之前完成建设的建筑幕墙；

（2）自竣工验收后十年以上的玻璃幕墙；

（3）未经验收投入使用的建筑幕墙；

（4）工程技术资料、质量保证资料不齐全；

（5）停建玻璃幕墙工程复工前；

（6）当遭遇地震、火灾、雷击、爆炸或强风袭击后出现幕墙损坏情况；

（7）发生幕墙玻璃破碎、开启部分坠落或构件损坏等情况；

（8）玻璃幕墙主体结构经检测、评估存在安全隐患；

（9）玻璃幕墙使用过程中发现质量问题的；

（10）紧邻主干道或人员密集场合的玻璃幕墙；

（11）其他需要进行安全性检测与评估的情况。

2. 检测评估周期

玻璃幕墙安全性能建议按以下时间间隔进行检测与评估：

（1）玻璃幕墙工程竣工验收1年后，对幕墙工程进行一次全面检查，此后应至少每5年全面检查一次；

（2）幕墙使用年限达到10年后应对该工程不同部位的结构硅酮密封胶进行粘结性能的抽样检查，此后每3年宜检查一次；

（3）施加预拉力的拉杆或拉索结构的幕墙工程在工程竣工验收后6个月时，必须对工程进行一次全面的预拉力检查和调整，此后每3年一次；

（4）当玻璃幕墙达到设计年限25年后，应每3年进行一次全面检查；

（5）紧邻主干道或人员密集场合的建筑幕墙应每2年进行一次全面检查；

（6）使用过程中出现隐患，经评估需要及时进行检查。

3. 检测评估的主要内容

（1）使用过程中质量问题的调查、检测；

（2）资料检查和结构承载能力验算；

（3）幕墙整体一般性检查；

（4）主要幕墙材料的细节检查、检测，重点检查钢化玻璃的缺陷、石材幕墙连接件的锈蚀等；

（5）玻璃幕墙结构和构造的细节检查、检测；

（6）整体及局部变形检查、检测；

（7）幕墙使用功能的检查、检测；

（8）安全可靠性能评估；

（9）使用、维护和改造建议。

4. 检测评估流程

既有建筑幕墙的安全性检测与鉴定，应按以下程序开展（图6-1）：

（1）检测机构受理委托；

（2）进行初始调查、现场勘察和资料收集；

（3）制订检查检测方案并经有关各方确认；

（4）竣工图纸、计算书、工程质量保证资料检查；

（5）现场检查与检测；

（6）结构承载能力验算；

（7）分析论证、安全性评估定级；

（8）提出处理意见，出具检验评估报告。

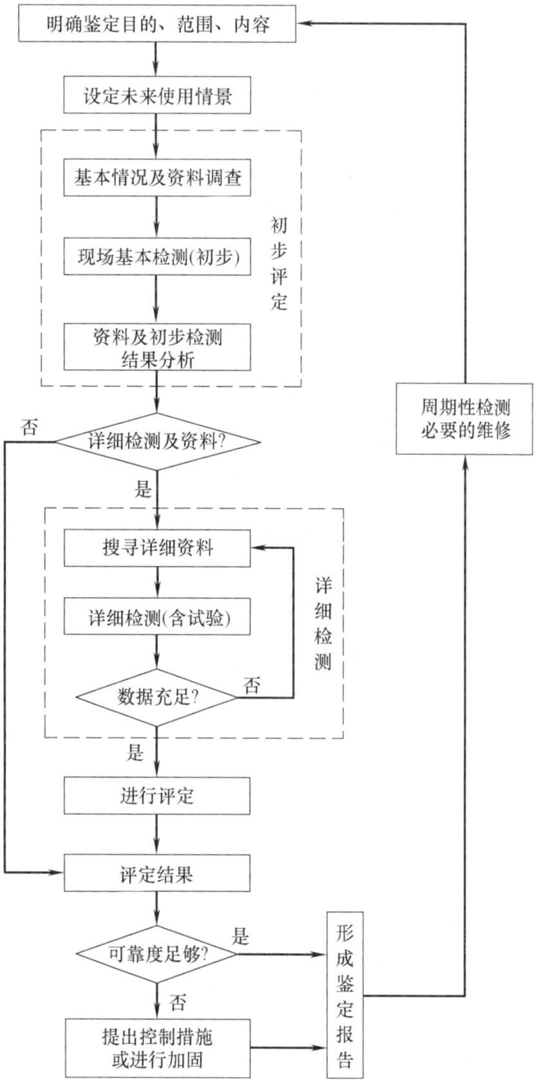

图 6-1　既有建筑幕墙安全检测评估流程

（四）安全检测步骤及内容

1. 现场调查

委托方应提供既有幕墙工程设计、施工和使用过程中相关的技术资料和工程质量保证资料，包括竣工图纸、结构计算书、设计变更、幕墙系统物理性能检测报告、材料复验报告、隐蔽工程验收记录、工程质量检查记录、竣工验收资料等，现场调查时需要收集的资料如表 6-3 所示。

既有幕墙基本情况调查时需收集的资料 表 6-3

分类	资料的详细情况
设计方面	1)幕墙工程的竣工图或施工图； 2)结构计算书； 3)设计变更文件； 4)其他设计文件
材料方面	1)幕墙工程所用各种材料、附件及紧固件、构件及组件的产品合格证书、性能检测报告、进场验收记录和复验报告； 2)进口硅酮结构胶的商检证； 3)国家指定检测机构出具的硅酮结构胶相容性和剥离粘结性试验报告； 4)双组分硅酮结构胶的混匀性试验记录及拉断试验记录
性能方面	1)幕墙的风压变形性能、气密性能、水密性能检测报告及其他设计要求的性能检测报告； 2)防雷装置测试记录； 3)淋水试验记录
施工方面	1)隐蔽工程验收文件(预埋件、构件与主体结构及构件之间的连接构造、变形缝与墙面转角处的构造、幕墙防雷构造、幕墙防火构造、单元式幕墙的封口构造)； 2)后置埋件的现场拉拔检测报告； 3)打胶、养护环境的温度、湿度记录； 4)张拉杆索体系预拉力张拉记录； 5)幕墙构件和组件的加工制作记录； 6)幕墙安装施工记录

2.初步检测

初步检测宜借助简单工具，采用目测、手动等简易方法，针对抽样检测样本容量范围内的待检测对象进行，重点寻找可见的缺陷和破损；获取结构布置、构件截面和平整度信息、连接信息；并验证现场情况与设计资料的符合性。

(1) 目测方法：幕墙可视部分现状与设计图纸资料的符合性、确定部件的直观工作状况（锈蚀、弯曲、腐蚀等）、部件数量统计、因幕墙水密性失效导致的室内漏水印迹；

(2) 尺量方法：确定结构布置尺寸、构件截面尺寸和构件平整度、连接尺寸；

(3) 手动方法：幕墙开启扇的开启功能、可视部位连接的松动性；

(4) 问询方法：通过沟通方式，向用户了解与幕墙水密性、气密性、安全性相关的各种信息；

(5) 聆听方法：确定风荷载作用下，幕墙工程是否可能存在因局部构件或连接松动引起的意外响声；或手动检查开启扇时，是否存在非正常工作的声音。

采用目测方法等方法检测幕墙构件（包括幕墙面板、单块幕墙面板的次级支承构件、跨越多块幕墙面板单元的主支承结构的相关构件）的完整性、平整度、破损情况（腐蚀、锈蚀、弯曲等）、连接部位的质量状况、开启扇的质量状况等，具体检查内容可参照表 6-4。

初步检测的主要检查内容 表 6-4

检查项	检查项细分	主控项目检查内容	一般项目检查内容
幕墙面板	玻璃	1)玻璃出现裂纹； 2)表面有会引起承载力明显降低的划伤、损伤； 3)夹层玻璃是否有分层、起泡、脱胶现象； 4)玻璃板块有松动； 5)玻璃体自身出现了浑浊不透明现象； 6)中空玻璃外片明显错位或密封胶失效造成中空层泄漏； 7)安全玻璃要求的符合性	1)玻璃表面是否有轻微的划伤、损伤； 2)中空玻璃是否有起雾、结露和霉变等现象； 3)镀膜玻璃膜层是否有氧化、脱膜现象； 4)玻璃边缘是否有缺棱、掉角等缺陷； 5)玻璃是否有无法清除的水泥浆、锈迹污染； 6)玻璃是否有明显变形； 7)其他构造要求的符合性(如玻璃厚度、中空层厚度)
	石材	1)异常破裂； 2)表面有会引起承载力明显降低的裂纹； 3)有会引起承载力明显降低的风化侵蚀	1)表面有轻微的裂纹； 2)边缘缺棱、缺角； 3)表面有轻微的风化侵蚀现象； 4)表面有锈斑缺陷； 5)板材有吸水现象； 6)其他构造要求的符合性
	金属面板	引起承载力明显降低的锈蚀、腐蚀、划伤	1)有轻微的锈蚀、腐蚀； 2)表面不平整； 3)轻微的划痕； 4)其他构造要求的符合性
	人造板材	1)异常破裂； 2)表面有会引起承载力明显降低的裂缝、裂纹； 3)严重的色泽变化,强度可能出现严重衰退	1)板材有吸水现象； 2)色泽出现轻微变化； 3)边缘是否有缺棱、掉角等缺陷； 4)其他构造要求的符合性
次级支承构件或主支承结构的构件	钢材	1)表面有会引起承载力明显降低的腐蚀、锈蚀； 2)出现杆件局部失稳或整体失稳现状； 3)钢材表面裂纹或塑性区； 4)截面有未补强的削弱,削弱程度大于30％	1)表面有轻微锈蚀、腐蚀； 2)钢材平整度、平直度； 3)其他构造要求的符合性(如长细比、宽厚比、最小厚度等)； 4)立柱是否悬挂在主体结构上； 5)截面有未补强的削弱,削弱程度大于15％
	铝型材	1)出现引起承载力明显降低的腐蚀,局部最大腐蚀损失量超过材料厚度的50％； 2)有无局部失稳或杆件整体失稳； 3)截面有未补强的削弱,削弱程度大于30％	1)平整度、平直度； 2)表面轻微腐蚀、锈蚀； 3)局部凹坑； 4)立柱是否悬挂在主体结构上； 5)截面有未补强的削弱,削弱程度大于15％
	索件	1)是否出现引发承载力严重衰退的锈蚀、刻痕； 2)是否出现松弛现象； 3)钢绞线存在断丝现象	表面涂层是否老化
	玻璃肋	检查内容同玻璃面板	1)检查内容同玻璃面板； 2)玻璃肋最小截面厚度和最小截面高度的符合性

检查项	检查项细分	主控项目检查内容	一般项目检查内容
连接方式	结构密封胶	1)是否有脱胶、起泡等现象; 2)耐候胶应与相接触材料相容,不应与基材分离; 3)胶体弹性大幅降低,有明显老化(干硬、龟裂、粉化)现象	检查硅酮结构胶与相邻粘结材料处是否有变色、褪色和化学析出物等现象
	建筑密封胶	1)是否有脱胶、起泡等现象; 2)耐候胶应与相接触材料相容,不应与基材分离; 3)胶体弹性大幅降低,有明显老化(干硬、龟裂、粉化)现象	检查硅酮结构胶与相邻粘结材料处是否有变色、褪色和化学析出物等现象
	螺栓连接铆钉连接	1)扭剪型高强度螺栓端部的梅花头是否已拧掉; 2)螺栓是否有松动; 3)螺栓孔是否有气割扩孔	1)丝扣外露是否为2~3扣; 2)螺栓个数要求的符合性
	焊缝连接	焊缝表面、焊缝与钢材之间是否有裂纹	检查未焊满、根部收缩、咬边、裂纹、电弧擦伤、接头不良、表面气孔、表面夹渣等缺陷
	点支连接接头或玻璃肋金属连接件	1)点式连接部位玻璃有局部破损; 2)连接件与玻璃之间是否有松动	1)衬垫和衬套; 2)转动变形适应能力
	幕墙周边支承结构	1)预埋件连接件附近混凝土出现开裂; 2)预埋件连接件附近混凝土掉渣现象; 3)连接件出现松动	—
	嵌入式连接卡槽＋密封胶条	1)胶条脱落; 2)胶条松动	1)胶条有老化现象; 2)明框幕墙中面板嵌入量
	拉索和拉杆索头	严重松动、断丝	外观磨损情况
	吊夹具连接	松动	外观磨损情况
	销接	生锈、断裂等	—
	开启扇	1)外开窗是否有松动、脱落的迹象; 2)开启扇与固定框之间的连接出现锈蚀现象; 3)开启扇与固定框之间的连接的螺栓或螺钉是否松动	1)开启是否灵活、顺畅; 2)是否有轻微松动; 3)是否存在噪声; 4)是否有锈蚀现象; 5)五金附件是否有功能障碍或损坏

3. 详细检测

当初步检测结果无法清楚揭示幕墙的具体缺陷,或者依据初步检测结果不能够评判出幕墙工程的安全可靠程度时,则应进行详细检测,详细检测宜选用无损检测方法。详细检测的具体检查内容可参照表6-5。

详细检测的主要检查内容

表 6-5

检测对象	项目	检测手段及方法
玻璃	1)品种、厚度、钢化玻璃应力状态； 2)松动、脱落风险； 3)中空玻璃漏气	1)可通过无损检测方法来确定，诸如便携式钢化玻璃鉴别仪、Low-E玻璃鉴别仪、中空玻璃测厚仪等； 2)动态无损检测技术； 3)中空玻璃密封性能检测技术
石材挂件	锈蚀状况	内窥镜
结构胶	1)粘结强度； 2)邵氏硬度； 3)宽度、厚度	1)拉力试验机、手拉试验； 2)邵氏硬度计； 3)探针、卡尺
构件	1)整体及局部变形； 2)硬度； 3)涂层厚度	1)钢卷尺、经纬仪、水平仪、靠尺等； 2)表面硬度法、钳式手提维氏硬度计； 3)涂层测厚仪
使用功能	1)气密性； 2)水密性； 3)抗变形能力； 4)热工缺陷	1)现场气密性测试设备、示踪气体检测技术； 2)淋水试验； 3)气囊法等无损结构强度检测方法； 4)红外热像仪

4. 设计资料分析及承载力校核

设计资料完整，且不怀疑施工现场与设计资料的符合性时，设计复核工作应针对既有设计资料进行。

设计资料缺乏，或有证据表明施工现场与设计资料存在较大的不符合性时，设计复核工作应针对检测获得的直接资料进行。设计资料缺乏，服役使用年限超过 8 年的既有幕墙，当检测结果证实幕墙整体工作性良好，隐蔽工程外露部位工作状态良好时，可认为无法检查的、材料性能退化不明显的隐蔽工程可满足安全可靠工作要求。

结构构件验算采用的结构分析方法，应符合国家、行业现行设计规范的规定：

（1）金属与石材幕墙宜参照《金属与石材幕墙工程技术规范》JGJ 133 进行结构复核；

（2）玻璃幕墙宜参照《玻璃幕墙工程技术规范》JGJ 102 进行结构复核；

（3）幕墙支承结构尚应按照其符合性，遵照《钢结构设计规范》GB 50017、《铝合金结构设计规范》GB 50429、《索结构技术规程》JGJ 257 的相关规定；

（4）混凝土预埋件复核验算尚应遵照《混凝土结构后锚固技术规程》JGJ 145、《混凝土结构设计规范》GB 50010 的相关规定。

5. 节点及构造检查

建筑幕墙的构造和节点的检查检测应包含以下内容：

（1）预埋件或后植锚栓与转接件的连接节点；

（2）转接件与立柱的连接节点；

(3) 立柱与立柱的连接节点；

(4) 立柱与横梁的连接节点；

(5) 变形缝及墙面转角处的连接节点；

(6) 防雷节点；

(7) 防火节点；

(8) 开启部分的构造节点；

(9) 全玻璃幕墙的玻璃与吊夹具的连接节点；

(10) 拉杆（索）结构节点；

(11) 点支承装置的节点和配件。

6. 鉴定结果评定

根据对目前材料和构件、节点和构造、承载能力检测与验算等检测结果，综合判定目前的安全可靠性等级（表 6-6）。

既有建筑幕墙安全性等级综合评定　　　　　　　　　　表 6-6

等级	分级标准
A 级	安全性能符合要求，不影响幕墙的继续使用
B 级	安全性能略低，有一定的质量问题，但尚不显著影响幕墙的继续使用
C 级	安全性能不足，质量问题较多，已显著影响幕墙的继续使用
D 级	安全性能严重不符合要求，有严重的质量问题，已严重影响幕墙的继续使用

7. 加固改造

幕墙可靠性鉴定结论为可靠度不足时，应对既有幕墙采取必要的措施，可采用控制措施，如监控或限制使用，也可采取加固修缮或拆除等施工措施。

（五）现场检测仪器设备

1. 玻璃检测仪器

1）钢化玻璃鉴别仪

采用自然光作为光源，利用偏振片的反射和光强差判断待检玻璃的表面应力状态，无需任何电源，可用肉眼直接观察并能判断出是否属于钢化玻璃，用于幕墙用钢化玻璃的鉴别。图 6-2 所示为目前市场上常见的钢化玻璃鉴别仪。

2）钢化玻璃应力检测仪

采用动态激光偏振散射法，通过偏振激光技术、高速图像采集技术和数字化偏光器技术对玻璃的应力状态进行测量，能够测量幕墙钢化玻璃表面的应力大小和应力分布。图 6-3 所示为目前市场上常见的钢化玻璃应力检测仪。

3）低辐射（Low-E）玻璃检测仪

图 6-4 所示为常见的 Low-E 玻璃检测仪，主要原理是利用 Low-E 玻璃镀膜层具有对

图 6-2　钢化玻璃鉴别仪（CTC、EDTM-SG2700）

图 6-3　钢化玻璃应力检测仪（GlasStress SCALP、JF-1E）

可见光高透过及对中远红外线高反射的特性对 Low-E 玻璃进行检测，可以判断幕墙玻璃是否为 Low-E 玻璃和 Low-E 膜面的位置。使用时，将仪器平放接触到玻璃表面，按下按钮后，相应的指示灯会亮起。

图 6-4　Low-E 玻璃检测仪（CTC-Low-E Detector、EDEDTM-ETEKT＋/AE1601）

4）测厚膜面鉴别仪

美国 EDTM 公司研发的 GC3200 可用于测量双中空及夹胶玻璃的厚度、空气层/夹胶膜层厚度及玻璃总厚度，可便捷地测出 Low-E 膜面的位置和 Low-E 膜的属性（软膜/硬膜），可识别单银、双银及三银 Low-E 镀膜。GC3000 可用来测量中空玻璃的玻璃厚度、空气层厚度及总厚度，并能鉴别 Low-E 镀膜的位置，可识别单银、双银及三银 Low-E 镀膜；GC2001 可用于检测中空玻璃每片玻璃、空气层的厚度及总厚度，同时能鉴别出

Low-E 膜面的位置，如图 6-5 所示。

图 6-5　Low-E 中空玻璃厚度、膜面检测仪（EDTM-GC3200、GC3000、GC2001）

5）中空玻璃测厚仪

用于测量中空玻璃及中空腔的厚度，具有小巧便携、测量速度快、自动扣除环境光的优点，特别适合对已安装的建筑玻璃、门窗玻璃进行现场测量。图 6-6 所示是目前市场上常见的中空玻璃测厚仪。

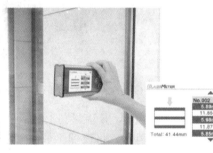

图 6-6　中空玻璃测厚仪（CTC、GlassMeter100、MG1500）

6）中空玻璃惰性气体检测仪

芬兰的 Sparklike 生产的手持式惰性气体分析仪和激光气体分析仪可以实现中空玻璃惰性气体含量检测，如图 6-7 所示。

图 6-7　惰性气体检测仪（Sparklike Handheld、Sparklike Laser）

芬兰的 Sparklike 生产手持式惰性气体分析仪采用瞬间放电摄谱法检测中空玻璃的气体含量，无须破坏被测中空玻璃即可测量腔内氩气或氪气的含量，测量结果准确，重复性好。

Sparklike 激光气体分析仪可以检测和分析单腔和三玻两腔中空玻璃间隔层内惰性气体含量,不受镀膜和夹胶片配置的限制,且准确地判定中空玻璃的间隔层和玻璃片的厚度,在生产过程中任何阶段进行分析和测量。分析仪还可与既有的自动充气中空生产线进行集成,实现在线检测。

7)中空玻璃露点检测仪

便携型的中空玻璃露点检测仪冷阱温度调节范围大、温度调节梯度小、冷容量大(规定试验时间内温度波动小)、冷散失量小,可对水平放置或垂直放置的建筑幕墙中空玻璃进行露点现场检测,如图 6-8 所示。

图 6-8 中空玻璃露点现场检测仪

8)幕墙玻璃光学性能检测仪器

例如,CTC 研制的幕墙玻璃透过率测试仪可以测试玻璃对可见光、红外线和紫外线三个波段的透射比;EDTM 研制的 WP4500 可以现场检测开启窗扇玻璃的可见光、红外线和紫外线三个波段的透射比以及太阳能得热系数(SHGC),此外,EDTM 还有一系列不同功能的玻璃光学性能在线检测设备,如图 6-9 所示。

图 6-9 玻璃光学性能检测仪器(CTC、WP4500、SK1840)

9)幕墙玻璃光热参数综合检测仪

幕墙玻璃光热参数综合检测仪是用于测量建筑节能玻璃综合光学及热工参数的专用综合测量系统。仪器组成见图 6-10,仪器现场测量状态见图 6-11。

该检测仪器可以直接测量出玻璃组成结构中的各片玻璃及间隔层厚度、光谱透射比、光谱反射比、膜面位置、膜面校正辐射率等参数,配合惰性气体体积浓度测量仪(充氩气

图 6-10　光热参数综合检测仪器组成图　　　图 6-11　光热参数综合检测仪器现场测量图

中空玻璃用），可最终测量出玻璃系统的光学参数及热工参数，包括可见光透射比 τ_v、可见光反射比 ρ_v、太阳光直接透射比 τ_e、太阳光直接反射比 ρ_e、太阳光直接吸收比 a_e、太阳能总透射比 g、太阳能红外热能总透射比 g_{IR}、遮阳系数 SC、传热系数 K、光热比 LSG 等。测试软件界面见图 6-12。

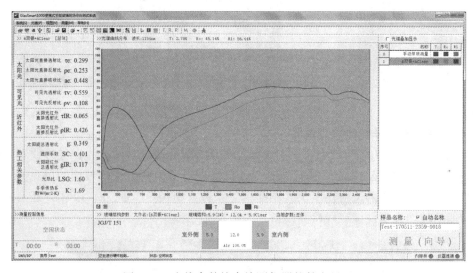

图 6-12　光热参数综合检测仪器软件主界面

该仪器采用无损测试方式，无需拆卸和破坏玻璃成品，直接测试其光热参数。不仅能直接测量单片玻璃，而且能直接测量各种尺寸及结构的玻璃成品，包括未安装和已安装的玻璃成品。

10）幕墙玻璃颜色检测仪器

GlassQ3000 手持宽光谱测色仪是专用于测量建筑玻璃的颜色和色差的手持仪器，适用于节能玻璃幕墙、门窗玻璃的光谱透反射比、颜色及色差检测，可用于未安装和已安装的中空玻璃等制成品的质量控制检验，有助于解决已安装玻璃的颜色和色差的现场测量问题。

该仪器光谱范围宽，可测 380～1000nm 波长范围内的光谱透射比、光谱反射比、颜色和色差；可直接对中空玻璃进行整体测量，无需拆解和人工计算；分体测量大样品和已安装玻璃的光谱透射比，尤其适合现场测量已安装的建筑玻璃；可用于整板玻璃的颜色均匀性测量，实时显示光谱曲线和颜色参数，可连接计算机导出数据。

如图 6-13 所示，该仪器由测色仪主机、可分体透射光源和连接支架三部分组成。该仪器能测量玻璃样品在 380～1000nm 的光谱透射比、反射比，并计算出相应的 Yxy、CIE L＊a＊b＊、色差等颜色参数。

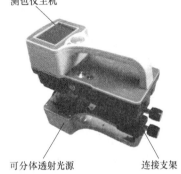

图 6-13 玻璃颜色测量仪器（GlassQ3000）

11）低辐射镀膜玻璃辐射率测量仪

低辐射镀膜玻璃辐射率测量仪包括单片玻璃的测量和中空玻璃的测量仪器。

单片玻璃辐射率测量仪，如图 6-14 所示。仪器为便携式辐射率测量仪，内置锂电池，可单手操作，操作过程直观简便，测量精度高，可以用于各种材料辐射率的现场测量。测量对象为 Low-E 镀膜玻璃、太阳能吸收膜层材料、隔热保温材料、伪装涂层、航空航天特种涂层。

中空玻璃辐射率测量仪，如图 6-15 所示。该仪器用于直接测量中空玻璃中 Low-E 膜面的辐射率，同时测量中空玻璃的玻璃及中空腔厚度，并识别 Low-E 膜面的位置。具有小巧便携、测量速度快、自动测量的优点。特别适合对已安装建筑门窗幕墙玻璃进行现场无损测量。

图 6-14 单片玻璃辐射率测量仪（AE-2）

图 6-15 中空玻璃辐射率测量仪（GlassMeter800）

12）便携式玻璃锡面检测仪

便携式玻璃锡面检测仪采用锡面标识技术，锡面识别直观、明显，采用超长寿命光源、锂电池供电，使用维护成本低，外形小巧，便于携带，广泛应用于玻璃深加工行业的锡面识别。具有透射锡面识别、边部锡面识别和反射锡面识别三种方式，易于操作和观察。如图 6-16 所示。

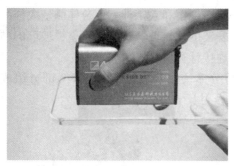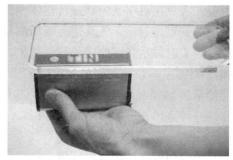

图 6-16　便携式玻璃锡面检测仪（TS580）

2. 金属涂层厚度检测仪

1）涂层测厚仪

采用磁性或者电涡流两种测量方法，可无损地检测磁性金属基体上非磁性覆盖层的厚度（如钢、铁、合金和硬磁性钢上的铝、铬、铜、锌、锡、橡胶、油漆等），以及非磁性金属基体上非导电的绝缘覆盖层的厚度（如铝、铜、锌、锡上的橡胶、塑料、油漆、氧化膜等），涂层测厚仪可用于钢结构镀锌层厚度检测、铝板涂层厚度检测（图 6-17）。

2）超声波测厚仪

超声波测厚仪（图 6-18）采用超声波测量原理，即探头发射的超声波脉冲到达被测物体并在物体中传播，到达材料分界面时被反射回探头，通过精确测量超声波在材料中传播的时间来确定被测材料的厚度。适用于能使超声波以一恒定速度在其内部传播，并能从其背面得到反射的各种材料厚度的测量。可检测钢板厚度、铝合金基材厚度等。

图 6-17　涂层测厚仪　　　　　　　　　　图 6-18　超声波测厚仪

3. 视觉检测仪器

1）智能型裂缝测宽仪

智能型裂缝测宽仪（图 6-19）主要利用 CCD 摄像头对准被测裂缝，在显示屏上可看到被放大的裂缝图像，稍微转动摄像头使裂缝图像与刻度尺垂直，根据裂缝图像所占刻度线长度，读取裂缝宽度值。智能型裂缝测宽仪可用于石材裂缝宽度检测。

2）工业内窥镜

工业内窥镜（图 6-20）集光、机、电、图像处理软件于一体，配备高分辨率彩色监

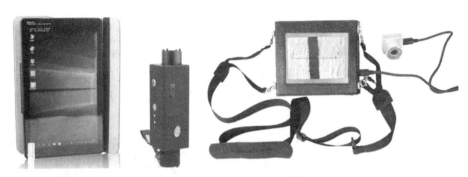

图 6-19　智能型裂缝测宽仪

视器或 USB 口的笔记本电脑，携带更方便，观察图像更清晰，使操作者利用高倍清晰彩色 CCD，将观察到的疑点及探伤部位借助独有的专业软件处理系统，进行冻结、放大、分析、测量、打印报告，极大地提高判断管道内壁探伤部位的准确性。可对幕墙隐蔽部位的外观进行检测，比如石材幕墙背部连接件的锈蚀状况。

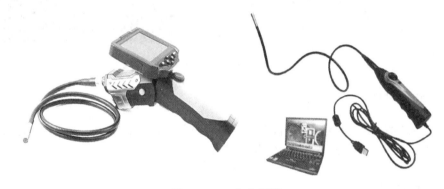

图 6-20　工业内窥镜

3）红外热像仪

热像仪是利用红外探测器和光学成像物镜将接收到的被测目标的红外辐射能量分布图形反映到红外探测器的光敏元件上，从而获得红外热像图，这种热像图与物体表面的热分布场相对应。通俗地讲，热像仪就是将物体发出的不可见红外能量转变为可见的热图像，热图像上面的不同颜色代表被测物体的不同温度。红外热像仪可用于各类建筑幕墙渗水和热工缺陷的现场检测，如图 6-21 所示。

图 6-21　红外热像仪

4. 拉索张力检测仪

对于拉索幕墙使用一段时间后，张拉索索力会产生变化，将有可能对结构安全造成危害。玻璃幕墙索力张力检测仪利用不同张紧程度对索的侧向刚度的不同来测定拉索内力，仪器本身具有张紧力的绳索结构，不需拆卸即可直接测量，可用于检测张拉索幕墙的索力值，如图 6-22 所示。

图 6-22　拉索张力检测仪

5. 其他检测仪器

除了上述介绍的对建筑幕墙进行现场检测的设备外，还利用测绘仪器对幕墙进行测绘测量，例如：经纬仪、水准仪、激光测距仪等。

（六）检测案例

以下是对某既有幕墙工程检测得到的现场图片和记录。

1. 检测记录

1）玻璃幕墙结构构件

（1）立柱、横梁

① 立柱、横梁表面无明显变形、裂纹，部分有流痕，表面涂膜有轻度腐蚀；

② 立柱、横梁壁厚、涂膜膜厚等符合规范要求。

（2）玻璃面板

① 部分玻璃面板有斑点、划伤等缺陷；

② 玻璃厚度满足设计要求。

（3）硅酮结构胶及密封材料

① 硅酮结构胶未见有脱胶、开裂、气泡、化学析出等现象；

② 密封材料有轻度硬化龟裂、脱落现象；

③ 密封胶材料在屋顶部位、楼层间横向铝型材装饰带部位龟裂、老化显现严重。

（4）五金件及其他配件

① 五金件配件部分窗连接杆已经脱落；

② 所有幕墙上悬窗未按照施工规范安装幕墙窗止退块；

③ 所有幕墙隐框窗未按照规范安装玻璃防坠落托块，完全采用结构胶受力；

④ 绝大部分幕墙窗连接杆螺钉数量不符合规范要求；

⑤ 梁柱连接角码、螺栓规格数量符合设计要求。

2）玻璃幕墙结构构造

（1）幕墙与主体结构连接可靠，构造方式符合设计要求；

（2）转接件与立柱连接可靠，构造方式符合设计要求；

（3）横梁连接螺栓牢固无松动，构造方式符合设计要求；

（4）立柱、横梁连接处密封胶存在注胶不明确，有的注胶，有的未注胶；

（5）幕墙顶部的连接构造符合设计要求；

（6）幕墙底部的连接构造符合设计要求。

3）幕墙顶部的构造连接

（1）幕墙顶部采用钢结构支撑，连接符合设计规范要求；

（2）顶部钢结构表面个别部位腐蚀严重，不符合规范要求；

（3）顶部铝板采用螺栓连接，长期承受风荷载等动力荷载，需要定期检查保养。

2. 检查结论

根据以上检查结果及计算核算，并依据《民用建筑可靠性鉴定标准》GB 50292—2015 等标准进行评定，该玻璃幕墙安全使用性能符合规范要求，可继续使用。检测结论仅对检测当时的玻璃幕墙的安全状态进行抽样评价，抽样检测具有风险性，不能完全作为判定幕墙后续是否安全的依据。

3. 适修性建议

（1）对于个别表面存在严重流痕、涂膜严重腐蚀的构件，应做好表面防腐处理；

（2）对破损玻璃，应全部卸除并立即更换；

（3）对于存在老化和龟裂的硅酮密封胶，应全部更换；

（4）对于部分表面存在严重锈蚀的连接件及其他配件，应除去锈层，并重新做好表面防锈处理；

（5）对于螺栓数量不符合规范要求的应立即整改；

（6）对于屋顶铝板应定期进行检查和加固；

（7）对于屋顶钢结构严重锈蚀部位，应予以铲除并重新作防腐处理；

（8）大楼主要出入口均已设置雨篷，而大楼部分幕墙垂直下方有人行过道部位，存在安全风险。充分考虑底层裙房屋顶或者主楼周边绿化隔离，避免车流（包括停车位）和人流直接暴露在高层物体（无论是幕墙还是意外掉落物）垂直坠落的安全距离之内。

4. 现场检测照片

图 6-23 所示为本工程关键节点和部位的现场检测照片。

图 6-23　幕墙现场检查照片（一）

（a）屋顶铝板需定期检查；（b）屋顶避雷未形成均压环；（c）屋顶钢结构已锈蚀；（d）屋顶钢结构连接处锈蚀；
（e）铝板直接与结构存在渗水风险；（f）幕墙边口未封闭；（g）幕墙渗水印迹；（h）幕墙漏水对横梁造成腐蚀；
（i）绝大部分幕墙窗未安装止退块；（j）幕墙窗扇玻璃未安装玻璃托块；（k）铝主梁存在的损坏；
（l）部分玻璃附框与横梁安装缝隙过大

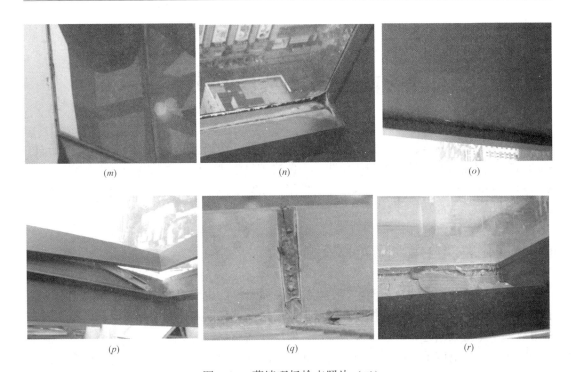

图 6-23　幕墙现场检查照片（二）

（m）硅酮密封胶已脱落；（n）室内污水已造成构件的污染和腐蚀；（o）个别玻璃附框脱落，存在严重安全风险；

（p）部分开启扇连杆脱落；（q）横向铝装饰带密封胶龟裂；（r）室内物品对幕墙的伤害

七、既有建筑幕墙安全检测新技术

既有建筑幕墙安全性检测技术在国内外一直都是一个研究热点和难点，国内中国建材检验认证集团以包亦望教授为首的团队、中国建筑科学研究院、上海建筑科学研究院等团队和机构在既有建筑幕墙检测技术方面研发了一系列的成果，为实现既有建筑幕墙的安全性检测提供了一定的技术支撑。

（一）钢化玻璃自爆缺陷光弹检测技术

由于玻璃的典型脆性及玻璃生产工艺和产品质量等的原因，近年来在使用过程中不断有玻璃结构破裂失效造成人员伤亡及财产损失的情况。我国发生的钢化玻璃自爆造成的安全事故每年至少数千起，一旦事故出现，人们往往强调加强防护及安全性检测，但是对于如何检测等问题仍束手无策。由于钢化玻璃自爆的难以预测和造成的灾难的严重性，其自爆问题已成为国内外研究人员和政府关注的热点。

传统研究多集中于造成玻璃自爆的杂质分析，并认为硫化镍杂质相变是引起钢化玻璃自爆的主要原因，国外研究人员还得到了结石尺寸和应力的关系，并提出了采用热浸处理的方式可以促使硫化镍杂质发生相变提前引爆存在缺陷的钢化玻璃。包亦望等人发现并证明了除硫化镍之外，单质硅杂质的存在也是导致钢化玻璃自爆的又一重要原因，并进一步对单质硅微粒引起自爆的力学机理进行了分析和有限元模拟。

为了解决钢化玻璃应用安全问题，必须从理论上解释钢化玻璃自爆的机理，建立玻璃自爆检测技术，开发自爆检测设备，为预防预测玻璃自爆事故的发生提供科学的解决方案。

1. 基础原理

1) 钢化玻璃应力分布与能量

物理钢化玻璃是一个应力平衡体，表层为压应力，而中间层为拉应力，其应力沿厚度方向分布如图 7-1 所示，其中 σ_c 为表层压应力，σ_t 为内层最大拉应力，如图 7-1 所示。

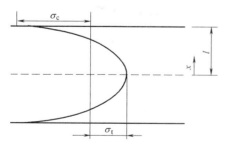

图 7-1 钢化玻璃拉压应力分布示意图

以对称轴为原点进行应力分析，假设钢化玻璃内部应力满足以下条件：

（1）应力沿厚度方向连续光滑非线性变化；

（2）压应力与拉应力达到自平衡，沿厚度积分为零；

（3）表面最大压应力可测，表示为 σ_c；

（4）面内应力处处相等，即 $\sigma_x = \sigma_y$；

（5）根据实验数据经验，残余应力按 2.5 阶指数函数分布。

根据以上假设条件，可推导出残余应力分布公式：

$$\sigma = -(1.4\xi^{2.5} - 0.4) \times \sigma_c \qquad (7\text{-}1)$$

其中，σ_c 为表层压应力；$\xi = x/l$，为无量纲参数，变量 x 为钢化玻璃中间层到表面方向的任意距离，l 为钢化玻璃厚度的一半，即 $h = 2l$。

在公式（7-1）中，令残余应力为零，可以求出应力分布从表面压应力到中间层拉应力的过渡层位置为距离表面 $0.2h$（h 为钢化玻璃厚度）的位置。因此，可以推断中间的拉应力层厚度为 $0.6h$。

在对称轴的位置，拉应力达到最大，从公式（7-1）中可知，最大拉应力等于表面压应力绝对值的 0.4 倍。反过来，表面压应力是中间最大拉应力的 2.5 倍。这也说明，钢化应力越大，内部的拉应力也越大。而玻璃的破坏大都是由于拉应力引起的，所以并非钢化应力越大越好。虽然钢化应力越大，弯曲强度越高，但发生自爆的概率也越大。

钢化玻璃内应力使得它本身成为一个具有较大应变能的固体，当玻璃破裂时，所有的应变能释放并转化为表面能和少量的声能、热能和残余的应变能。钢化应力越大，具有的应变能也就越大。因而，破裂后转化的表面能也越大，这也是为什么钢化玻璃应力越大破裂后的玻璃碎片数量越多的原因。

2）钢化玻璃自爆机理

如果钢化玻璃缺陷位于钢化玻璃拉应力层，则会产生应力集中，如果超过玻璃的本征强度，则会引起钢化玻璃破裂。假设玻璃的本征强度是个常数 σ_i，则钢化玻璃中间层的最大拉应力不允许太大而接近本征强度。如果内部拉应力达到本征强度则玻璃发生破裂。根据钢化应力的分布，当中间拉应力达到或等于本征强度时，表面的钢化应力则等于 2.5 倍的本征强度。所以，为了安全钢化应力不宜太高。假设表面钢化应力达到 250MPa，则可推断中间的最大拉应力达到 100MPa 左右。假设本征强度为 150MPa，剩余强度就只有 50MPa 了。换句话说，钢化拉应力继续增大 50MPa 玻璃就可能破裂。另一方面，本征强度随内部缺陷而降低，如果玻璃内部有缺陷如微裂纹、杂质等，由于局部应力集中引起拉应力的叠加，更容易引起玻璃的自爆。

钢化玻璃自爆的典型破坏形貌如同蝴蝶斑状的裂纹，裂纹由一中心点向周围扩散，如图 7-2 所示，裂纹中心往往是引起破坏的杂质颗粒所在的位置。这些小颗粒都是在距玻璃表面有一定深度的拉应力层。

无论是哪种杂质颗粒引起的自爆，都是由于局部挤压导致玻璃的应力集中，这种应力受材料热膨胀系数和温差影响。杂质周围的应力状态呈球对称分布，切向应力是最大径向应力的一半，即

$$\sigma_r = P \cdot \left(\frac{a}{r}\right)^3, \quad r \geqslant a \qquad (7\text{-}2)$$

$$\sigma_t = -\frac{P}{2} \cdot \left(\frac{a}{r}\right)^3, \quad r \geqslant a \qquad (7\text{-}3)$$

式中，σ_r 为径向应力；σ_t 为切向应力，从

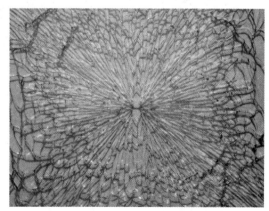

图 7-2　钢化玻璃自爆的典型破坏形貌

式中可以看出应力集中的程度与颗粒尺寸的三次方成比例；r 为球对称的轴坐标；a 为杂质颗粒的半径；P 为杂质颗粒与玻璃之间界面的正压应力，它是温差和材料力学性能的函数：

$$P = \frac{(\alpha_m - \alpha_p) \cdot \Delta T \cdot E_m}{(1+\nu_m)/2 + (1-2\nu_p) \cdot E_m/E_p} \tag{7-4}$$

式中，E_m 为玻璃弹性模量；E_p 为杂质颗粒的弹性模量；ν_m 为玻璃泊松比；ν_p 为杂质颗粒的泊松比；α_m 为玻璃膨胀系数；α_p 是杂质颗粒的膨胀系数；ΔT 为温差。

钢化玻璃中的杂质颗粒发生相变或热膨胀引起的切向拉应力将导致钢化玻璃破裂。根据脆性材料断裂的均强度准则，特定小区域（扩展区域）的平均应力决定了裂纹萌生的临界状态，而非最大应力。扩展区域宽度 δ 为

$$\delta = \frac{2}{\pi} \left(\frac{K_{IC}}{\sigma_b} \right)^2 \tag{7-5}$$

式中，σ_b 为断裂强度。颗粒附近裂纹是由膨胀杂质颗粒周围的切向拉伸应力引起的，切向拉应力与残余强度和扩展区域宽度的关系为

$$\int_a^{a+\delta} \sigma_t \mathrm{d}r = \delta \cdot \sigma_o \tag{7-6}$$

其中，残余强度是位置的函数，所以也可称为局部强度

$$\sigma_o = \sigma_i - \sigma = \sigma_i + (1.4\xi^{2.5} - 0.4)\sigma_c \tag{7-7}$$

在钢化玻璃的表面局部强度比本征强度还要高出一个钢化压应力，由公式（7-7）可知这时表面的残余强度为

$$\sigma_o = \sigma_i + \sigma_c \tag{7-8}$$

在钢化玻璃横截面的对称轴位置，局部强度达到最低值：

$$\sigma_o = \sigma_i - 0.4\sigma_c \tag{7-9}$$

钢化玻璃的每一处的局部强度是厚度方向位置的函数，最大值在表面，这也是为什么钢化玻璃的弯曲强度能提高的原因，因为弯曲强度实际上近似等于表面的局部强度。这种强度提高的代价是降低了中间层的局部强度，所以中间层内只要有局部拉应力达到残余强度就可能发生破坏，表现为自爆。普通玻璃和钢化玻璃的局部强度沿厚度变化的规律如图7-3所示。普通玻璃假设是处处均匀，故强度处处相等。但实际上普通玻璃表面的局部强度由于表面微裂纹的存在，要比内部的强度低一些。为了分析简便，钢化玻璃分析时先不考虑这些因素。钢化玻璃的局部强度最大值在表面，最小值在中间层，对于超钢化的情况，最小强度已经很低，非常容易发生自爆。在一些诱导自爆的外界原因作用下，如阳光直晒、暴风暴雨、积雪以及装配扭曲等各种因素下都可能导致内部缺陷的应力集中加剧，从而引起钢化玻璃的自爆。

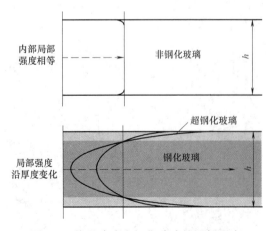

图 7-3　普通玻璃和钢化玻璃的局部强度
沿厚度的变化示意图

上述分析确定了钢化玻璃自爆的准则为：拉应力区内应力集中达到该处的局部强度。在非均匀应力场中应力梯度决定了临界峰值的应力大小，并与杂质颗粒的尺寸有关，即应力集中的程度与颗粒尺寸的三次方成比例。

3）钢化玻璃自爆影响因素分析

对于玻璃，断裂牵连区的尺寸大约为 $\delta=0.02$mm，根据以上推导可以得到颗粒表面压力 P 与颗粒尺寸 a 在不同残余强度 σ_0 下的关系，如图 7-4 所示。通过计算分析可知，引起钢化玻璃破裂的杂质颗粒直径一般在 $0.2\sim0.5$mm，钢化应力越大，引发自爆的颗粒尺寸就越小。

有两种情况钢化玻璃很快就可能自爆破坏：一种是杂质颗粒很大，周边应力集中较强；另外一种是当玻璃处于超钢化条件下（钢化拉应力接近玻璃的本征强度）时，即使没有杂质缺陷也可能会发生自爆，这两种情况下的钢化玻璃一般寿命不长。从图中可知，如果杂质颗粒的半径在 0.1mm 之下时，随着杂质颗粒尺寸的减小膨胀压力迅速增加，颗粒表面所需要的正压力非常大，自爆风险较小。

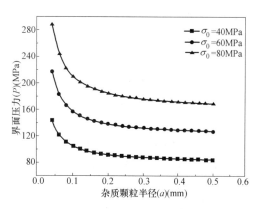

图 7-4 杂质颗粒膨胀引起的界面压力与杂质颗粒半径的关系（$\delta=0.02$mm）

上图表明颗粒越小，自爆时所需要的界面压力越大，但是这还与各种影响因素有关，包括钢化应力的大小、杂质颗粒尺寸的大小、颗粒所处的位置和温度变化的大小。

（1）钢化应力的影响

这种影响实际上与杂质的位置有关，假设杂质处于中间拉应力层，对于普通玻璃，也有硫化镍小颗粒相变发生，但是不发生自爆，这是由于没有钢化拉应力的作用，它表明仅仅杂质小颗粒本身引起的局部应力集中不足以导致玻璃破裂。随着钢化应力增大，处于杂质位置的钢化应力加上杂质颗粒引起的局部应力的叠加总和必须大于本征强度才会发生自爆。因此，对于给定的杂质尺寸和位置，钢化应力越大越容易发生自爆。

（2）颗粒尺寸的影响

由公式（7-2）、公式（7-3）知道，杂质局部应力与颗粒尺寸的三次方成正比，所以颗粒尺寸的增大将大大增加局部应力集中，所以钢化玻璃自爆概率随颗粒尺寸减小而大幅度减小。一般来说，尺寸小于 0.1mm 的杂质引起自爆的概率相对较小，除非正好处于中性层上或钢化应力很强的情况下。总之，颗粒越大越容易引起自爆。

（3）颗粒位置的影响

杂质颗粒距离玻璃横截面的中性层越近就越容易发生自爆，从零应力点至玻璃表面这个压应力区间（上下表层约占 40％总厚度），杂质的存在几乎不引起钢化玻璃的自爆，杂质颗粒所在最危险的位置是玻璃的对称中间层。

（4）温度的影响

引起颗粒表面受压的原因很多情况下是温度变化，除了硫化镍相变引起颗粒受压之外，热应力引起的颗粒膨胀或玻璃收缩都可产生颗粒表面受压。当杂质颗粒的膨胀系数大于玻璃的膨胀系数时，升温过程产生界面压力；当颗粒的膨胀系数小于玻璃的膨胀系数时，降温过程产生界面受压。注意：只有颗粒与玻璃的界面受压才可能导致玻璃局部拉应力，界面受拉时没有影响。温度变化（温差）引起的局部应力随温差大小变化是线性关系，而颗粒尺寸与应力关系之间是三次方的非线性变化。

（5）玻璃体积的影响

缺陷概率是影响钢化玻璃自爆的重要因素，显然体积越大含有缺陷的概率越大，所以自爆风险亦越大。另外，玻璃受外力后加剧缺陷周边的应力集中，所以外力也可以促使自爆。

综上所述，钢化玻璃的自爆是由于拉应力层内的局部应力集中引起的，而应力集中是由于杂质颗粒与玻璃之间的界面产生压力或微裂纹扩展所致，颗粒界面压力可由多种因素引起，如硫化镍颗粒相变或其他各种各样的杂质颗粒在变温过程中的热变形所致。因此，钢化玻璃自爆的直接原因只有一个，就是局部应力集中，间接原因有多种多样。应力集中程度受到上述多种因素影响，引起这种应力集中的缺陷或杂质也是多种多样的。

钢化玻璃的内应力是一个沿着厚度方向对称的光滑曲线分布，最大压应力在表面，最大拉应力在中间层位置，最大拉应力的绝对值大约为表面压应力绝对值的 0.4 倍，成比例关系。每一面的表面压应力层的厚度约为总厚度的 20%，故中间拉应力层的厚度为总厚度的 60%左右。

钢化玻璃自爆受到多种因素影响，基本影响规则如下：

① 钢化应力越大越容易自爆；

② 玻璃自爆概率与杂质颗粒半径尺寸的三次方成比例；

③ 杂质距玻璃中性层越近越容易自爆；

④ 温度变化（或玻璃受热不均匀）越大越容易自爆；

⑤ 玻璃受力越大越容易自爆，所以屋面玻璃比垂直立面玻璃更易发生自爆；

⑥ 相同的玻璃，体积越大自爆概率越大。

2. 光弹法检测原理

光学成像技术是检测玻璃缺陷常用的方法，其中包括直接成像分析、激光检测等，但传统方法难以区分玻璃表面污渍和内部缺陷。基于对于引起钢化玻璃自爆的原因分析可知，采用光弹技术可以有效地检测出钢化玻璃内部产生应力集中的缺陷，而这类缺陷对于引起钢化玻璃自爆的风险也最大。

光弹测试技术的原理是通过起偏镜将入射的平行光转变成偏振光，具有光程差的偏振光透过检偏镜后在屏幕上形成明暗相间的条纹。

根据平面应力光定律得到光程差 δ 的表达式为

$$\delta = ct(\sigma_1 - \sigma_2) \tag{7-10}$$

式中，t 为模型厚度；$\sigma_1 - \sigma_2$ 为该点的主应力差；c 为材料的应力光学系数。

通过检偏振镜的光强为

$$I_1 = I_0 \sin^2 2\theta \cdot \sin^2 \frac{\pi\delta}{\lambda} \tag{7-11}$$

式中，I_0 是起偏镜后测得的光强；λ 是所用单色光的波长；θ 为主应力 σ_1 与检偏镜偏振轴

之间的夹角。由公式（7-11）、公式（7-12）可得

$$I_1 = I_0 \sin^2 2\theta \cdot \sin^2 \frac{ct(\sigma_1 - \sigma_2)\pi}{\lambda} \qquad (7-12)$$

由于应力差 $\sigma_1 - \sigma_2$ 和主应力与偏振轴的夹角 θ 都不同，最终将呈现明暗相间的应力条纹，对条纹进行分析计算可得到被测材料内部的应力。

3. 钢化玻璃缺陷光弹检测设备

基于以上原理，研发了钢化玻璃自爆缺陷实验室检测设备，如图 7-5 所示。系统由光源、磨砂玻璃板（将光源的入射光转化成平行光）、起偏片、检偏片、CCD 成像系统和计算机处理软件组成。对钢化玻璃进行测试时，如果玻璃内的杂质周围没有引起应力集中，则不会产生折射条纹，如果杂质引起应力集中则可以测得明暗相间的应力斑或应力条纹，从而判断钢化玻璃内部缺陷的位置和程度。

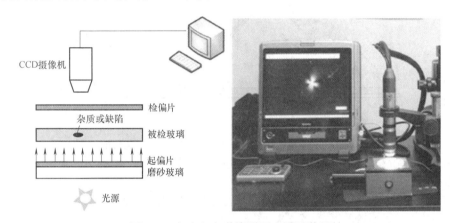

图 7-5　实验室光弹检测原理图及装置

为适应玻璃幕墙及采光顶的实际工程检测，又开发了基于光弹原理的透射式光弹检测仪器和反射式光弹检测仪器。

1）钢化玻璃自爆缺陷透射式光弹检测仪器

在平板玻璃的两面分别对应安放平面偏振光源和检偏器，偏振光通过玻璃后到达检偏器，经图像采集后，由计算机软件自动识别和报警。其主要结构和工作状态如图 7-6 所示。偏振光源采用高亮度平面光源，图像采集采用工业相机，并与暗箱形成一个整体，使其可在玻璃表面扫描移动。

在实际应用中，将透射式光弹扫描仪的平面偏振光源和检偏器分别置于被测玻璃的前后面，打开电源偏振光通过

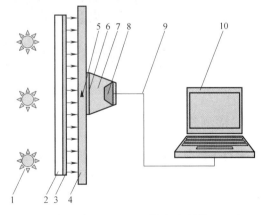

图 7-6　检测玻璃缺陷的透射式光弹装置示意图
1—光源；2—有机玻璃平板；3—起偏片；
4—玻璃检测样品；5—缺陷或杂质；6—检偏片；
7—暗箱；8—工业相机；9—数据连接线；10—计算机

玻璃到达检偏器，检偏器所应看到的光斑由工业相机传输到图像分析系统，如果没有出现由图像分析系统自动识别而报警的现象，则移动检偏器到旁边相邻位置，逐步扫描直到出现图像分析系统报警蜂鸣声，配合直观视图分析，对光斑点采用显微镜或放大镜进行局部检测。扫描方向可以水平移动，也可以垂直移动。

2）钢化玻璃自爆缺陷反射式光弹检测仪器

反射式光弹扫描仪的特征是偏振光源和检偏器都在玻璃的同一侧，偏振光沿 45°角射在玻璃表面，玻璃的背面应没有光线（或遮盖黑布），因此偏振光的反射角与入射角相同并反射到检偏器上，可以被检偏器后面的摄像头摄入传输到计算机里面。可检测到玻璃表面和内部的缺陷和应力光斑。结构示意图如图 7-7 所示，设备如图 7-8 所示。

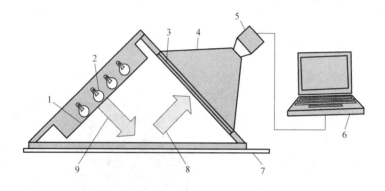

图 7-7　检测玻璃缺陷的反射式光弹装置示意图

1—起偏片；2—光源；3—检偏片；4—暗箱；5—工业相机；6—计算机；7—玻璃；8—偏振光；9—偏振光

图 7-8　钢化玻璃反射式光弹检测设备

4. 检测流程

进行测试时，首先将被测玻璃的一面盖上深色的遮光布或板，将反射式检测仪置于玻璃的另一面，打开电源后偏振光通过玻璃后反射到检偏器，检偏器所能看到的光斑由工业相机记录到图像分析系统，如果没有出现由图像分析系统自动识别而报警或肉眼观测到的可疑缺陷，则移动检偏器到旁边相邻位置。逐步重复该过程，计算机对获取的疑似缺陷图像进行分析，对独立的光斑突变的奇异点重点分析；记录下对应玻璃的编号和对应的疑似缺陷在玻璃上的位置以及标号，进一步采用便携显微镜分析确定玻璃中的杂质和缺陷的类型、尺寸。

对于钢化玻璃缺陷的扫描移动方式可以是手持移动，也可以是机械自动控制，采用自动控制可以手动遥控或者编程全自动。具体操作流程如图7-9所示。

5. 检测案例

为了验证光弹法检测技术的有效性，利用CCD相机获取了不同钢化玻璃缺陷的光弹图。图7-10～图7-13所示分别为利用光弹检测设备观察到的钢化玻璃内部不同的杂质和缺陷应力斑图像。其中，图7-10是钢化玻璃中的结瘤缺陷，图7-11为锡滴缺陷，图7-12、图7-13为钢化玻璃内部结石，不同的缺陷呈现不同的应力斑。通过应力斑或应力条纹可以准确判断玻璃内部缺陷的位置和程度。

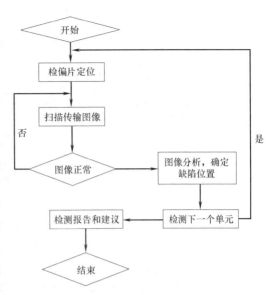

图7-9　检测玻璃缺陷的试验操作流程图

(a)

(b)

图7-10　钢化玻璃缺陷——结瘤
(a) CCD拍摄图；(b) 光弹图

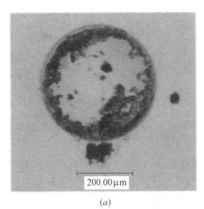
(a)

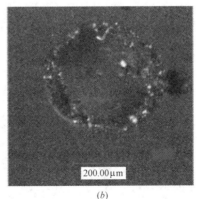
(b)

图7-11　钢化玻璃缺陷——锡滴
(a) CCD拍摄图；(b) 光弹图

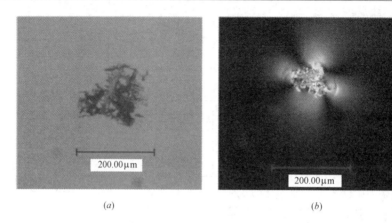

（a）   （b）

图 7-12　钢化玻璃缺陷——斜锆石结石

（a）CCD拍摄图；（b）光弹图

（a）   （b）

图 7-13　钢化玻璃缺陷——氧化铬结石

（a）CCD拍摄图；（b）光弹图

利用折射式钢化玻璃缺陷光弹检测设备对 2 个实际工程进行了检测应用。图 7-14 所示是北京某酒店立面钢化玻璃现场检测到的 8 块有自爆缺陷的玻璃，从图中可以看出，第 3 块玻璃的应力集中相对较为严重，经初步判断该块玻璃具有的自爆风险较高，建议立即

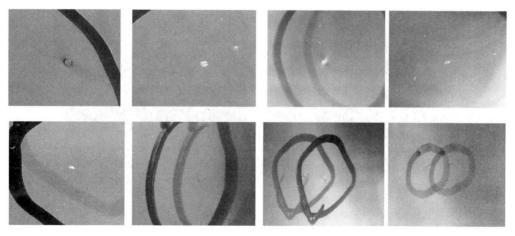

图 7-14　北京某工程钢化玻璃缺陷检测

进行更换或采取其他保护措施。

图 7-15 所示是对广州某工程幕墙钢化玻璃自爆风险现场的检测，通过对立面和顶棚钢化玻璃的检测，共发现 3 个具有自爆风险的缺陷，其中图中第 3 块玻璃的光弹应力斑较为明显，具有的自爆风险也最高。

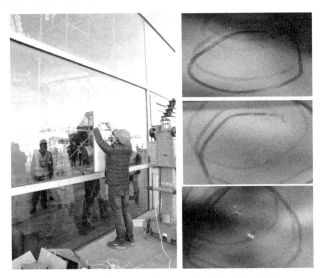

图 7-15　广州某幕墙工程钢化玻璃缺陷检测

（二）中空玻璃密封性能检测技术

中空玻璃是目前幕墙门窗使用最为广泛的玻璃类型。据不完全统计，美国中空玻璃应用普及率已高达 83％以上，欧洲各国的中空玻璃使用普及率已达到 50％，韩国建筑门窗的中空玻璃普及率也接近 90％的水平。随着节能标准的提升，我国目前中空玻璃的使用普及率也越来越高，使用总量也越来越大。

中空玻璃的密封质量是影响其使用性能和寿命的重要因素。在实际工程中，部分中空玻璃出现各种各样的质量及安全问题，出现漏气、进水、结雾、进灰尘、变色泛黄等（图7-16），起不到真正的密封、隔热、保温和隔声作用。

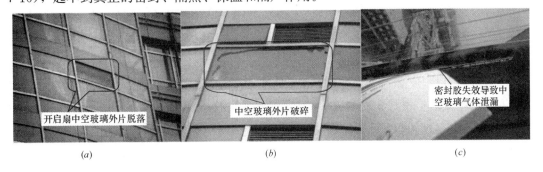

图 7-16　既有玻璃幕墙中空玻璃质量问题

（a）外片脱落；（b）外片破碎；（c）粘结失效

179

中空玻璃密封性失效，一方面会使中空玻璃产生露点，并失去保温隔热功能；另一方面会导致其承载能力下降，在外力作用下，其外片容易发生整体脱落事故。

1. 基础理论

在中空层气体密封情况下，气体的传递作用能够将一部分外荷载传递给另一片玻璃，但是当气体层泄漏时，中空层气体则完全丧失了传递荷载的作用，此时，中空玻璃承受的荷载完全由直接受力的那片玻璃承担，此时的中空玻璃承受荷载的能力将明显下降，如图 7-17 所示。

正因为中空玻璃中空气体层在密封和泄漏状态下其承载性能存在明显差别，这就给我们提供了一个现场检测中空玻璃是否存在中空气体层泄漏的简便方法，即基于中空玻璃中空层失效前后其承载变形性能的改变，通过在线对中空玻璃施加载荷，测量中空玻璃内外片变形量，可以达到检测中空玻璃中空层是否密封的目的。

图 7-18 所示是对于某一中空玻璃的内外片挠度的测量结果，中空玻璃规格为 6mm＋12A＋6mm，尺寸为 1000mm×1000mm，玻璃外片受 6kPa 均布荷载作用。该图表明了在中空层气体密封下内片玻璃的挠度明显大于泄漏状态下的挠度，泄漏后中空气体层失去传载能力，内片不受力，几乎没有变形。

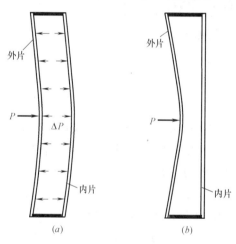

图 7-17　中空玻璃中空层泄漏与
密封下承载示意图

（a）未失效（密封）；（b）失效（泄漏）

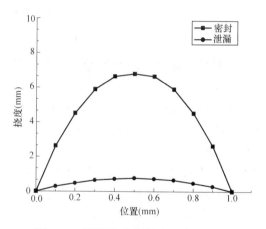

图 7-18　泄漏和密封状态下中空玻璃
内片玻璃挠度变形

2. 检测技术

基于中空玻璃在密封和失效状态下内外片玻璃的挠度变化的明显区别，可以实现对中空玻璃密封效果的检测。检测技术主要包括对于中空玻璃施加载荷的技术和中空玻璃变形观测技术。

在线检测中空玻璃的密封效果时，对于中空玻璃的加载可采用螺旋垂直加载和砝码竖向加载的方式，实现对于中空玻璃中心施加一个集中荷载，旋转螺旋或调节砝码重量实现加载力值大小的调整。然后，通过激光位移传感器测量和记录中空玻璃的变形，如图 7-19 所示。

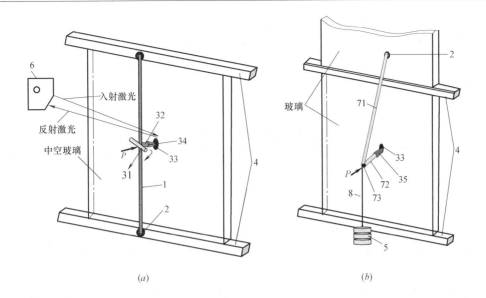

图 7-19 中空玻璃密封性现场检测技术

（a）螺旋加力法；（b）砝码加力法

1—导杆；2—真空吸盘；3—螺旋加力器（31—施力手柄；32—螺纹杆；33—垫片；34—力传感器；35—压头）；
4—幕墙附框；5—砝码；6—激光位移传感器；7—连杆（71—拉杆；72—压杆；73—铰链）；8—挂绳

通过给中空玻璃一面施加集中力，同时记录中空玻璃内外片中心的挠度值（最大挠度）或中空层厚度的变化情况，再算出中空玻璃中空层密封和泄漏情况下玻璃内外片的理论挠度值，并与实际测量值进行比较，从而判断中空玻璃中空层是否密封失效。

3. 检测设备

检测装置如图 7-20 所示。

4. 检测流程

（1）将两吸盘吸附于中空玻璃短边边缘中部，调节导杆，使施力螺旋杆对准玻璃板中心。旋转螺旋加力装置，使施力螺旋杆端刚好接触中空玻璃外片，在玻璃与螺旋杆接触部位垫弹性片以防玻璃刚性接触破坏。

（2）调节激光位移传感器，使激光测量点对准中空玻璃外片中心，并将力和挠度数值都调整为零。

（3）旋转螺旋加力杆，给中空玻璃

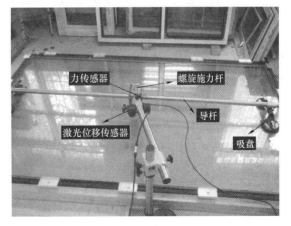

图 7-20 中空玻璃密封性能检测装置

施加集中力，此时力的大小和中空玻璃变形读数在不断变化，记录加载力值和玻璃外、内片中心挠度变形值及中空层厚度变化。

（4）测量完毕后，旋转螺旋加力杆卸掉载荷。

5. 检测案例

对某大楼四边支承中空玻璃幕墙一层的 10 片玻璃进行检测，中空玻璃规格为 6mm＋12A＋6mm，长宽尺寸为 2000mm×2000mm，对中空玻璃室内侧进行加载，加载力为 200N，测量外片玻璃挠度及中空层厚度，见表 7-1。

现场测量幕墙中空玻璃外片中心挠度及中空层厚度　　　　表 7-1

编号	1	2	3	4	5	6	7	8	9	10
挠度(mm)	3.223	3.156	3.206	3.542	3.420	3.550	3.168	3.260	3.288	3.425
中空层厚度(mm)	11.32	11.25	11.26	11.45	11.36	11.40	11.23	11.20	11.22	11.32

从表中可以看出，中空玻璃中空层厚度保持相对稳定，说明检测试样的幕墙中空玻璃密封性能良好，中空层未失效。

表 7-2 是对某大楼幕墙的 5 片中空玻璃挠度及中空层厚度的检测结果，中空玻璃规格为 6mm＋12A＋6mm，长宽尺寸为 2000mm×2000mm，对中空玻璃室内侧进行加载，加载力为 200N。

现场测量幕墙中空玻璃外片中心挠度及中空层厚度　　　　表 7-2

编号	1	2	3	4	5
挠度(mm)	3.152	3.253	3.231	5.713	3.121
中空层厚度(mm)	11.25	11.33	11.22	5.42	11.31

从表中可以看出，第 4 片中空玻璃外片挠度明显超过其余玻璃，且中空层厚度变化较大，说明该片中空玻璃密封失效，建议作更换处理。

(三) 幕墙面板脱落风险动态检测技术

在幕墙玻璃本身不存在破损的情况下，随着服役时间的增长，玻璃幕墙因结构胶不断老化使其对玻璃的粘结强度不断降低，当降低到一定程度后，结构胶粘结强度就不足以抵抗因玻璃自重或风载荷等外力的作用，此时幕墙玻璃就有脱落危险。

1. 理论基础

当结构发生损伤或边界条件发生变化时，质量和刚度均发生变化，通常刚度的损伤更明显。所以，一般情况下，当结构发生损伤时，其固有频率会降低，阻尼比增高。因此，可以通过比较结构损伤发生前后固有频率的变化来识别结构损伤。

玻璃幕墙在使用过程中，由于支承体系及粘结体系会发生松动、损伤或老化，其实际表现为幕墙玻璃的支承边界条件发生松动、损伤，并导致幕墙玻璃的刚度衰降，从而使玻璃的固有频率下降。另一方面，玻璃边界支承结构和粘结材料的损伤和老化使玻璃幕墙抗外力（风、地震、冲击载荷作用）能力降低，增大了幕墙玻璃脱落的风险概率，影响幕墙玻璃的使用安全可靠性能，玻璃幕墙支承体系和粘结体系的松动和损伤识别是评价玻璃幕墙安全性能的关键环节之一。因此，只要建立起幕墙玻璃固有频率与其边界支承的松动、损伤关系，就可通过幕墙玻璃的固有频率来间接描述玻璃幕墙支承体系和粘结体系的损伤与老化程度，预测玻璃幕墙的脱落风险程度及抵抗外力的剩余能力，进而评价玻璃幕墙的安全可靠性能。

2. 检测技术

对现有建筑构件的安全评估主要通过综合考虑其剩余寿命及价值从而决定构件是否应该被更换，以及在安全、经济上是否合理等，因此合理的评估方法很重要。玻璃幕墙脱落主要来源于两方面：一方面是因支承体系，锚固体系和胶粘剂（结构胶）的松动、老化、开裂和变形等而引起对幕墙玻璃的支承紧固力衰降，从而使玻璃幕墙抵抗外力作用的能力降低而增大了玻璃脱落的概率；另一方面来自于幕墙玻璃面板本身缺陷而引起玻璃自爆或破裂脱落。而第一方面综合影响作用可表现为幕墙玻璃频率改变的单因素线性函数。因此，我们可以只简单地根据幕墙玻璃固有频率变化的大小来识别幕墙因支承体系和粘结体系的老化和损伤程度，评价玻璃幕墙的健康状态及剩余寿命。

根据实测幕墙玻璃固有频率的大小，我们提出了相对比较法和划分安全频率区间法来评价玻璃幕墙的安全状态。

1) 相对比较法

幕墙玻璃相互之间是一个单独的单元体，不同玻璃之间的安全性态会存在一定的差别，某块玻璃的破损或脱落基本上不会影响其他幕墙玻璃的使用。相对比较法是通过相互之间的比较，快速找出可能出现问题的幕墙玻璃，从而有针对性地对其采取安全加固或更换措施。

相对比较法是建立在相同条件下的基础之上的，也就是说相互比较的幕墙玻璃应该是玻璃品种、形状尺寸、支承方式及材料、施工工艺等均应一样。对于同一工程的幕墙玻璃来说，基本上能满足上述几个条件（至少能分几个批次地满足），因此就给相对比较法提供了条件。

在现场测量完所有需要检测的幕墙玻璃的频率后，将具有相同条件的幕墙玻璃分批次，并进行比较，显然，频率越高的幕墙玻璃，其安全性越高，而对于那些频率明显偏低的玻璃，就应该引起注意，此时，可对那些频率偏低的玻璃进行更加细致的观察和检测，找出可能出现问题的原因。

2) 划分安全频率区间法

相对比较法能快速发现可能出现安全问题的幕墙玻璃，但该方法缺乏整体评估性，比如，获得了某栋大楼所有幕墙玻璃的固有频率，要如何知道该大楼的幕墙玻璃是否存在安全隐患，其安全等级如何，剩余寿命还有多少，是否需要采取维修加固甚至更换措施等。为此，提出了划分安全频率区间法，其基本思路就是针对某已知玻璃品种、结构、形状尺寸、边界支承条件的幕墙玻璃，对其安全等级事先按频率值的大小区间进行划分，当实测相同条件下幕墙玻璃的频率处于哪个频率区间范围时，就认为该块玻璃处于这个频率区间对应的安全等级范围内。

欧洲学者提出了 EPIQR 和 MEDIC 两种方法评价建筑构件的可靠性，评估时把建筑物单元按 A_u、B_u、C_u、D_u 4 个等级进行划分，其中：A_u 为可靠；B_u 为基本上可靠，能正常使用；C_u 为需要维修；D_u 为不能继续使用，必须立即采取措施。显然，用幕墙玻璃固有频率的变化来识别玻璃幕墙的损伤程度，也可按 4 个级别进行划分，但准确确定分级标准（频率区间）是非常重要的。

如图 7-21 所示，按玻璃频率将玻璃幕墙安全划分成四个等份，需要确定幕墙玻璃的频率上限、A、B、C 和频率下限 5 个频率值。试验表明，四边支承幕墙玻璃板固有频率处于四边简支和四边固支对应的固有频率之间，也就是说，支承越紧固，幕墙玻璃板的极限频率越接近于其在四边固支对应下的固有频率，相反，支承越松动，其对应的固有频率越接近于简支状态下对应的固有频率。因此，可以把幕墙玻璃在四边固支和简支对应下的固有频率作为评价玻璃幕墙安全等级的频率上下限值。

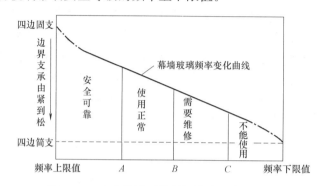

图 7-21 玻璃幕墙可靠性评价安全等级划分

只要幕墙玻璃板的形状尺寸结构确定下来了，则玻璃幕墙分级标准的上下限值就确定下来了，下面最为关键的是确定 A、B、C 的频率区间值，这需要大量试验和工程检测及实践经验，科学地获得同一规格幕墙玻璃固有频率的衰降量及对应的玻璃幕墙失效概率或损伤程度，根据失效概率定级。当然，最为简便的方法是直接在实验室里建立起幕墙玻璃固有频率衰降与其承载外力能力下降量的关系，根据其承载力下降量确定幕墙的安全等级，直接获得安全频率划分区间。

作者所在的 CTC 包亦望项目组曾对不同建设年代的四边有框和隐框玻璃幕墙进行了大量的现场测量及实验室验证，给出了表 7-3 所示的四边支承玻璃幕墙安全等级分级标准及对应的幕墙玻璃频率区间划分建议值。由于隐框玻璃幕墙的玻璃是完全只靠结构胶的粘结力附在附框上，因此其对应的安全频率划分区间比有框玻璃幕墙低。

四边支承玻璃幕墙安全等级分级标准及玻璃频率区间 表 7-3

安全等级	分级标准	频率区间（明框玻璃幕墙）	频率区间（隐框玻璃幕墙）	安全状态
A_u	安全性能符合要求,不影响玻璃幕墙继续使用	≥下限频率的 150%,≤上限频率	≥下限频率的 130%,≤上限频率	安全可靠
B_u	安全性能略低,尚不显著影响玻璃幕墙的继续使用	≥下限频率的 130%,≤下限频率的 150%	≥下限频率的 120%,≤下限频率的 130%	使用正常
C_u	安全性能不足,已显著影响玻璃幕墙的继续使用	≥下限频率的 120%,≤下限频率的 130%	≥下限频率,≤下限频率的 120%	需要维修加固
D_u	安全性能严重不符合要求,已严重影响玻璃幕墙的继续使用	≤下限频率的 120%	≤下限频率	不能使用

3. 检测设备

检测设备包括拾振设备、激励设备、信号处理系统和信号分析系统等。

拾振设备：可采用速度、位移或加速度传感器，由于幕墙玻璃尺寸大小不一，频率分布范围一般在几个赫兹到几百个赫兹不等，目前厂家生产的传感器频率范围基本上均能满足这一要求。

激励设备及方法：测量幕墙玻璃固有频率一般采用一次触发激励方法，激励设备应采用橡胶锤头，锤头质量一般在100～200g为宜，激励位置一般选择在玻璃板中央为好，便于激起感兴趣的一阶频率。激励时使用力度要适中，激励干脆利索。

信号处理系统和信号分析系统：需满足要求的通道数，最大频率范围及足够的精度，同时具有便携性及与现有软、硬件的兼容性。

4. 检测流程

（1）测量玻璃尺寸，确定玻璃支撑边界条件，计算玻璃固有频率分布范围，得到玻璃安全频率区间；

（2）给幕墙玻璃编号，测量玻璃振动固有频率（每块玻璃必须测量三次以上，每次测量值差不应超过5%），得到各编号玻璃的固有频率数据值；

（3）将得到的频率与标准安全频率进行比较，确定可能存在问题的幕墙玻璃编号；

（4）对有可能存在问题的幕墙玻璃进行加深，细致测量，找出存在的问题；

（5）根据幕墙存在问题的多少及严重程度，提出具体的补修或更换措施。对仍健康良好的幕墙玻璃，根据其频率的相对大小，结合综合评估结果，预测其剩余使用寿命，给出评估报告。

5. 检测案例

（1）案例1：某游泳馆玻璃幕墙安全性能检测（划分安全频率区间法）

玻璃幕墙结构形式为隐框式，采用6mm厚的单片钢化玻璃，玻璃面板尺寸为2000mm×740mm。图7-22所示为项目玻璃幕墙外观与现场采样检测照片。

（a） （b）

图7-22 玻璃幕墙外观与现场采样测试示意图

（a）玻璃幕墙外观；（b）现场采样测试

对玻璃频率计算选择参数为：$E=72\mathrm{GPa}$，$\rho=2500\mathrm{kg/m^3}$，则 $\overline{m}=15\mathrm{kg/m^2}$，$\upsilon=0.22$，根据计算得到该幕墙玻璃频率下限值为 30.6Hz，上限值为 64.2Hz。根据表频率区间划分法，得到玻璃的安全等级频率区间为：A_u 级为 39.80～64.20Hz，B_u 级为 36.72～39.80Hz，C_u 级为 30.60～36.72Hz，D_u 级为 ≤30.60Hz。

采用日本理音公司生产的便携式振动分析仪（VA-11）对幕墙玻璃频率进行测量，采用触发激励，得到该玻璃幕墙一层 30 块玻璃的固有频率测量结果，如表 7-4 所示。

幕墙玻璃固有频率现场检测数据 表 7-4

玻璃编号	1 号	2 号	3 号	4 号	5 号	6 号	7 号	8 号	9 号	10 号
固有频率(Hz)	44	44	43	43	43	43	43	44	45	44
玻璃编号	11 号	12 号	13 号	14 号	15 号	16 号	17 号	18 号	19 号	20 号
固有频率(Hz)	42	44	44	43	43	44	44	43	44	44
玻璃编号	21 号	22 号	23 号	24 号	25 号	26 号	27 号	28 号	29 号	30 号
固有频率(Hz)	42	42	43	43	43	44	43	44	44	44

由上表可以看出，整个实测幕墙玻璃样本频率，42Hz 占 3 块，43Hz 占 12 块，44Hz 占 14 块，45Hz 占 1 块。实测幕墙玻璃频率变化很小，利用相对比较法可初步说明玻璃幕墙安全状态比较均匀，应属于同一个安全等级状态。根据计算得到的安全频率区间，可知所测量的玻璃频率均分布在 A_u 级别（39.8～64.2Hz）频率区间中，说明玻璃粘结相对牢固，幕墙安全性能符合要求，玻璃幕墙可以继续使用。

（2）案例 2：某会所玻璃幕墙检测（相对比较法）

该工程幕墙玻璃上下边夹支，左右边采用密封结构胶粘结，采用普通单片平板玻璃，玻璃幕墙使用年限为 6 年。玻璃幕墙外观及幕墙玻璃编号见图 7-23。

图 7-23 玻璃幕墙外观与编号

各玻璃编号的固有频率现场测量值见表 7-5。

幕墙玻璃固有频率测量值 表 7-5

玻璃编号	1 号	2 号	3 号	4 号	5 号	6 号	7 号	8 号
频率(Hz)	22.5	22.5	11.5	12	17	7	23	16

由上表可以看出，3、4、6、8号玻璃的固有频率明显比其他几块玻璃的频率偏低，说明这几块玻璃可能存在问题。通过对这几块玻璃进行细致检查，发现密封胶均存在严重的老化，存在脱胶或断胶问题，试验测量证明了该几块玻璃频率明显偏小，玻璃频率大小能够识别密封结构胶损伤的存在。对该几块玻璃，应采取加固措施，否则会存在潜在的安全问题。

（四）建筑幕墙密封性能现场检测技术

1. 气密性现场检测

建筑幕墙的气密性现场检测方法同门窗的气密性现场检测方法一样，只是幕墙的试件选取一般较门窗试件大，所以现场操作起来有一定的难度，但其检测方法和检测原理与门窗的气密性现场检测都是一致的，采用现场气密性检测装置进行检测，如图7-24所示。

图 7-24　建筑幕墙气密性能现场检测

建筑幕墙现场气密性能检测不仅可以得到被测幕墙的空气渗透量，利用有色气体（或烟）示踪技术还可以检测出幕墙的漏气部分，从而采取有效的补救措施改进幕墙的气密性能，如图7-25所示。

图 7-25　建筑幕墙气密性能现场检测及气体示踪检测

建筑幕墙开启部分的密封性能是影响幕墙气密性能的重要因素之一。很多情况下，幕墙的固定部分的气密性能等级较高，出现问题的地方往往是幕墙的开启部分。通过大量的工程检测发现有的幕墙试件开启窗安装质量较差，开启扇与主框之间没有完全闭合，有连续的缝隙，在压力作用下空气直接从缝隙进入，导致气密性能检测达不到要求；还有部分试件开启部分的密封胶条安装不合理，胶条连接处断点较多，开启扇闭合后形成孔洞，在压力作用下空气沿着孔洞从室外侧进入室内侧，降低了幕墙整体的气密性能。

要提高幕墙的气密性能就需要采取有效的手段阻断空气在室内外侧的流通路径，提高开启扇的安装质量，调节开启扇的安装高度和锁点位置，当开启扇闭合时，使得开启扇的密封条与主框压紧、无缝隙，胶条接头处用密封胶封堵。

固定部分的气密性能主要受施工工艺的影响。对于隐框玻璃幕墙固定部分的水平和垂直接缝用泡沫棒填充深层缝隙，表面用耐候密封胶密封，打胶时要保持胶缝宽度和厚度均匀，胶缝的连接处要保证密封性能。立柱与横梁的接头处也是幕墙漏气的重点部位。

2. 水密性现场检测

对于各类在建、已建的幕墙工程的水密性能，可以通过现场水密性能检测的方法来测定，通过现场检验，对有渗漏的部位进行修补，最后达到完全阻止水渗透的目的，如图7-26、图7-27所示。

图 7-26　建筑幕墙现场水密性能检测（单喷嘴）

图 7-27　建筑幕墙现场水密性能检测（多喷嘴）

幕墙的待测部位应具有典型性和代表性，应包括垂直和水平接缝，或其他有可能出现渗漏的部位。幕墙的室内部分应便于观察渗漏状况。

现场水密性能检验可按以下步骤进行：

（1）采用喷嘴（如 B-25，型号为♯6.030），喷嘴与水管连在一起，且配有一控制阀与一个压力计。喷嘴处的水压达到 200～235kPa。

（2）在幕墙的室外侧，选定长为 1.5m 的接缝，在距离大约 0.7m 处，沿与幕墙表面垂直的方向对准待测幕墙接缝进行喷水，连续往复喷水 5min。同时，在室内侧检查任何可能的渗水。如果在 5min 内未见到有任何漏水，则转入下一个待测的部位。

（3）依次对选定的测试部位进行喷水，喷水顺序宜从下方横料的接缝开始，后是邻近的横料与竖料间的接缝，再后是竖料的接缝，直至试完待测区域内的所有部位。

（4）对有渗水现象出现部位，应记录其位置。如果无法确定漏水的确切位置，则可采取下述步骤进行确定：

① 待幕墙自然变干之后，自上而下进行检查，并用防水胶带将非检查部位的接缝从室外侧进行密封。

② 重复（2）和（3）步骤进行重复试验。

③ 如果无任何漏水，则可认为此接缝合格，不必再用胶带密封。如果漏水，则此接缝应重新用胶带进行密封，防止在以后的试验中干扰其他部位的试验。

④ 按照先下后上的检测原则，对待测范围内的所有接缝重复进行上述检测，直到找到漏水部位的确切位置。

（5）修补和再测试：

对有漏水现象的部位，应进行修补。待充分干燥后，进行再次测试，直到无任何漏水为止。在完成所有修补工作，且充分干燥后，应按照上述步骤重新检测所有接缝。如果仍有漏水，则须进行进一步的修补和再测试，直到所有接缝都能满足要求。

建筑幕墙的开启部位也是影响幕墙水密性能的重要因素。同导致幕墙气密性能的原因一样，开启扇的安装质量是影响幕墙水密性能的最直接的因素。要保证幕墙的水密性能就要做到以下两点：

（1）在开启窗主框内侧恰当的位置处开孔，用自攻螺杆固定滑撑，再把滑撑和开启窗闭合到一起仔细检查开启窗的密闭情况，如密闭不严再调整滑撑的固定位置，直到开启窗处于最佳密闭状态。最后，再安装执手锁闭后胶条与铝框接触面积增大，从而增强幕墙的气密和水密效果。

（2）密封胶条的接头处用密封胶涂抹，防止漏气、漏水，在转角处留有伸缩余量。此外，开启扇的安装主框与主体结构连接四周应用密封胶封堵，避免水从细缝处渗入，必要时可在开启扇上方安装披水板，减少雨水从开启扇上口直接流向开启缝。因为在试验的过程中，经常有幕墙的开启扇的开启缝部分并未发生漏水，而窗扇四周的固定缝部分却出现连续渗漏现象，这说明雨水已经进入到开启扇的窗框内部，又从窗框的拼缝部分流入到窗扇四周的固定部分，如果副框与立柱和横梁之间的固定部分密封措施不足，则会导致雨水从这一部位渗出，如图 7-28 所示。

如果结构上易造成底部积水，可在底部开孔导流，阻止水流的积蓄。有时，如果横梁和立柱接头部位密封措施处理不好也容易发生漏水。隐框玻璃幕墙的固定部分不易出现漏水现象，明框幕墙的水密性能较差，主要是明框幕墙在结构上玻璃四周留有缝隙，容易导致雨水的沉积。对于采用压盖的半隐框玻璃幕墙，在盖板外侧应用耐候密封胶密封，端头断开部分

图 7-28 建筑幕墙水密性能检测漏水（开启扇缝隙、横梁与立柱接头处）

使用密封胶闭合以防止水从端头注入，造成幕墙漏水。单元式玻璃幕墙一般采用等压原理设计，采用疏导的方式，把水引入等压腔内，再通过排水孔排出室外侧，水密性能相对较好。

（五）建筑幕墙热缺陷红外检测技术

建筑幕墙的热工缺陷主要采用红外摄像法进行定性检测。通过摄像仪可远距离测定建筑物围护结构的热工缺陷，通过测得的各种热像图表征有热工缺陷和无热工缺陷的各种建筑构造，用于在分析检测结果时作对比参考，因此只能定性分析而不能量化指标。检测应在供热（供冷）系统运行状态下进行，且建筑幕墙不应处于直射阳光下。使用红外摄像仪对建筑幕墙进行检测时，应首先进行普测，然后对可疑部位进行详细检测。然后对实测热像图进行分析并判断是否存在热工缺陷以及缺陷的类型和严重程度。

利用红外热成像仪对图 7-29 和图 7-30 所示的两个建筑幕墙进行现场热工缺陷检测，从热像图中可以发现这两个建筑幕墙均有不同程度的空气渗透，且缺陷部位比较明显（颜色较浅的部位）。从图 7-29 可以看出该部分幕墙的周边与洞口之间的密封质量较差，漏气严重；而图 7-30 显示的是该幕墙的拐角处和玻璃幕墙与上部的金属幕墙之间的连接部分密封质量较差，漏气较为严重。进一步可采用有色气体（或烟）示踪技术来探寻漏气的具

图 7-29 建筑幕墙的红外热成像检测

体部位（图 7-30 的右下图），分析漏气原因，从而消除热工缺陷，提高幕墙的热工性能。

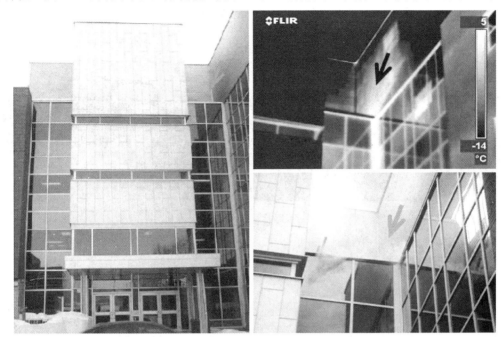

图 7-30　建筑幕墙的红外热成像检测和有色气体示踪检测

（六）其他幕墙现场检测技术

美国《结构密封胶装配玻璃失效评估标准指南》（Standard Guide for Evaluating Failure of Structural Sealant Glazing）ASTM C1392-00（2014）提出了可以现场检测建筑幕墙结构密封胶粘结性能的方法；中国建科院提出了现场检测玻璃幕墙粘结可靠性的几种方法，包括气囊法、推杆法、吸盘法等，如图 7-31 所示，其中吸盘法与 ASTM 标准基本类似。

图 7-31　玻璃幕墙粘结可靠性现场检测方法（推杆法和气囊法）

　　此外，随着智能制造和信息技术的发展，一些机器人、无人机也逐渐在建筑幕墙现场检测中进行试用，以替代高强度的人工检查，取得了很好的效果，如图 7-32 所示。

图 7-32　幕墙检测机器人和无人机

八、既有建筑幕墙改造

(一) 既有建筑幕墙改造发展现状

统计显示，1983~2010 年期间，全国建设安装幕墙约 9 亿 m^2，占世界总量的 90% 以上，已成为建筑幕墙生产和使用第一大国。目前，我国每年新增建筑幕墙数量和面积位居世界首位，既有建筑幕墙存量超过全球总量的一半。

然而，从 20 世纪 80 年代起到 2005 年《公共建筑节能设计标准》GB 50189 发布实施，这一时期建筑节能标准尚不完善，工程应用早于标准规范的出台，节能玻璃和材料使用率较低，大部分建筑幕墙达不到如今的节能要求。此外，我国玻璃幕墙标准成形于 1996 年，2001 年才出台金属与石材幕墙行业标准，行业发展初期，技术标准颁布较为滞后，行业标准出台前的建筑幕墙工程因设计、制作、安装、检测和验收没有技术依据，隐患较多。根据行业协会和各地建筑管理部门的普查和统计显示，部分既有建筑幕墙存在一定的安全隐患，尤其对于部分超过 25 年结构使用年限的建筑幕墙，安全性和使用性逐年降低，对公共安全及能源消耗等造成了严重的社会影响。因此，对于节能和安全存在隐患的既有建筑幕墙进行翻新、加固和节能改造是未来建筑幕墙行业发展的一项重要工作。

目前，在宏观经济调整中，节能改造成为国家政策扶持的新兴领域，业内普遍看好建筑幕墙改造的市场潜力，一些大型公共建筑的业主单位也具有降低能耗、减少运行费用的需求，因而，采取切实有效的具体措施，切实有效地推进幕墙改造，是建筑节能工作的重要环节。据估计，全国建筑幕墙安全节能改造未来几年的产值约 300 亿~500 亿元人民币，既有玻璃幕墙改造市场潜力巨大。

既有建筑幕墙改造自 2007 年开始陆续启动，在近年来的实践中，我国幕墙改造也逐渐形成了一些技术资源，包括改造方案设计和施工设计、幕墙测试技术、改造工艺与设备，初步构筑了具有先进水平的幕墙改造设计技术体系。然而，既有幕墙与新建幕墙不同，改造比新建难度更大，它对检测技术和手段、安装和施工工艺、设备专用性能等要求更高。在这些技术和工艺处于分散、相对封闭的状况下，各地幕墙改造一般还是低水平的维修性改造工作。全国成功的幕墙改造案例很少，相对数亿平方米的保有量而言，我国的幕墙安全节能改造任重道远。除了技术因素制约外，影响既有建筑幕墙改造的还有产权关系复杂、维修改造基金不足以承担改造费用等经济因素，同时改造期间还要确保建筑物仍然正常使用，产权单位积极性不高。因此，除建筑物业主承担主要责任外，相关政府部门应在政策面上结合城市公共安全、建筑节能等建立相应的激励机制，以推进此项工作的开展。

（二）既有建筑幕墙改造技术

既有建筑幕墙综合改造难度要比新建幕墙工程大得多，改造建设程序也应遵循新建工程的一般要求，从设计、制造、安装、检验和验收等多方面严格把关，力求使建筑"旧衣"焕然一新，达到安全节能的综合要求。既有建筑幕墙的改造技术主要有以下几方面。

1. 提高安全性能的技术

1）主要受力框架安全加固
增加连接支点、减小跨距，是解决框架强度不足或挠度过大较为有效的方法，且同时可加强与主体结构连接，可采用附加受力框架弥补更多的承载力，附加框架设计应兼顾室内的建筑效果和美观。

2）玻璃加固
对于建筑幕墙玻璃进行贴膜处理，提高玻璃耐冲击强度，防止破碎飞溅，安全膜应采用边缘与框架结合型的方式进行粘贴。对于强度不足或有安全使用特殊要求的部位，应更换为符合要求的安全玻璃。

3）硅酮结构密封胶失效加固
对于玻璃幕墙内侧，可在尺寸较小的受力框架上增加玻璃附框、打注硅酮结构胶，然后以安装饰扣板封口；对于玻璃幕墙外侧，可以采用增加竖向或横向玻璃压条的方法进行加固，将原隐框玻璃幕墙改为半隐框或明框玻璃幕墙。

4）开启窗五金件更新
更换使用功能不良的开启窗五金件，提高开启扇的安全效果和密封效果。

2. 提高隔热保温性能的技术

1）降低窗墙比
除必要的可视部位以外的玻璃可采用复合保温板材进行代替，可满足建筑外观不改变，但热工性能可得到较大改善。

2）更换开启窗五金件和密封条
更换密封失效的开启窗五金件和密封条，有效地控制幕墙的空气密封性能，可大大减少由于空气对流造成的能量损失。

3）更换节能玻璃
将原不节能的普通单层玻璃更换为目前较为节能的充气中空玻璃、Low-E 中空玻璃或更加节能的真空复合玻璃、光/电致变色玻璃，根据节能设计需要，提高幕墙玻璃的传热系数，调整其遮阳系数，提高玻璃幕墙的整体节能效果。

4）增设遮阳系统
在玻璃幕墙外增设外遮阳系统，降低夏季热辐射能耗。

3. 改造为新型幕墙结构

可以在原单层玻璃幕墙外增设一层变为双层玻璃幕墙，或者改造为光伏幕墙、光热幕墙等利用新能源的幕墙产品，提高幕墙等的节能安全效果。

（三）既有建筑幕墙改造技术要求

1. 一般要求

无论是局部改造还是整体改造，既有建筑幕墙改造工程的材料、设计、制作、安装施工及验收应符合国家现行有关标准的规定，并充分考虑改造工程的特点。

既有幕墙改造的设计与施工，业主或物业管理单位应委托具有相应资质的设计单位和幕墙专业单位承接改造施工。改造设计施工中涉及主体结构梁、柱、承重墙等的改造和加固时，改造设计图纸应通过原设计单位或具有相同资质的单位审核，安排具有结构改造施工资质的相关单位进行施工，并严格按照国家及行业结构改造的相关标准进行施工。

既有幕墙改造前，业主或物业管理单位应委托有相应资质的幕墙检查单位对既有幕墙进行检查。检查单位应出具检查报告，检查报告的内容应包含幕墙现实状况和存在问题，并提出处理建议。既有建筑幕墙改造工程的设计，应结合检测评估报告的检测结论和技术评价确定既有幕墙改造方案，施工前应针对项目特点编制针对性强的施工组织设计和改造施工专项方案。施工组织设计应包含有拆除、改造幕墙的内容。

既有建筑幕墙改造施工时，应采取有效措施减少对正在营运区域的影响。当幕墙工程施工工期较长时，施工现场边界应设置连续封闭围挡。既有建筑幕墙改造施工时，宜积极推广应用新技术、新工艺、新设备，提高施工效率，保证施工质量，降低对周边环境的影响，减少对主体结构的损伤等。

既有幕墙改造施工过程中应进行质量控制，改造结束后应组织验收，改造工程的质量应满足国家、行业相关技术标准及规范的要求。

2. 绿色节能设计要求

既有幕墙的改造从调查阶段、检测阶段、设计阶段、加工阶段、安装阶段、验收阶段等全过程都要坚持绿色节能的理念。从材料的回收利用上、新材料的选用上、保护环境上、噪声控制上、节能设计上等各方面贯彻绿色节能设计理念。

设计单位应根据建筑物详细调查结果，结合当地气候条件，制订经济合理、有利于节能和气候保护的综合节能改造方案，并进行节能改造专项设计。设计目标是在保证室内热舒适性的前提下，建筑物采暖能耗应满足当地现行居住建筑节能设计标准要求并适度超前。

应根据原有墙体材料、构造、厚度、饰面做法及剥蚀程度等情况，按照现行建筑节能标准的要求，确定外墙保温构造做法和保温层厚度。按照国家建筑防火设计相关标准要求，设计既有建筑幕墙的防火措施，按规范选用符合要求的防火材料。

（四）既有建筑幕墙改造拆除施工要求

既有建筑幕墙拆除工程施工应符合国家现行有关标准的规定。幕墙局部拆除时，对相邻保留部位的幕墙先进行加固处理，其安全稳定性经检查达到合格后方可进入现场拆除。

拆除作业按照预定的拆除计划规定的步骤进行施工，按自上而下、先面板后支承结构的顺序拆解，不得违章操作，确保幕墙整体稳定性达到合格。幕墙拆除应分段施工，工作面不应垂直交叉同时作业；对可能存在危险的部位应及时采取防护措施。主体结构构件的拆除严格实施"先支后拆"的原则，所有需要切割拆除的主体结构构件在切割拆除前应做好临时固定和支撑措施。

1. 拆除准备

有特殊要求的，应选择具有拆除资质的施工单位。既有建筑幕墙拆除前，应根据拆除幕墙的原有图纸资料，经实地勘察后，结合国家及地方现行规范，制订详细的拆除施工方案，并按文明施工、市容、环保等方面的规定编制施工组织设计，明确安全技术措施，并对所有参与人员进行拆除技术交底。拆除前，应确定危险区域，划定警戒范围，设立警示标志。

2. 面板拆除

面板拆除前，应对现有支撑结构进行评估，避免施工过程中幕墙整体稳定性出现问题。面板拆除前应规划好拆除后杂物的堆放场地；面板拆除后应采取保护措施，编号分类堆放，避免损坏。拆卸前，采取防止碎渣或其他物件掉落的措施，根据面板的固定方式采取相应的拆卸方法，拆卸面板过程中，采取有效措施防止撞击和损伤幕墙及其他物件，并不影响周边面板的固定。面板拆除尽量不选用破坏性较大的拆除方式，提高材料的循环利用率，减少建筑垃圾，实现绿色拆除施工。

3. 支撑体系拆除

拆除应以不能损坏原有建筑主体结构的安全为原则。支撑体系拆除前，应先对支撑体系卸荷，在确保支撑安全、牢靠的情况下，方可进行拆除作业。

支撑体系拆除应遵循"从上到下的施工工序"。在拆除梁时应全面考虑结构荷载，在拆除上层结构时，技术人员应观察下层楼板的承载情况，对拆除部位设置观察点，观察拆除部位每天的变形，当变形较大时应停止施工，进行评估后再进行施工。重要部位拆除应采用先加固、后拆除的施工方法进行。拆除完成后，洞口临边需进行及时防护，严禁空旷裸露，以免施工人员误入，发生坠亡事故。

4. 拆除的安全要求

拆除属于危险性较大的分项工程，在拆除的同时要做好安全管理工作，杜绝安全事故的发生。现场安全管理员应每天对现场各施工作业点进行安全检查，掌握安全生产情况，查出安全隐患及时提出整改意见和措施制止违章指挥和违章作业，遇有严重险情，有权暂停生产，并报告上级处理。拆除作业时，现场宜安排专业人员进行旁站监督。所有操作人员未经安全教育及分项安全、技术交底，一律严禁上岗操作。必须严格执行各类防火防爆制度。施工现场配备有符合要求的消防设施，落实防火、防中毒措施，并指派专人值班。进入施工现场必须佩戴安全劳保用品，施工作业人员必须身体健康并满足体质要求，特殊工种必须持证上岗。

拆除重量较重的构件和设备应设置牵引装置，缓慢降落至指定楼地面，严禁拆除直接坠落砸伤、损坏楼板。对拆除区域临边的楼板及梁进行有效支撑，防止结构出现过大变形，在搭设完成后按照规范及方案要求组织项目部进行验收。拆除的垃圾严禁在结构楼层上堆放过多，应及时地清运至地面。

现场拆除施工部位应设置防止拆除物遗撒和高空坠落的措施，对于现场的安全防护设施、临边防护脚手架、临时照明设施，在未经允许的情况下严禁任何人进行随意拆改。

5. 拆除物处理

拆卸的各种材料应及时清理，分类堆放在指定的场所，在楼层内临时存放的材料应集中堆放，其重量和高度不应超过结构承载允许范围，并应采取防止堆放材料滑落的措施。既有幕墙拆除物应进行垃圾分类，对能重新回收利用的材料进行回收利用，可再利用的幕墙构件和材料，应采取保护与清洁措施，防止受损变形。

既有幕墙拆除物的清运过程中，应采取措施减少现场扬尘、噪声等，对拆除物进行覆盖，防止垃圾遗撒。幕墙拆除物的清运宜合理安排时间，尽量减少对邻近运营区域的影响。

附录 A：《关于进一步加强玻璃幕墙安全防护工作的通知》

住房城乡建设部　国家安全监管总局关于
进一步加强玻璃幕墙安全防护工作的通知

建标〔2015〕38 号

各省、自治区住房城乡建设厅、安全监管局，直辖市建委、安全监管局，北京市规划委员会，上海市规划国土资源管理局、住房保障和房屋管理局，天津、重庆市规划局、国土资源和房屋管理局，新疆生产建设兵团建设局、安全监管局，各有关单位：

为进一步加强玻璃幕墙安全防护工作，保护人民生命和财产安全，根据《中华人民共和国建筑法》、《中华人民共和国安全生产法》和《建设工程质量管理条例》等法律、法规的规定，现就有关事项通知如下：

一、充分认识玻璃幕墙安全防护工作的重要性

玻璃幕墙因美观、自重轻、采光好及标准化、工业化程度高等优点，自 20 世纪 80 年代起，在商场、写字楼、酒店、机场、车站等大型和高层建筑的外装饰上得到广泛应用。近年来，在个别城市偶发的因幕墙玻璃自爆或脱落造成的损物、伤人事件，危害了人民生命财产安全，引发社会关注。造成这些安全危害的原因，除早期玻璃幕墙工程技术缺陷、材料缺陷等因素外，对人员密集、流动性大等特定环境、特定建筑的安全防护工作重视不够，玻璃幕墙维护管理责任落实不到位，也是重要原因。各地、各有关部门要高度重视玻璃幕墙安全防护工作，在工程规划、设计、施工及既有玻璃幕墙使用、维护、管理等环节，切实加强监管，落实安全防护责任，确保玻璃幕墙质量和使用安全。

二、进一步强化新建玻璃幕墙安全防护措施

（一）新建玻璃幕墙要综合考虑城市景观、周边环境以及建筑性质和使用功能等因素，按照建筑安全、环保和节能等要求，合理控制玻璃幕墙的类型、形状和面积。鼓励使用轻质节能的外墙装饰材料，从源头上减少玻璃幕墙安全隐患。

（二）新建住宅、党政机关办公楼、医院门诊急诊楼和病房楼、中小学校、托儿所、幼儿园、老年人建筑，不得在二层及以上采用玻璃幕墙。

（三）人员密集、流动性大的商业中心，交通枢纽，公共文化体育设施等场所，临近道路、广场及下部为出入口、人员通道的建筑，严禁采用全隐框玻璃幕墙。以上建筑在二层及以上安装玻璃幕墙的，应在幕墙下方周边区域合理设置绿化带或裙房等缓冲区域，也可采用挑檐、防冲击雨篷等防护设施。

（四）玻璃幕墙宜采用夹层玻璃、均质钢化玻璃或超白玻璃。采用钢化玻璃应符合国家现行标准《建筑门窗幕墙用钢化玻璃》JG/T 455 的规定。

（五）新建玻璃幕墙应依据国家法律法规和标准规范，加强方案设计、施工图设计和施工方案的安全技术论证，并在竣工前进行专项验收。

三、严格落实既有玻璃幕墙安全维护各方责任

（一）明确既有玻璃幕墙安全维护责任人。要严格按照国家有关法律法规、标准规范的规定，明确玻璃幕墙安全维护责任，落实玻璃幕墙日常维护管理要求。玻璃幕墙安全维护实行业主负责制，建筑物为单一业主所有的，该业主为玻璃幕墙安全维护责任人；建筑物为多个业主共同所有的，各业主要共同协商确定安全维护责任人，牵头负责既有玻璃幕墙的安全维护。

（二）加强玻璃幕墙的维护检查。玻璃幕墙竣工验收 1 年后，施工单位应对幕墙的安全性进行全面检查。安全维护责任人要按规定对既有玻璃幕墙进行专项检查。遭受冰雹、台风、雷击、地震等自然灾害或发生火灾、爆炸等突发事件后，安全维护责任人或其委托的具有相应资质的技术单位，要及时对可能受损建筑的玻璃幕墙进行全面检查，对可能存在安全隐患的部位及时进行维修处理。

（三）及时鉴定玻璃幕墙安全性能。玻璃幕墙达到设计使用年限的，安全维护责任人应当委托具有相应资质的单位对玻璃幕墙进行安全性能鉴定，需要实施改造、加固或者拆除的，应当委托具有相应资质的单位负责实施。

（四）严格规范玻璃幕墙维修加固活动。对玻璃幕墙进行结构性维修加固，不得擅自改变玻璃幕墙的结构构件，结构验算及加固方案应符合国家有关标准规范，超出技术标准规定的，应进行安全性技术论证。玻璃幕墙进行结构性维修加固工程完成后，业主、安全维护责任单位或者承担日常维护管理的单位应当组织验收。

四、切实加强玻璃幕墙安全防护监管工作

（一）各级住房城乡建设主管部门要进一步强化对玻璃幕墙安全防护工作的监督管理，督促各方责任主体认真履行责任和义务。安全监管部门要强化玻璃幕墙安全生产事故查处工作，严格事故责任追究，督促防范措施整改到位。

（二）新建玻璃幕墙要严把质量关，加强技术人员岗位培训，在规划、设计、施工、验收及维护管理等环节，严格执行相关标准规范，严格履行法定程序，加强监督管理。对造成质量安全事故的，要依法严肃追究相关责任单位和责任人的责任。

（三）对于使用中的既有玻璃幕墙要进行全面的安全性普查，建立既有幕墙信息库，建立健全安全监管机制，进一步加大巡查力度，依法查处违法违规行为。

住房城乡建设部

安全监管总局

2015 年 3 月 4 日

附录 B：《既有建筑幕墙安全维护管理办法》

关于印发《既有建筑幕墙安全维护管理办法》的通知

各省、自治区建设厅，直辖市建委（规划委），新疆生产建设兵团建设局：

现将《既有建筑幕墙安全维护管理办法》印发给你们，请结合本地实际认真贯彻执行。执行中有何问题，请及时告我部工程质量安全监督与行业发展司。

附件：既有建筑幕墙安全维护管理办法

中华人民共和国建设部

二〇〇六年十二月五日

既有建筑幕墙安全维护管理办法

第一章　总　　则

第一条　为了加强对既有建筑幕墙的安全管理，有效预防城市灾害，保护人民生命和财产安全，根据《中华人民共和国建筑法》和《建设工程质量管理条例》等法律、法规，制定本办法。

第二条　本办法所称既有建筑幕墙，是指各类已竣工验收交付使用的建筑幕墙。

第三条　既有建筑幕墙的安全维护，实行业主负责制。

第四条　国务院建设主管部门对全国的既有建筑幕墙安全维护实行统一监督管理。

县级以上地方人民政府建设主管部门对本行政区域的既有建筑幕墙安全维护实施监督管理。

第二章　保修和维护责任

第五条　施工单位在建筑幕墙工程竣工时，应向建设单位提供《建筑幕墙使用维护说明书》，并载明该工程的设计依据、主要性能参数、合理使用年限及今后使用、维护、检修要求，以及需要注意的事项。

第六条　建设单位的建筑幕墙工程竣工验收资料中，应包含设计依据文件、计算书、设计变更、工程材料质保书、检验报告、隐蔽工程记录、竣工图、质量验收记录和《建筑幕墙使用维护说明书》等。

建设单位不是该建筑物产权人的，还应向业主提供包括《建筑幕墙使用维护说明书》在内的完整技术资料。

建设单位应当在工程竣工验收后三个月内，向当地城建档案馆报送一套符合规定的建设工程档案。

第七条　施工单位应按国家有关规定和合同约定对建筑幕墙实施保修。

第八条　既有建筑幕墙安全维护责任人的确定：

（一）建筑物为单一业主所有的，该业主为其建筑幕墙的安全维护责任人；

（二）建筑物为多个业主共同所有的，各业主应共同协商确定一个安全维护责任人，牵头负责建筑幕墙的安全维护。

第九条　建筑幕墙工程竣工验收交付使用后，其安全维护责任人应及时制定日常使用、维护和检修的规定，并组织实施。

第十条　既有建筑幕墙的安全维护责任主要包括：

（一）按国家有关标准和《建筑幕墙使用维护说明书》进行日常使用及常规维护、检修；

（二）按规定进行安全性鉴定与大修；

（三）制定突发事件处置预案，并对因既有建筑幕墙事故而造成的人员伤亡和财产损失依法进行赔偿；

（四）保证用于日常维护、检修、安全性鉴定与大修的费用；

（五）建立相关维护、检修及安全性鉴定档案。

第三章　维护与检修

第十一条　既有建筑幕墙的日常维护、检修可委托物业管理单位或其他专门从事建筑幕墙维护的单位进行。安全维护合同应明确约定具体的维护和检修内容、方式及双方的权利和义务。

从事建筑幕墙安全维护的人员必须接受专业技术培训。

第十二条　既有建筑幕墙大修的时间和内容依据安全性鉴定结果确定，由具有相应建筑幕墙专业资质的施工企业进行。

第十三条　既有建筑幕墙的维护与检修，必须按照国家有关规定，保证安全维护人员的作业安全。

第四章　安全性鉴定

第十四条　国家相关建筑幕墙设计、制作、安装和验收等技术标准规范实施之前完成建设的建筑幕墙，以及未经验收投入使用的建筑幕墙，其安全维护责任人应履行安全维护责任，确保其使用安全。

第十五条　既有建筑幕墙出现下列情形之一时，其安全维护责任人应主动委托进行安全性鉴定。

（一）面板、连接构件或局部墙面等出现异常变形、脱落、爆裂现象；

（二）遭受台风、地震、雷击、火灾、爆炸等自然灾害或突发事故而造成损坏；

（三）相关建筑主体结构经检测、鉴定存在安全隐患。

建筑幕墙工程自竣工验收交付使用后，原则上每十年进行一次安全性鉴定。

第十六条　委托进行既有建筑幕墙安全性鉴定的，应委托具有建筑幕墙检测与设计能力的单位承担。

第十七条　既有建筑幕墙安全性鉴定按下列程序进行：

（一）受理委托，进行初始调查；

（二）确定内容和范围，制订鉴定方案；

（三）现场勘察，检测、验算；

（四）分析论证，安全性评定；

（五）提出处理意见，出具鉴定报告。

第十八条 鉴定单位依据国家有关技术标准，进行既有建筑幕墙的安全性鉴定，提供真实、准确的鉴定结果，并依法对鉴定结果负责。

第十九条 安全维护责任人对经鉴定存在安全隐患的既有建筑幕墙，应当及时设置警示标志，按照鉴定处理意见立即采取安全处理措施，确保其使用安全，并及时将鉴定结果和安全处置情况向当地建设主管部门或房地产主管部门报告。

第五章 监 督 管 理

第二十条 国家对既有建筑幕墙的安全维护实行监督管理制度。

第二十一条 县级以上地方人民政府建设主管部门实行监督管理，可以采取下列措施：

（一）检查本地区既有建筑幕墙的设计、施工、质量监督、竣工验收等是否符合有关法定程序，竣工验收、备案技术资料是否完整，工程档案是否已向城建档案馆移交；

（二）监督既有建筑幕墙安全维护责任人是否履行安全维护责任；

（三）对因既有建筑幕墙发生事故造成严重后果的责任人，依法进行处罚。

第二十二条 任何单位和个人对既有建筑幕墙的质量安全问题都有权向建设主管部门检举、投诉。

第六章 附 则

第二十三条 各地建设主管部门应当根据本办法制定实施细则。

第二十四条 本办法自发布之日起施行。

附录 C：《上海市建筑玻璃幕墙管理办法》

上海市人民政府令

第 77 号

《上海市建筑玻璃幕墙管理办法》已经 2011 年 12 月 26 日市政府第 131 次常务会议通过，现予公布，自 2012 年 2 月 1 日起施行。

市长 韩正

二〇一一年十二月二十八日

上海市建筑玻璃幕墙管理办法

（2011 年 12 月 28 日上海市人民政府令第 77 号公布）

第一条（目的和依据）

为加强本市建筑玻璃幕墙建设和使用管理，保障社会公共安全，减少光反射环境影响，根据《中华人民共和国建筑法》、《物业管理条例》和其他有关法律、法规，结合本市实际，制定本办法。

第二条（定义）

本办法所称的玻璃幕墙，是指由玻璃面板与支承结构体系组成的、可相对主体结构有一定位移能力或者自身有一定变形能力、不承担主体结构所受作用的建筑外围护墙。

第三条（适用范围）

本市行政区域内新建、改建、扩建工程和立面改造工程中建筑玻璃幕墙的采用、设计、施工（以下统称为玻璃幕墙工程建设）和已竣工验收交付使用的建筑玻璃幕墙的使用维护（以下统称为既有玻璃幕墙使用维护）及其相关监督管理活动，适用本办法。

第四条（管理部门）

市和区、县建设行政管理部门按照职责分工，负责对所辖区域内玻璃幕墙工程建设和既有玻璃幕墙使用维护的监督管理。

市和区、县规划行政管理部门按照职责分工，负责所辖区域内玻璃幕墙工程建设的规划控制。

市和区、县环境保护行政管理部门按照职责分工，负责组织所辖区域内玻璃幕墙工程建设的光反射环境影响论证。

本市发展改革、房屋管理、质量技监、安全生产监督等部门按照各自职责，协同实施本办法。

第五条（禁止采用玻璃幕墙的范围）

住宅、医院门诊急诊楼和病房楼、中小学校教学楼、托儿所、幼儿园、养老院的新建、改建、扩建工程以及立面改造工程，不得在二层以上采用玻璃幕墙。

在 T 形路口正对直线路段处，不得采用玻璃幕墙。

第六条（幕墙玻璃的采用要求）

有下列情形之一，需要在二层以上安装幕墙玻璃的，应当采用安全夹层玻璃或者其他具有防坠落性能的玻璃：

（一）商业中心、交通枢纽、公共文化体育设施等人员密集、流动性大的区域内的建筑；

（二）临街建筑；

（三）因幕墙玻璃坠落容易造成人身伤害、财产损坏的其他情形。

采用前款规定玻璃的，玻璃幕墙设计时应当按照相关技术标准的要求，设置应急击碎玻璃。

第七条（行政管理部门的告知）

市和区、县发展改革部门审批、核准建设项目时，应当书面告知建设单位玻璃幕墙工程建设和使用维护的相关规范。

市和区、县规划行政管理部门核定出让土地建设项目规划条件时，应当书面告知建设单位玻璃幕墙工程建设和使用维护的相关规范。

第八条（规划控制）

对拟采用玻璃幕墙的建设工程，规划行政管理部门在审核建设工程设计方案时，应当征求环境保护行政管理部门的意见，对有本办法第五条第二款情形或者采用玻璃幕墙不符合国家、本市相关技术规范的，规划行政管理部门不予通过建设工程设计方案审核。

对前款规定的工程，规划行政管理部门应当就建设工程设计方案公开听取公众意见。对有本办法第五条第一款情形或者采用玻璃幕墙与周边环境、建筑风格不协调的，规划行政管理部门不予通过建设工程设计方案审核。

对拟采用玻璃幕墙的，建设单位应当在建设工程设计方案中明确玻璃幕墙的形式，并予以注明。

第九条（结构安全性论证和光反射环境影响论证）

对采用玻璃幕墙的建设工程，建设单位应当在初步设计文件阶段，编制玻璃幕墙结构安全性报告，并提交建设行政管理部门组织专家论证。

建设单位应当在施工图设计文件阶段，委托相关机构对玻璃幕墙的光反射环境影响进行技术评估，并提交环境保护行政管理部门组织专家论证。

市建设行政管理部门、市环境保护行政管理部门应当分别建立由符合相关专业要求专家组成的专家库。专家抽取、回避等规则，由市建设行政管理部门、市环境保护行政管理部门另行制定。

第十条（施工图设计文件的审查）

设计单位应当在编制施工图设计文件时，落实结构安全性和光反射环境影响的评估和论证意见。

建设单位在申请施工图设计文件审查时，应当提交结构安全性论证报告、光反射环境影响技术评估报告和专家论证报告。

施工图设计文件审查机构应当审查施工图设计文件是否满足结构安全和环境保护要求。施工图设计文件未经审查通过的，建设行政管理部门不予颁发施工许可证。

变更玻璃幕墙设计的，建设单位应当将施工图设计文件送原审查机构重新审查。

第十一条（从业资质）

承担玻璃幕墙设计的单位，应当依法取得相应等级的设计资质。

承担玻璃幕墙施工、维修的单位，应当依法取得相应等级的施工资质。

本市鼓励玻璃幕墙的设计、施工、维修，由同一家具备设计和施工资质的单位承担。

第十二条（设计要求）

对采用玻璃幕墙的建设工程，设计单位应当结合建筑布局，合理设计绿化带、裙房等缓冲区域以及挑檐、顶棚等防护设施，防止发生幕墙玻璃坠落伤害事故。

第十三条（建筑材料的要求）

玻璃幕墙工程采用的建筑材料应当符合国家和本市的相关标准以及工程设计要求。

对按照规定应当取得强制产品认证或者生产许可的玻璃幕墙建筑材料，供应单位应当提供相应的强制产品认证或者生产许可等证书。

对按照规定应当进行检测、检验的玻璃幕墙建筑材料，供应单位应当提供产品质量的检测、检验报告，出具质量保证书。

施工单位应当按照工程设计要求、施工技术标准和合同的约定，对玻璃幕墙建筑材料进行检验。未经检验或者检验不合格的，不得使用。

第十四条（施工要求）

施工单位应当按照国家和本市相关技术标准以及经审查合格的施工图设计文件进行玻璃幕墙的施工。

施工单位应当在施工前编制玻璃幕墙专项施工方案。

第十五条（监理要求）

监理单位应当编制玻璃幕墙专项监理细则，对玻璃幕墙工程的重点部位、关键工序实施旁站监理，并对玻璃幕墙建筑材料实行平行检验。

监理单位应当出具玻璃幕墙专项监理报告。

监理单位发现施工不符合国家、本市的技术标准、施工图设计文件、施工组织设计文件、专项施工方案或者合同约定的，应当要求施工单位改正；施工单位拒不改正的，应当及时报告建设单位。

监理单位发现存在质量和安全事故隐患的，应当立即要求施工单位改正；情况严重的，应当要求施工单位暂停施工，并及时报告建设单位。施工单位拒不改正或者不停止施工的，监理单位应当立即向建设行政管理部门报告。

第十六条（玻璃幕墙使用维护手册）

采用玻璃幕墙的建设工程竣工验收时，设计单位应当向建设单位提供《玻璃幕墙使用维护手册》。

采用玻璃幕墙的建筑销售时，建设单位应当向买受人提供《玻璃幕墙使用维护手册》。

《玻璃幕墙使用维护手册》应当载明玻璃幕墙的设计依据、主要性能参数、设计使用年限、施工单位的保修义务、日常维护保养要求、使用注意事项等内容。

第十七条（保修责任）

施工单位应当按照国家和本市有关规定在玻璃幕墙保修期内承担保修责任。

玻璃幕墙防渗漏的保修期不低于 5 年。

玻璃幕墙工程竣工验收满 1 年时，施工单位应当进行一次全面检查。其中，对采用拉杆或者拉索的玻璃幕墙工程，在工程竣工验收后6个月时，进行一次全面的预拉力检查和调整。经检查发现存在安全隐患的，施工单位应当及时予以维修。

第十八条（既有玻璃幕墙的安全使用维护责任主体）

既有玻璃幕墙的安全使用维护责任，由建筑物的业主承担。

本市鼓励业主投保建筑玻璃幕墙使用的相关责任保险。

第十九条（日常维护保养）

业主或者受委托的物业服务单位，应当按照国家和本市的技术标准以及《玻璃幕墙使用维护手册》的要求，对玻璃幕墙进行日常维护保养。

受委托的物业服务单位应当履行下列义务：

（一）发现玻璃幕墙损坏或者存在安全隐患的，应当立即告知业主，并督促业主采取相应措施；

（二）发现玻璃幕墙损坏或者存在安全隐患可能危及人身财产安全，但业主拒绝采取消除危险措施的，物业服务单位应当采取必要的应急措施，并立即报告建设行政管理部门和房屋行政管理部门。

房屋行政管理部门应当督促物业服务单位按照规定协助业主维护玻璃幕墙的使用安全。

第二十条（定期检查）

业主应当委托原施工单位或者其他有玻璃幕墙施工资质的单位按照下列规定对玻璃幕墙进行定期检查：

（一）玻璃幕墙工程竣工验收1年后，每5年进行一次检查。

（二）对采用结构粘结装配的玻璃幕墙工程，交付使用满10年的，对该工程不同部位的硅酮结构密封胶进行粘结性能的抽样检查；此后每3年进行一次检查。

（三）对采用拉杆或者拉索的玻璃幕墙工程，竣工后每3年检查一次。

（四）对超过设计使用年限仍继续使用的玻璃幕墙，每年进行一次检查。

定期检查应当按照国家和本市相关技术标准的要求实施。

第二十一条（安全性鉴定）

既有玻璃幕墙有下列情形之一的，业主应当委托具有玻璃幕墙检测能力的单位进行安全性鉴定：

（一）面板、连接构件、局部墙面等出现异常变形、脱落、爆裂现象的；

（二）遭受台风、雷击、火灾、爆炸等自然灾害或者突发事故而造成损坏的；

（三）相关建筑主体结构经检测、鉴定存在安全隐患的；

（四）超过设计使用年限但需要继续使用的；

（五）需要进行安全性鉴定的其他情形。

进行安全性鉴定的单位应当出具鉴定结论。

第二十二条（维修）

经检查、安全性鉴定发现玻璃幕墙存在安全隐患的，业主应当及时委托原施工单位或者其他有玻璃幕墙施工资质的单位进行维修。

需要进行玻璃幕墙大修的，业主应当按照本办法第九条第一款的规定进行结构安全性论证。

第二十三条（防护措施）

对采用钢化玻璃等存在爆裂、坠落伤害事故风险的建筑玻璃幕墙，业主应当根据不同情况，采取粘贴安全膜、设置挑檐或者顶棚等必要的防护措施。

粘贴安全膜的，应当将安全膜固定于周边结构上。

采用的安全膜应当符合相关国家技术标准。安全膜的供应单位应当按照国家技术标准和合同约定，承担安全膜的产品质量责任。

设置挑檐或者顶棚的，所采用的建筑材料应当具备抗高空坠物冲击的防护性能。

第二十四条（技术资料）

对玻璃幕墙进行定期检查、维修的施工单位，应当将玻璃幕墙定期检查、维修的相关技术资料，移交给业主。

既有玻璃幕墙建筑的业主应当于每年 12 月将当年玻璃幕墙定期检查、安全性鉴定、维修以及采取防护措施等情况的技术资料，报建设行政管理部门备案。

第二十五条（专项维修资金）

新建建筑的玻璃幕墙专项维修资金，由建设单位在房屋所有权初始登记前，按照规定缴存至指定专户。

既有建筑的玻璃幕墙的专项维修资金，由业主按照规定一次性或者分批缴存至指定专户。分批缴存的，最长缴存年限不得超过 5 年。

玻璃幕墙专项维修资金的缴存金额，按照玻璃幕墙造价的一定比例确定。缴存比例应当按照玻璃幕墙结构设计、使用材质的安全性能高低，设定不同等级。

玻璃幕墙专项维修资金应当用于建筑玻璃幕墙的检查、鉴定、维修。具体缴存和管理办法由市建设行政管理部门另行制定。

第二十六条（玻璃幕墙信息管理系统）

市建设行政管理部门应当建立全市玻璃幕墙信息管理系统，并负责维护、更新。

规划、环境保护等有关行政管理部门，应当及时将玻璃幕墙的规划管理信息、环境影响论证信息移交给建设行政管理部门，实现信息共享。

第二十七条（监督检查）

建设行政管理部门应当对本市玻璃幕墙建设和使用维护的情况组织专项监督检查，督促责任各方履行义务。

第二十八条（对违反建设规定的处罚）

违反本办法第十六条第一款、第二款规定，设计单位或者建设单位拒不提供《玻璃幕墙使用维护手册》的，由建设行政管理部门责令限期改正；逾期不改正的，处 1 万元以上 3 万元以下罚款。

第二十九条（对违反安全使用维护规定的处罚）

违反本办法第二十条、第二十一条、第二十二条、第二十三条规定，既有玻璃幕墙建筑的业主未按规定履行定期检查、安全性鉴定以及维修、采取防护措施等义务的，由建设行政管理部门责令限期改正；逾期不改正的，处 3 万元以上 10 万元以下罚款。

临靠道路的既有玻璃幕墙建筑的业主，违反本办法第二十一条、第二十二条规定，未履行安全性鉴定、维修义务，经建设行政管理部门要求其限期履行安全性鉴定、维修义务，当事人逾期不履行，经催告后仍拒不履行义务，其后果已经或者将危害交通安全的，建设行政管理部门可以委托相关单位进行安全性鉴定或者予以维修。产生的费用可以在玻璃幕墙专项维修资金中列支。

第三十条（未建立和未报送技术资料的处罚）

违反本办法第二十四条第一款规定，施工单位未按规定移交技术资料的，由建设行政管理部门责令限期改正；逾期不改正的，处 3000 元以上 1 万元以下罚款。

违反本办法第二十四条第二款规定，既有玻璃幕墙建筑的业主未向建设行政管理部门报送技术资料的，由建设行政管理部门责令限期改正；逾期不改正的，处 1000 元以上 1 万元以下罚款。

第三十一条（对行政管理部门工作人员违法行为的处理）

建设行政管理部门或者其他有关部门工作人员违反本办法规定，有下列情形之一的，由其所在单位或者上级主管部门依法给予行政处分：

（一）未按照本办法规定履行监督检查职责的；

（二）发现违法行为不及时查处，或者有包庇、纵容违法行为，造成后果的；

（三）违法实施行政处罚的；

（四）其他玩忽职守、滥用职权、徇私舞弊的行为。

第三十二条（施行日期）

本办法自 2012 年 2 月 1 日起施行。

附录 D:《广东省建设厅既有建筑幕墙安全维护管理实施细则》

广东省建设厅既有建筑幕墙安全维护管理实施细则

粤建管字〔2007〕122 号

(广东省建设厅 2007 年 12 月 28 日以粤建管字〔2007〕122 号发布 自 2008 年 2 月 1 日起施行)

第一章 总 则

第一条 为加强对全省既有建筑幕墙安全维护工作的管理,确保建筑幕墙的安全使用,有效预防城市灾害,保护人民生命和财产安全,根据建设部《既有建筑幕墙安全维护管理办法》,结合广东省实际,制定本细则。

第二条 本细则适用于既有建筑幕墙安全维护工作的实施和监督管理。

第三条 本细则所称既有建筑幕墙,是指已竣工验收交付使用的玻璃幕墙、石材幕墙、金属板幕墙以及瓷板、陶板、微晶玻璃板等人造板材幕墙,以及包含以上各类面板材料的组合幕墙。

第四条 省建设行政主管部门对全省的既有建筑幕墙安全维护实施统一监督管理,县级以上建设行政主管部门对本行政区域内的既有建筑幕墙安全维护实施监督管理。

第二章 保修和维护责任

第五条 施工单位在建筑幕墙工程竣工时,应向建设单位提供《建筑幕墙使用维护说明书》,内容应包括:

(一)幕墙工程的设计依据、主要性能参数、设计使用年限,主要结构特点;

(二)使用注意事项;

(三)日常与定期的维护、保养、检修内容和要求;

(四)幕墙易损部位结构及易损零部件更换方法;

(五)备品、备件清单及主要易损件的名称、规格和生产厂家;

(六)承包商的保修责任;

(七)其他需要注意的事项。

第六条 建设单位的建筑幕墙工程竣工验收资料应包含下列内容:

(一)设计依据文件、竣工图或施工图、设计变更文件、结构计算书、建筑设计单位对幕墙工程设计的确认文件及其他设计文件。

(二)幕墙工程所用各种材料质量保证书、性能检测报告、进场验收记录和复验报告;有资质的检测机构出具的硅酮结构密封胶相容性和剥离粘结性试验报告;进口硅酮结构密封胶商检报告。

(三)幕墙的抗风压性能、气密性能、水密性能检测报告及设计要求的其他性能检测报告。

（四）幕墙后锚固连接承载力现场检测报告，防雷装置测试记录。

（五）隐蔽工程验收记录，包括幕墙构件与主体结构的连接节点、幕墙面板固定及构件之间的连接节点、幕墙四周及内表面与主体结构之间的封堵、幕墙的建筑变形缝构造节点、防火及防雷构造节点、张拉杆索体系预拉力张拉记录。

（六）幕墙的工程质量验收记录和《建筑幕墙使用维护说明书》。

第七条　非建筑物产权人的建设单位，应向业主提供第六条所规定的完整技术资料，并在工程竣工验收后三个月内，向当地城建档案馆报送一套符合相关规定要求的建设工程档案。

第八条　施工单位应按国家有关规定和合同约定对建筑幕墙实施保修，保修期不少于三年。

第九条　既有建筑幕墙安全维护责任人的确定：

（一）建筑物为单一业主所有的，该业主为其建筑幕墙的安全维护责任人；

（二）建筑物为多个业主共同所有的，各业主应共同协商确定一个具有法人资格的安全维护责任人，牵头负责建筑幕墙的安全维护。

第十条　建筑幕墙工程竣工验收交付使用前，施工单位应向建筑幕墙安全维护责任人和受其委托负责建筑幕墙的日常维护、检修的单位就《建筑幕墙使用维护说明书》的内容进行详细的技术交底。

建筑幕墙安全维护责任人和受其委托负责建筑幕墙的日常维护、检修的单位，从事建筑幕墙安全维护、检修的人员，必须接受专业技术培训。

第十一条　建筑幕墙工程竣工验收交付使用后，其安全维护责任人应根据《建筑幕墙使用维护说明书》的相关要求及时制定日常使用、维护和检修的计划和制度，并组织实施。

第十二条　既有建筑幕墙安全维护责任人的主要责任包括：

（一）按国家有关标准和《建筑幕墙使用维护说明书》进行日常使用及常规维护、检修；

（二）按规定进行安全性鉴定与大修；

（三）制定突发事件处置预案，并对因既有建筑幕墙事故而造成的人员伤亡和财产损失依法进行赔偿；

（四）保证用于日常维护、检修、安全性鉴定与大修的费用；

（五）建立相关维护、检修及安全性鉴定档案。

第三章　维护与检修

第十三条　建筑幕墙使用人或安全维护责任人应按《建筑幕墙使用维护说明书》进行日常使用维护和保养，正确进行幕墙室内、外表面的清洗，室内装饰装修时不得随意拆卸既有建筑幕墙上的材料和在幕墙上添加影响幕墙安全性能的其他构件，不得对幕墙造成任何附加荷载。

第十四条　对建筑幕墙外立面的清洗应符合下列规定：

（一）应根据既有建筑幕墙表面污染程度，确定适当的清洗次数，但不应少于每年一次。高空清洗应由取得高空作业资格的人员进行，并应遵守现行国家标准《建筑施工高处作业安全技术规范》JGJ 80 的有关规定，清洗设备应具有有效使用许可证，保证设备操作的安全可靠，简易绳索、扣件等高空作业使用的用具应具备国家和省安全监管部门的使用许可证。

（二）对既有建筑幕墙的清洗应注意保护幕墙材料的装饰表面，确保清洁工具和清洗剂不会划伤或腐蚀既有建筑幕墙材料。不得用高压水枪冲洗，清洁用水不应流入幕墙隐蔽部位，清洗施工单位应提供清洁工具和清洗剂安全清洁使用说明并保存清洗记录。

第十五条　幕墙的定期检查应符合下列规定：

（一）幕墙工程竣工验收一年后，建筑幕墙的安全维护责任人应对幕墙进行一次全面的检查，此后每五年应检查一次；超过设计使用年限的幕墙应每年检查一次。

（二）施加预拉力张拉杆索结构的幕墙工程在工程竣工验收后六个月时，必须进行一次全面的预拉力检查和调整，一年后再检查和调整一次，此后每三年应检查一次。

（三）采用结构粘结装配的幕墙工程使用十年后应对该工程不同部位的结构硅酮密封胶进行粘结性能的抽样检查；此后每三年检查一次。

第十六条　幕墙的灾后检查应符合下列规定：

（一）当幕墙遭遇强风袭击后，应及时对幕墙进行全面的检查；对施加预拉力张拉杆索结构的幕墙工程，应进行一次全面的预拉力检查和调整。

（二）当幕墙遭遇到接近抗震设防烈度及以上的地震、火灾、雷击、爆炸等自然灾害或突发事故后，应对幕墙进行全面检查。

第十七条　幕墙的定期与灾后全面检查的内容按该工程《建筑幕墙使用维护说明书》的具体规定确定，并应符合各类幕墙工程技术标准的相应规定；检查工作应委托具有资质的幕墙检测机构的专业技术人员进行。

第十八条　幕墙的日常维修和定期维修内容应依据日常维护和定期检查中发现的问题确定，幕墙大修的项目和内容应依据幕墙灾后全面检查中发现的问题或幕墙的安全性鉴定结果确定。

第十九条　幕墙的维修和大修应由具有相应建筑幕墙工程专业承包资质的施工企业进行，施工人员必须经过专业技术培训。

第二十条　进行幕墙检查和维修的高空作业人员应取得高空作业资格，且必须遵守现行国家标准《建筑施工高处作业安全技术规范》JGJ 80 的有关规定。

第四章　安全性鉴定

第二十一条　本细则所称安全性鉴定，是指由具有建筑幕墙检测资质的单位和具有建筑幕墙设计资质的单位，依据现行有关的技术法规、技术标准，对既有建筑幕墙进行现场检查、测试、分析、验算、评估，并对确定的剩余使用年限内，幕墙面板与支承构件、连接构造是否具有确保安全使用的承载能力，金属构件及连接件是否产生影响承载力的腐蚀和锈蚀，防火、防雷构造是否符合规定要求等所作的审查与综合判断。

第二十二条　符合下列条件之一的既有建筑幕墙，其安全维护责任人必须负责委托有关单位完成安全性鉴定：

（一）在建设部《玻璃幕墙设计、制作、施工安装的若干技术规定》（建设 776 号文附件）发布前，即 1995 年以前建成的玻璃幕墙；

（二）在《金属与石材幕墙工程技术规范》JGJ 133—2001 实施前，即 2001 年 6 月以前建成的金属与石材幕墙；

（三）未按《建筑装饰装修工程质量验收规范》GB 50210—2001 进行工程验收的玻璃幕墙和金属与石材幕墙；

（四）原设计或制造安装过程中遗留下较严重的缺陷，需鉴定其实际承载能力的幕墙；

（五）年久失修或已超过原设计使用年限需继续使用的幕墙。

第二十三条 既有建筑幕墙出现下列情形之一时，其安全维护责任人应主动委托进行安全性鉴定：

（一）面板、连接构件或局部墙面等出现异常变形、脱落、爆裂现象；

（二）遭受台风、地震、雷击、火灾、爆炸等自然灾害或突发事故而造成损坏；

（三）相关建筑主体结构经检测、鉴定存在安全隐患。建筑幕墙工程自竣工验收交付使用后，原则上每十年进行一次安全性鉴定。

第二十四条 既有建筑幕墙的安全性鉴定应当委托具有建筑幕墙检测资质的机构进行，安全性鉴定中承载能力分析部分，应由原建筑幕墙设计单位或具有建筑幕墙设计资质的单位进行。检测机构应当对调查、检测、验算的数据资料进行全面分析，综合评定，确定鉴定等级。

第二十五条 既有建筑幕墙安全性鉴定按下列程序进行：

（一）受理委托。了解委托方提出的幕墙鉴定原因和要求，收集幕墙设计、施工、验收（特别是隐蔽工程验收）和使用维护的图纸、原始记录等有关资料。

（二）现场调查。按资料核对实物，调查幕墙实际使用条件和内外环境，查看已发现的问题的具体情况，听取有关人员的意见。

（三）制订方案。综合分析所收集的技术资料，现场调查情况，确定鉴定目的、范围和内容，制订详细的检测、评估方案，提交委托方审核。

（四）签订合同。与委托方协商确定幕墙鉴定方案，明确需委托方配合的有关工作，签订委托鉴定合同。

（五）实施检测。检查幕墙结构体系、构件及其连接构造节点，进行必需的材料检测和现场试验。

（六）分析计算。进行幕墙结构体系受力分析，验算构件的承载能力。

（七）评估定级。对调查、检测、验算的数据资料进行全面分析，综合评定，确定鉴定等级。

（八）鉴定报告。确定鉴定结论和处理建议，编制并提交鉴定报告。

第二十六条 鉴定单位应依据国家和省有关法规、技术标准和管理规定，提供真实、准确的鉴定结果，并依法对鉴定结果负责。

第二十七条 安全维护责任人对经鉴定存在安全隐患的既有建筑幕墙，应当及时设置警示标志，按照鉴定处理意见立即采取安全处理措施，确保其使用安全，并及时将鉴定结果和安全处置情况向当地县级以上建设行政主管部门报告。

第五章 监 督 管 理

第二十八条 省建设行政主管部门应当制定全省既有建筑幕墙安全维护监督管理的政策、措施，组织专项检查，督促各地区落实既有建筑幕墙安全维护监督管理工作。

第二十九条 县级以上建设行政主管部门对本地区的既有建筑幕墙安全维护实行监督管理，应开展以下工作：

（一）组织进行既有建筑幕墙基本情况普查，建立既有建筑幕墙档案，完善建筑幕墙数据库。

（二）组织检查既有建筑幕墙的设计、施工、监理、竣工验收等是否符合有关法定程序，竣工验收备案技术资料是否完整，工程档案是否已向城建档案馆移交。

（三）责令不执行相关规定的建筑幕墙安全维护责任人落实整改。对在幕墙检查和安全性鉴定中发现安全隐患而不及时进行整改、履行责任不力的安全维护责任人，视情节轻重，采取下列措施：

1. 依法强制采取措施保证建筑幕墙安全，费用由产权人负责；

2. 列入危险既有建筑幕墙名单，向社会公示；

3. 依法实施相应行政处罚。

（四）对因既有建筑幕墙发生事故造成严重后果的安全维护责任人，依法进行处罚，并向社会公示。

（五）每年年底前逐级上报本地区既有建筑幕墙安全维护的监督管理情况。

第三十条　任何单位和个人对违反本细则的行为，有权向建设行政主管部门举报、投诉。

第六章　附　　则

第三十一条　本细则自 2008 年 2 月 1 日起施行。

附录E：《天津市既有建筑玻璃幕墙使用维护管理办法》

天津市人民政府令

第4号

《天津市既有建筑玻璃幕墙使用维护管理办法》已于2018年2月23日经市人民政府第3次常务会议通过，现予公布，自2018年5月1日起施行。

天津市市长 张国清

2018年3月1日

天津市既有建筑玻璃幕墙使用维护管理办法

第一章 总 则

第一条 为了加强本市既有建筑玻璃幕墙使用维护管理，维护公共安全，根据国家和本市有关法律、法规，结合本市实际，制定本办法。

第二条 本市行政区域内已竣工验收并交付使用的建筑玻璃幕墙（以下称既有建筑玻璃幕墙）的使用维护和相关监督管理活动，适用本办法。村民在宅基地上自建的建筑玻璃幕墙除外。

本办法所称建筑玻璃幕墙，是指由玻璃面板与支承结构体系组成的、相对主体结构有一定位移能力或者自身有一定变形能力、不承担主体结构所受作用的建筑外围护墙。

第三条 市和区人民政府应当加强对既有建筑玻璃幕墙安全管理工作的组织领导，建立健全既有建筑玻璃幕墙安全管理工作机制，协调处理既有建筑玻璃幕墙安全管理中的重大问题。

乡镇人民政府、街道办事处应当协助有关部门做好既有建筑玻璃幕墙安全管理工作。

第四条 市房屋行政主管部门是本市既有建筑玻璃幕墙使用维护的行政主管部门，负责对全市既有建筑玻璃幕墙使用维护监督管理工作进行统筹、协调和指导。

区房屋行政主管部门负责本行政区域内既有建筑玻璃幕墙使用维护的监督管理工作。

发展改革、规划、建设、环保、安全生产监督等管理部门按照各自职责，做好既有建筑玻璃幕墙使用维护的相关管理工作。

第二章 工 程 质 量

第五条 建筑玻璃幕墙工程的建设、勘察、设计、施工和工程监理单位应当按照国家和本市有关规定，对建筑玻璃幕墙承担质量责任。

第六条 采用建筑玻璃幕墙的建设工程竣工验收时，施工单位应当向建设单位提供建筑玻璃幕墙使用维护说明书。采用玻璃幕墙的建筑转让时，转让人应当向受让人移交建筑玻璃幕墙使用维护说明书。

建筑玻璃幕墙使用维护说明书应当载明建筑玻璃幕墙的设计依据，主要性能参数，设计使用年限，施工单位的保修责任，维护、检修要求，易损部位结构、易损零部件更换方式以及使用注意事项等内容。

第七条　施工单位应当按照国家和本市有关规定以及合同约定在建筑玻璃幕墙保修期内承担保修责任。

第三章　使用维护

第八条　既有建筑玻璃幕墙的安全使用维护实行业主负责制,并按照下列规定确定安全使用维护责任人:

(一)建筑物为单一业主所有的,该业主为建筑玻璃幕墙的安全使用维护责任人;

(二)建筑物为多个业主共有的,全体业主为建筑玻璃幕墙的安全使用维护责任人。

建筑物为多个业主共有的,业主可以协商确定一个业主牵头组织建筑玻璃幕墙的安全使用维护。

本市鼓励业主投保既有建筑玻璃幕墙使用的相关责任保险。

第九条　业主应当承担下列既有建筑玻璃幕墙安全使用维护责任:

(一)按照国家和本市有关规定以及建筑玻璃幕墙使用维护说明书进行使用和日常巡查、维护、检修;

(二)按照国家和本市有关规定进行安全性鉴定及大修;

(三)制定突发事件应急预案,并对因既有建筑玻璃幕墙事故造成的人员伤亡和财产损失依法承担赔偿责任;

(四)承担日常巡查、维护、检修、安全性鉴定及大修等费用;

(五)建立管理档案,包括日常巡查、维护、检修、安全性鉴定及大修、突发事件应急处置等资料。

第十条　业主可以自行负责既有建筑玻璃幕墙的安全使用维护,也可以委托物业服务企业或者其他单位(以下统称安全维护单位)负责既有建筑玻璃幕墙的安全使用维护。业主委托安全维护单位的,应当在合同中明确约定既有建筑玻璃幕墙维护的具体内容、方式和双方的权利、义务。

第十一条　业主或者安全维护单位对既有建筑玻璃幕墙进行日常巡查,应当做好巡查记录,发现安全隐患及时处理。

第十二条　业主或者安全维护单位应当委托原施工单位或者其他具有相应资质的单位按照国家和本市有关规定对既有建筑玻璃幕墙进行定期检查,并将检查结果向所在地的区房屋行政主管部门报告。

第十三条　既有建筑玻璃幕墙遭遇强风袭击、地震等自然灾害或者发生火灾、爆炸等事故后,业主或者安全维护单位应当及时委托原施工单位或者其他具有相应资质的单位对建筑玻璃幕墙进行全面检查,并根据损坏程度制定处理方案,及时处理。

第十四条　采用建筑玻璃幕墙的建设工程竣工验收交付使用后,业主或者安全维护单位应当按照国家和本市规定的年限委托鉴定单位进行安全性鉴定。

既有建筑玻璃幕墙出现下列情形之一的,业主或者安全维护单位应当及时委托鉴定单位进行安全性鉴定:

(一)面板、连接构件、局部墙面等出现异常变形、脱落、爆裂现象的;

(二)遭受强风袭击、地震、火灾、爆炸等灾害或者事故造成损坏的;

(三)相关建筑主体结构经检测、鉴定存在安全隐患的;

（四）超过设计使用年限但需要继续使用的；

（五）需要进行安全性鉴定的其他情形。

受委托的鉴定单位应当具有建筑玻璃幕墙检测与设计能力。鉴定单位应当出具鉴定报告，经鉴定建筑玻璃幕墙存在安全隐患的，鉴定单位还应当自出具鉴定报告之日起3日内报告所在地的区房屋行政主管部门。

第十五条　房屋承租人、借用人等房屋实际使用人应当按照建筑玻璃幕墙使用维护说明书的要求使用建筑玻璃幕墙，使用过程中发现建筑玻璃幕墙存在安全隐患的，应当及时告知房屋所有人。

第十六条　经日常巡查、检查、安全性鉴定发现既有建筑玻璃幕墙存在安全隐患的，业主或者安全维护单位应当及时设置警示标志、采取围蔽等安全防护措施，并委托原施工单位或者其他具有相应资质的单位进行维修，消除安全隐患后方可解除安全防护措施。

第十七条　既有建筑玻璃幕墙发生爆裂、脱落等紧急情形的，业主或者安全维护单位应当立即采取应急措施，设置警戒范围，引导疏散人流，并同时向所在地的区房屋行政主管部门报告。区房屋行政主管部门应当立即到现场查勘处置，并上报区人民政府。区人民政府应当组织有关部门依法采取应急处置措施。

第十八条　接受业主或者安全维护单位委托对既有建筑玻璃幕墙进行检查、维修的相关单位，应当将检查、维修的技术资料及时移交给业主或者安全维护单位。

第十九条　既有建筑玻璃幕墙保修期满后的维修，可以按照有关规定使用房屋专项维修资金。尚未建立房屋专项维修资金或者房屋专项维修资金不足的，以及不能使用房屋专项维修资金的费用，由业主承担。涉及多个业主的，按照各自拥有的房屋专有部分面积占建筑物总面积的比例进行分摊。业主另有约定的除外。

第四章　监督检查

第二十条　市房屋行政主管部门应当建立本市既有建筑玻璃幕墙信息管理系统，并负责维护和更新。

规划、建设等有关行政管理部门应当向房屋行政主管部门提供既有建筑玻璃幕墙的规划、建设管理信息，实现信息共享。

市建设行政主管部门应当定期向社会公布具有建筑玻璃幕墙检测、设计、施工资质的专业机构和企业名录。

第二十一条　市房屋行政主管部门应当对本市既有建筑玻璃幕墙使用维护情况定期组织专项监督检查，并将监督检查情况向市人民政府报告。

区房屋行政主管部门应当对本行政区域内既有建筑玻璃幕墙使用维护情况进行不定期监督检查，并对符合下列情形的既有建筑玻璃幕墙实施重点检查：

（一）位于医院、学校、车站、商业中心、交通枢纽、公共文化体育设施等人员密集、流动性大的区域的；

（二）临近道路、广场以及下部为出入口、人员通道的建筑；

（三）建筑玻璃幕墙爆裂、脱落发生频率较高或者投诉较多的；

（四）经过安全性鉴定认为需要更换改造但尚未更换改造的。

区房屋行政主管部门应当及时纠正监督检查中发现的问题，定期将监督检查情况向区人民政府和市房屋行政主管部门报告。

房屋行政主管部门进行监督检查可以邀请相关专业机构或者专业人员参加。

第二十二条　经监督检查发现既有建筑玻璃幕墙危及公共安全和人身财产安全的，所在地的区房屋行政主管部门应当责令业主或者安全维护单位立即采取有效措施消除危险；业主或者安全维护单位拒不采取有效措施的，区人民政府应当组织有关部门进行紧急抢修排险。

第五章　法律责任

第二十三条　违反本办法第六条第一款规定，施工单位未向建设单位提供建筑玻璃幕墙使用维护说明书的，由建设行政主管部门责令限期改正；逾期不改正的，处 1 万元以上 3 万元以下罚款。

第二十四条　违反本办法第六条第一款、第十八条规定，转让人未移交建筑玻璃幕墙使用维护说明书或者相关单位未移交技术资料的，由房屋行政主管部门责令限期改正；逾期不改正的，处 1 万元以上 3 万元以下罚款。

第二十五条　违反本办法第十一条、第十二条、第十三条规定，业主或者安全维护单位未进行日常巡查、定期检查、灾害或者事故后全面检查的，由房屋行政主管部门责令限期改正；逾期不改正的，处 5000 元以上 3 万元以下罚款。

第二十六条　违反本办法第十四条规定，业主或者安全维护单位未进行安全性鉴定的，由房屋行政主管部门责令限期鉴定；逾期不鉴定的，处 1 万元以上 3 万元以下罚款。

第二十七条　违反本办法第十六条、第十七条规定，业主或者安全维护单位未进行维修、未采取安全防护措施或者应急措施的，由房屋行政主管部门责令限期改正；逾期不改正的，处 1 万元以上 3 万元以下罚款。

第六章　附　　则

第二十八条　本办法自 2018 年 5 月 1 日起施行。

参 考 文 献

[1] 刘正权. 建筑幕墙检测 [M]. 北京：中国计量出版社，2007.

[2] 中国建筑材料检验认证中心，国家建筑材料测试中心. 门窗幕墙及其材料检测技术 [M]. 北京：中国计量出版社，2008.

[3] 住房和城乡建设部标准定额研究所. 建筑幕墙产品系列标准应用实施指南 [M]. 北京：中国建筑工业出版社，2017.

[4] 包亦望，刘小根. 玻璃幕墙安全评估与风险检测 [M]. 北京：中国建筑工业出版社，2016.

[5] 高性能建筑用窗 [M]. 北京：中国建材工业出版社，2012.

[6] 石新勇. 安全玻璃 [M]. 北京：化学工业出版社，2006.

[7] 刘志海，李超. 低辐射玻璃及其应用 [M]. 北京：化学工业出版社，2006.

[8] 赵西安. 玻璃幕墙工程手册 [M]. 北京：中国建筑工业出版社，1996.

[9] 张芹. 新编建筑幕墙技术手册 [M]. 第二版. 济南：山东科学技术出版社，2005.

[10] 张芹. 玻璃幕墙工程技术规范 [M]. 北京：中国建筑工业出版社，2004.

[11] 张芹. 玻璃幕墙工程技术规范理解与应用 [M]. 北京：中国建筑工业出版社，2004.

[12] 张芹，黄拥军. 金属与石材幕墙工程应用技术 [M]. 北京：机械工业出版社，2005.

[13] 胡庆伟. 幕墙安装工程质量竣工资料实例 [M]. 上海：同济大学出版社，2006.

[14] 刘忠伟，马眷荣. 建筑玻璃在现代建筑中的应用 [M]. 北京：中国建材工业出版社，2000.

[15] 包亦望，刘正权. 钢化玻璃自爆机理与自爆准则及其影响因素 [J]. 无机材料学报，2016，31 (4)：401-406.

[16] 黄圻. 我国建筑幕墙及铝合金门窗的可持续发展 [J]. 中国建筑金属结构，2004 (6).

[17] 姜仁. 门窗幕墙性能试验技术现状 [J]. 建设科技，2004 (Z1)：22-23.

[18] 陆震宇，张云龙. 建筑幕墙检测中常见问题及分析 [J]. 江苏建筑，2004 (4)：33-34.

[19] 张元发，陆津龙. 玻璃幕墙安全性能现场检测评估技术探讨 [J]. 新型建筑材料，2002 (5)：49-52.

[20] 刘小根. 玻璃幕墙安全性能评估及其面板失效检测技术 [D]. 北京：中国建筑材料科学研究总院，2010.

[21] 姜仁，韩智勇，张喜臣. 既有建筑幕墙的质量问题亟待解决 [C] //2005年全国门窗幕墙行业年会论文集. 广州：2005：239-250.

[22] 万德田，包亦望，刘小根等. 门窗幕墙用钢化玻璃中杂质和缺陷的在线检测技术浅析 [J]. 门窗，2009 (1)：2-6.

[23] 中国建筑装饰协会幕墙工程委员会. 全国部分城市既有幕墙安全性能情况抽样调查报告 [J]. 中华建筑报，2006.

[24] 黄宝锋，卢文胜，曹文清. 既有建筑幕墙的安全评价方法初探 [J]. 结构工程师，2006，22 (3)：76-79.

[25] 刘正权. 建筑幕墙失效模式及影响分析 [C] //第八届全国建筑物鉴定与加固改造学术交流会论文集. 哈尔滨：2006.

[26] 刘海波，刘正权，董人文. 建筑幕墙玻璃失效模式分析与检测技术 [C] //2006 年中国玻璃行业年会论文集. 广州：2006.

[27] Kawneer UK Limited. Principles of Curtain Walling [M]. 1999.

[28] 古道西风. 幕墙坠落，高悬达摩克利斯之剑，10 年轮回已到，想活命必看 [EB/OL]! http://blog. sina. com. cn/s/blog_62daa42f01016zpc. html.